사춘기는
부모도
처음이라

내 아이의 마음을 여는 청소년 심리 코칭

사춘기는 부모도 처음이라

쏜징 지음
이에스더 옮김

프롬북스
frombooks

내 아이의 성장을
함께한다는 것

심리적으로 성숙한 사람일수록 성장 과정에서 쌓였던 문제가 갑자기 튀어나와 심리적·행동적 문제를 일으키는 경우가 많다. 지난 20년간 내가 '리스너'로 일하면서 수천 번 넘게 해온 심리상담을 돌이켜보면, 사춘기 시절에 문제가 생긴 아이들은 어릴 적 오히려 얌전했던 경우가 더 많았다. 말하자면, 착한 아이, 얌전한 아이에게서 문제가 많이 나타났던 것이다.

얌전한 아이들은 대개 민감하고 감정이 풍부하다. 타인의 시선과 정서적 반응을 중요하게 생각하고, 부모와 교사를 거스르지 않으며, 무슨 일이든 최대한 다른 사람들에게 만족감을 주려고 노력한다. 또한 비판받는 걸 싫어해서 잘못을 저지르지 않기 위해 매사에 신경 쓴다.

얌전한 아이 중 똑똑하고 능력 있는 아이는 가족의 자랑이 되고, 선생님의 인정을 받으며, 친구들 사이에서 리더가 된다. 이에 반해 평범한 머리와 재능을 가진 아이는 관심을 받지 못하고 심지어 무시당하기도 한다.

어떤 경우든 얌전한 아이들은 오랫동안 스스로를 억제해온 탓에 언젠가는 크고 작은 심리적·행동적 문제가 발생하기 쉽다. 성장 과정에서 특별한 문제가 없던 얌전한 아이들은 사춘기에 이르러 자신에 대한 인식이 빠르게 깨어난다. 또한 일반적으로 성장 과정에서 자신이 원하는 것과 외부세계의 요구가 달라 충돌이 생기면 스스로 해결하기 어려운 많은 의혹과 갈등이 나타나는데, 이에 대한 대처가 미흡할 경우 학업에 직접적인 영향을 미치고 심지어 심신의 건강에 영향을 줄 수 있다.

얌전한 아이들은 의존성이 높고, 자주적인 능력이 떨어지며, 부모의 지도와 도움에서 벗어나지 못하고, 필요한 훈련과 시험을 많이 경험해보지 못한 경우가 않다. 초등학교 때 정서적·행동적 문제가 자주 나타나는데도 다른 사람들에게 별다른 영향을 주지 않는다는 이유로 간과되거나 그로 인해 제때 충분한 관심과 도움과 지도를 받지 못하면 사춘기 때 심각한 심리적 장애나 행동 편차가 발생할 수 있다.

현대생활에서 심리건강은 건강의 핵심이라 할 수 있다. 심리건강은 한 사람의 신체건강에 영향을 끼칠 뿐만 아니라 짧은 시간에 많은 변화가 일어나는 사회에 대한 적응력을 결정한다. 공부하는 사람이든 일하는 사람이든 건강한 심리상태는 행복한 삶을 위한 중요한 전제조건이 된다. 아이의 건강한 심리세계를 만들어주기 위해 노력하는 것은 부모와 교사가 절대 미뤄서는 안 될 책임이다.

  그러나 이 일이 결코 쉬운 일은 아니다. 교육이론을 체계적으로 파악해야 하고, 아이들의 일반적인 심리발전 규칙을 이해해야 하며, 정확한 교육방법을 운용해야 한다. 또한 아이의 성장에 진심으로 관심을 가져야 하고, 문제를 잘 보고 들을 수 있는 눈과 귀가 필요하다. 이와 동일하게, 어른 역시 스스로의 내면을 치유하면 더욱 아름다운 인생을 시작할 수 있다.

  이 책은 내가 오랜 세월 심리건강 교육에 종사하면서 마음을 다했던 일들의 결과물이다. 다양한 사례들 가운데 16가지를 골라 소개했다. 이와 동시에 가정교육과 학교교육에 대해 가치 있는 제안들을 기록해 부모와 교사들의 반성과 변화를 촉구했다. 가정과 학교가 함께 노력해야만 아이들에게 심각한 심리적 문제가 발생하는 것을 예방할 수 있고, 아이들이 건강하게 성장하고 순조롭게 발전하도록 도울 수 있다.

  아이의 성장을 함께한다는 것은 결코 쉬운 일이 아니다. 일관된 믿음과 인내심, 잘 관찰하고 사고하는 지혜가 필요하다. 성장 과정은 누구도 대신할 수 없다. 부모도 교사도 아이의 손을 붙잡아 자신이 만들어놓은 안전지대 안에 넣어 수많은 위험이 도사리는 성장의 길을 지나게 할 수는 없다. 그 길은 반드시 아이 홀로 지나와야 한다. 하지만 이 과정에서 부모와 교사가 할 수 있는 게 아무것도 없는 것은 아니다. 방관해서는 더더욱 안 된다. 부모와 교사는 아이의 특징을 이해하고 아이에게 적합한 성장환경을 만들어주어야 한다. 또한 경험을 제공하고 제안하며, 적절한 순간에 요구하고 평가하고 인도하는 동시에, 아이에게 이 제안을 들고 받아들일지는 스스로 결정하는 것이며 그 선택에 따른 결과 또한 자신의 책임이라는 점을 분명히 알려줘야 한다. 아이들이 집에서든 학교에서든 좌절을 통해 용감해지고 강인해지게 하는 한편 피할 수 있는 고통과 상처는 피할 수 있게 도와야 한다.

차례

1장

함께 있어 불행할 바엔
혼자 있고 싶어

알프레드 아들러Alfred Adler(오스트리아 출신의 유대계 정신의학자이며 개인심리학의 창시자-역주)는 사람은 관계에서 벗어날 수 없고, 누구나 완벽한 인격을 가진 인간이 되고 싶어 하며, 인간관계로 인해 고통받는 것을 원하지 않는데, 그러려면 반드시 풀어야 하는 각자의 과제가 있다고 말했다. '미움받을 용기', '지나치게 순종하지 않을 용기', '주관 있는 사람으로 살 용기'가 있어야 진정한 자유와 행복을 얻을 수 있다는 것이다.

01

"노"라고 말해도 괜찮아

초조하고 불안해서

고1인 링위는 눈에 잘 띄지 않는 조용한 학생이었다. 조별활동을 할 때면 항상 친구들 뒤에 숨어 있고, 차례가 되어 발표할 때면 목소리가 작고 말도 적은 편이었다.

'우정'을 주제로 토론수업을 하던 날이었다. 아이들은 '무엇이 진정한 우정일까?', '어떤 사람과 오랜 친구가 될 수 있을까?' 등의 주제를 가지고 뜨겁게 토론을 벌였다. 그때 나는 반 아이들과 동떨어져 앉은 링위의 표정이 딱딱하게 굳어 있음을 발견했다. 수업이 끝나고 나는 수업도구 정리를 도와달라는 핑계로 일부러 링위를 남게 했다가 살며시 물었다.

"링위야, 혹시 어디 아프니? 아니면 속상한 일이 있니?"

그녀는 잠시 멈칫하더니 숨을 푹 내쉬었다. 고개를 든 눈에는 눈물이 그렁그렁 맺혀 있었다. 그녀는 낮은 목소리로 말했다.

"선생님, 저 개별면담 하고 싶어요."

점심시간에 링위는 약속대로 날 찾아왔다. 나는 웃으며 반겨줬지만, 그녀는 날 귀찮게 해 미안하다는 말만 되풀이했다. 작은 소파 위에 앉은 그녀는 조금 불안해 보였다. 곧은 자세로 앉아 얇은 두 손을 꼭 맞잡은 채 눈썹을 찌푸린 모습이 애처롭고 가여워 보이기까지 했다. 이런 예민하고 온순하고 다른 사람에게 폐 끼치는 것을 몹시 두려워하는 아이는 정말 큰 고민이 있거나 충분한 신뢰 관계가 형성되지 않으면 보통 먼저 다른 사람에게 자기 이야기를 하지 않는다. 나는 그녀에게 물었다.

"무슨 어려운 일이 있는 것 같은데 이야기해줄 수 있겠니?"

그녀는 고개를 떨군 채 숨을 깊게 들이마시더니 무슨 대단한 결정이라도 한 듯 자신의 이야기를 들려주었다.

우정, 위기에 빠지다

링위는 우정에 관해 토론한 그 수업이 자신이 오랫동안 숨겨왔던 슬픔을 끄집어냈다고 말했다. 그녀는 친구들이 말하는 한마디 한마디가 마치 자신에게 하는 말 같아서 순간 어떻게 해야 할지 알 수 없었고, 친구들이 자신의 친구들과 있었던 일들에 대해 이야기할 때는 그저 부럽기만 했다.

친구들은 어떤 사람이 친구를 잘 사귀는지에 대해 이야기했다. 밝고 낙관적인 사람, 진실하고 꾸밈없는 사람, 우호적이고 능동적인 사람…….

그녀는 그중 단 한 가지도 자신과 부합하지 않는 것 같다고 생각했다.

링위는 너무 외롭다고 말했다. 반에서 아웃사이더 같은 존재인 그녀는 다른 친구들처럼 자유롭게 친구를 사귈 수 없었다. 그녀도 친구 무리에 녹아들고 싶었지만 다가가려 하면 할수록 왠지 친구들과 더 멀어지는 느낌이었다. 오랜 동안 쌓인 외로움과 상처가 터져 나오자 링위는 괴로워하며 이렇게 중얼거렸다.

"선생님, 절 좋아해줄 친구가 별로 없을 것 같아요. 저는 늘 열등감을 느끼고 자책해요. 제가 이래서 친구가 별로 없는 걸까요?"

"링위야, 방금 네가 '별로 없다'고 했는데, 그렇다는 건 네게 친구가 한 명도 없는 건 아니라는 거지?"

"네, 있어요. 어렸을 때부터 지금까지 딱 한 명이요. 홍이라는 친군데 초등학교부터 중학교까지 늘 같은 반이었어요. 지금은 학교는 같은데 반은 다르지만요."

링위가 말했다.

"아, 한 명이지만 아주 오랜 친구네. 너희 둘의 관계는 요즘 어떠니?"

링위는 어두운 낯빛으로 고개를 숙인 채 두 손을 꼭 맞잡았다. 손 위로 눈물이 툭툭 떨어졌다.

"선생님, 저는 두려워요. 제게는 이 친구 한 명뿐인데, 문제가 생겼거든요. 다른 친구를 사귀어본 적이 없어서 이 느낌이 너무 무서워요. 마치 온 세상에 저 한 사람만 남겨진 느낌이에요……."

나는 그녀에게 다가가 들썩거리는 얇고 연약한 어깨를 살며시 감쌌다. 늘 웃음을 띠던 아이의 마음속에 외로움이 가득 차 있었지만 아무도 알지 못했고, 아무도 이해해주지 못했다. 나는 그녀를 위로하며 조심스럽게 물었다.

"하나뿐인 친구와의 우정이 흔들리기 시작했다는 것을 알았을 때 정말 속상하고 무서웠겠구나?"

링위는 고개를 끄덕이며 감정을 추스르려 노력했다. 그녀는 눈물을 훔치며 말했다.

"사실 저는 제 진짜 감정을 잘 숨기는 편인데, 이번에는 너무 힘들어서 선생님께 들켜버렸어요. 만약 선생님이 먼저 물어봐주시지 않았다면 저는 지도실을 찾아오지 않았을 거예요."

"누구나 고민이 있어. 너희 나이에는 특히 더 그래. 그래서 내가 거의 모든 수업에서 너희가 어떤 어려움을 만났을 경우 먼저 도움을 청하라고 말하는 거야. 너는 다른 사람을 귀찮게 하기 싫다고 생각하겠지만, 지금 이 문제를 이해하고 해결하지 않으면 나중에 더 큰 문제가 될 수 있어. 만약 네가 나를 믿는다면 내가 널 도와줄 수 있게 해줬으면 좋겠어. 먼저 홍이와 네 사이에 어떤 문제가 생겼는지 말해줄 수 있겠니?"

나는 링위를 격려하며 말했다. 그녀는 내게 어떻게 된 일인지 털어놓기 시작했다.

링위가 하나뿐인 친구와의 우정이 흔들리고 있다고 느낀 건 사소한 사건 때문이었다. 두 사람이 고등학교에 들어온 지 얼마 되지 않은 어느 날, 청소 당번인 홍이가 링위에게 자신을 기다렸다가 함께 집에 가자고 말했고, 두 사람이 학교 건물에서 나왔을 땐 이미 날이 어두워져 있었다. 링위는 갑자기 교실에 물리책을 두고 왔다는 사실이 기억나 저녁에 과제를 하려면 그 책이 꼭 필요했기 때문에 홍이에게 다시 돌아가 책을 가져와야 한다고 말했다. 그러나 교실 문은 이미 잠겨 있어서 수위 아저씨에게 열쇠를 빌려 다시 교실로 가야 했다. 다소 고생스러운 과정이었다. 그러자 홍이는 그녀를 탓하며 말했다.

"내가 청소하는 데 30분이 넘게 걸렸는데 그동안 뭐 했어! 나 빨리 집에 가야 해. 오늘 엄마 생일이란 말이야. 그냥 너 혼자 가!"

말을 마치고 홍이는 곧장 학교를 떠났다.

홀로 어두운 복도를 걷자니 링위는 점점 화가 나고 억울했다. 겁이 많은 그녀였지만 무서움을 느낄 새도 없었다. 눈물이 주룩주룩 흘렀다. 왜 두 사람은 이렇게 불평등한지, 왜 자신은 늘 홍이가 원하는 대로 해줘야 하고, 홍이는 자신의 감정을 별로 생각하지 않는지 알 수 없었다. 그날 이후, 링위는 계속 기분이 저조해 있었지만 홍이 앞에서는 평소처럼 웃어 보였다. 그리고 홍이가 원하는 건 모두 들어줬지만 다시는 홍이에게 어떤 것도 요구하지 않았다. 자신이 점점 힘들어지는데도 말이다.

기분도 안 좋고 공부할 것도 너무 많아서 링위의 몸과 마음은 점점 지쳐갔다. 학교에서는 아무 일도 없는 것처럼 행동했지만 집에만 오면 의기소침해졌다. 이런 모습을 보고 엄마가 그녀에게 이유를 물었다. 엄마와 속 얘기를 잘 하지 않는 편이었지만 그녀는 너무 답답한 나머지 대략적인 이야기를 털어놓았다. 그런데 놀랍게도 엄마는 이야기를 듣고도 별일 아닌 것처럼 생각하는 듯했다. 엄마는 이런 사소한 일은 마음에 담아둘 필요가 없다며, 같이 지내기 불편하면 같이 지내지 말라고 말했다. 고등학교 공부도 힘들고 같은 반도 아닌데 매일 붙어 다니면서 시간만 낭비하지 말고 같은 반에서 공부에 도움이 될 만한 새로운 친구를 사귀는 게 좋겠다고도 했다. 엄마는 쉴 새 없이 말을 이어갔지만 링위는 아무런 말도 없이 가만히 듣기만 했다. 그날부터 그녀는 집에서도 아무 문제가 없는 것처럼 행동했고, 다시는 엄마에게 이 일을 언급하지 않았다.

하나뿐인 친구

"이런 상태를 반년 가까이 지속해온 셈인데, 이렇게나 오래 묵묵히 참아오느라 마음이 얼마나 힘들었니?"

깜빡이는 그녀의 속눈썹 아래 고인 눈물방울이 반짝하고 빛났다.

"맞아요, 선생님. 오래전부터 혼자 있을 때는 가끔 운 적이 있지만 누구 앞에서 울어본 적은 없어요."

그녀는 조용조용 말했다.

"네게 홍이는 정말 중요한 사람이구나?"

"물론이죠! 어려서부터 제게 친구는 홍이뿐이었어요."

링위의 말을 듣자니 나는 마음이 쓰렸다. 나도 모르는 사이에 내 머릿속에서 수많은 장면이 스쳐 지나갔다. 끊임없이 바뀌는 장면 속에서 단하나 변하지 않는 것이 있었다. 바로 외로운 한 여자아이가 친구 뒤를 따라 천천히 걸어가는 모습이었다. 링위의 성장 과정은 세심한 정리가 필요했고, 친구와 어떻게 지내야 하는지뿐만 아니라 자신과 어떻게 지내야 하는지 배울 필요도 있었다.

한 달 동안 매주 정해진 시간에 링위는 나를 만나러 왔고, 우리는 그녀가 성장하면서 겪은 여러 어려움과 주된 이유를 정리하고 분석했다. 사람들과 함께 있을 때 링위의 가장 큰 문제점은 자신의 의견을 표현하고 유지하는 법을 모른다는 것이었다. 그녀는 "노(no)"라고 말할 줄 모르는 아이였다. 직접적인 언어 표현으로든 비언어적인 방식으로든 거절을 표현하는 데에 있어서 어려움을 겪고 있었던 것이다. 그래서 아주 어릴 때부터 그녀는 친구와의 관계에서 수동적인 편이었고, 자주 무시를 당했다. 우연한 기회로 그녀는 자신과 완전히 다른 성격의 홍이와 친구가 되었고 이로써 강력한 외조를 받게 되었다.

홍이는 밝고 활발하고 시원시원하고 가식이 없는 아이였다. 초등학교 3학년 때 링위는 반의 몇몇 짓궂은 남학생들에게 놀림을 당해 매일 울었는데, 이때 홍이가 나서서 그녀를 도와주었고 어떻게 남학생들을 상대해야 하는지도 알려주었다. 하지만 링위는 홍이에게 배운 대로 잘 해내지 못했고, 홍이가 직접 그녀의 '보호자'가 되어주면서 링위는 홍이의 그림자가 되었다. 두 아이는 인연이 깊은 탓인지 중학교 때도 같은 반이 되었다.

두 아이가 함께해온 7년의 세월 속에서 홍이는 늘 절대적인 리더였고 링위는 의존하는 처지였다. 마치 기생식물처럼 말이다. 어렸을 때는 자아의식 발전 수준이 낮고 심리적 필요가 한정적이다. 링위는 모든 일을 홍이에게 맞추는 데에 습관이 되어 있었고, 좋은 분위기를 망칠까 두려워했다. 자신이 양보해서 상황을 평화롭게 해결하는 것이 좋은 방법이라고 생각했다. 그래서 두 아이 모두 각자 원하는 것을 얻고 다툼 없이 평화롭게 지냈다.

중학교 3학년이 되자 링위는 점차 홍이가 하라는 대로 하고 싶지 않아졌다. 하지만 그 오랜 동안 친구는 단 한 명 홍이뿐이었기 때문에 어떻게 행동해야 할지 몰랐고, 뭔가를 바꿀 용기도 나지 않았다.

　두 아이는 좋은 성적으로 함께 고등학교에 들어갔지만 한 반이 되지는 않았다. 홍이는 같은 반이 되지 않은 것을 불평했지만, 링위는 사실 그때 속으로는 조금 기뻤다고 말했다. 드디어 홍이와 온종일 붙어 있지 않아도 된다는, 일종의 무거운 짐에서 해방되는 느낌을 받은 것이다. 하지만 그녀는 자신이 홍이 외에 다른 친구들과 어떻게 지내야 하는지, 또 새로운 친구를 어떻게 사귀어야 하는지 그 방법에 대해 모른다는 사실을 알게 되었고, 늘 그랬던 것처럼 다시 홍이와 붙어 다니게 되었다.

　홍이는 활발한 아이였기 때문에 새로운 반에 들어가서도 물 만난 물고기 같았다. 밝고 자신감 넘치는 그녀의 모습은 링위의 마음을 콕콕 찔렀다. 게다가 링위는 홍이가 자신이 필요할 때만 와서 찾고 자신의 감정을 헤아리지 않는다는 것을 깨달았다. 그렇지만 홍이의 이러한 행동은 두 사람이 함께 만든 것이었다. 홍이가 막무가내로 제멋대로 행동하는 것은 수년간 링위가 늘 양보했기 때문이었다. 대등하지 않은 인간관계는 심각한 불균형으로 인해 금세 틈이 생기고 단절된다.

　왜 링위에게는 친구가 단 한 명뿐이었을까? 이렇게 자신의 속마음을 숨기거나 표현하는 방법을 모르는 성격적 특징은 대체 어떻게 생겨난 것일까? 이 부분이 나와 링위가 이야기를 나눌 때 중요하게 생각하는 부분이었다. 분석해보니 원인은 다양했다. 일단 링위가 예민하고 온순한 성격을 가진 전형적인 '얌전한 아이'이기 때문이었다. 이런 특징을 가진 사람은 원래 자신의 감정보다는 다른 사람의 태도를 더 중요하게 생각한다.

그보다 더 중요한 이유는 그녀가 성장하면서 단 한 번도 제대로 된 지도를 받거나 훈련을 해본 적이 없었다는 점이었다. 링위의 성격은 아빠와 비슷했고, 엄마는 외향적이고 센 편이었다. 아빠는 원양화물선을 타는 선원이라 자주 오랫동안 집을 비웠기 때문에 부녀간에 교류할 기회가 매우 적었다. 엄마도 일이 바빠서 링위는 주로 할머니와 할아버지 손에서 컸는데, 두 분은 여자아이라면 얌전해야 한다고 생각했다. 이런 여러 요인들이 조용하고 인내하는 링위의 성격과 밀접한 관련이 있었다.

또한 사춘기에 접어들고 감정이 성숙해지면서 링위는 좋은 친구 관계에 대한 바람도 계속 커졌다. 하나뿐인 친구와 장기적으로 수동적인 상태를 유지하던 그녀는 엄청난 마음의 압박을 느꼈다. 단 하나뿐인 친구와의 관계를 유지하는 것은 마치 외나무다리를 건너는 것처럼 불안했지만, 링위에게는 새로운 친구 관계를 맺을 힘이 없었다.

건강한 우정 만들기

우정에 닥친 위기와 그것이 불러온 상처와 걱정, 심지어 공포를 링위가 충분히 이해하고 받아들였다면, 이런 경험들이 얼마나 가치 있는 것인지도 인식해야 한다. 성장 과정에는 원래 많은 고난과 좌절이 있으므로 이를 받아들이고 이해하고 대처하는 법을 배워야 더욱 강해질 수 있다.

링위는 똑똑하고 지혜로운 아이였다. 이야기를 나누면서 그녀는 친구와의 관계 면에서 자신에게 매우 큰 약점이 있다는 사실을 금세 발견했다. 다른 사람의 생각을 지나치게 신경 쓰거나 자신이 원하는 것을 표현하는 용기가 부족한 것 말이다. 그것이 모든 문제의 원인이었다. 문제의 해결까지는 갈 길이 멀었지만, 나는 그녀가 어떻게 해야 하는지 이해하고 용감하게 실천에 옮기도록 지지해줘야 했다. 믿음뿐만 아니라 인내심도 필요했다. 서두른다고 할 수 있는 일이 아니었다.

　문제점을 확인하고 나서 우리는 행동 계획을 세웠다. 먼저 지금까지 자신의 유일한 친구였던 홍이와의 관계를 다시 좋게 만드는 것부터 시작하기로 했다. 홍이와의 관계를 재평가하다 보니 홍이에 대한 링위의 불만이 꽤 오래되었음을 알 수 있었다. 하지만 그런데도 줄곧 양보했던 이유는 하나뿐인 친구를 잃을까봐 두렵기도 하고, 거절하는 능력과 용기가 부족했기 때문이었다. 여러 가지 일들을 돌이켜보니 홍이는 좋은 아이였고, 착하고 따뜻한 마음을 가졌으며, 때로 링위를 거칠게 대할 때도 있었지만 모두 좋은 의도로 한 행동이었다. 홍이는 수년 동안 줄곧 링위를 지켜주었고 심지어 몸이 불편할 때도 보살펴주었다. 링위에게 더없이 소중한 친구였던 것이다.

　링위는 자신의 행동 계획의 리스크에 대해서도 생각해봤다. 그중에 가장 위험도가 높고 고민되는 것이 바로 자신이 거절했을 때 홍이의 기분이 상할 수 있다는 점이었다. 그녀는 이로 인해 소중한 친구를 잃을까 걱정이 됐다. 나는 그녀에게 반대로 생각해보라고 말했다. 그러자 그녀는 만약 자신이 계속 예전처럼 행동한다면 둘의 우정에 조만간 문제가 생길 거라는 점을 깨달았다. 또한 지금부터라도 스스로 훈련하지 않으면 영원히 관계 능력을 키울 수 없을 것이라는 사실도 인식했다. 그래서 "우정 지키기"라는 작전명의 행동 계획을 실행에 옮기기로 했다.

링위는 우리가 함께 정한 미션들을 매주 한두 가지씩 해내야 했다. 먼저 준비활동으로 조별활동을 하거나 친구들과 수다를 떨 때 먼저 나서서 자신의 의견을 이야기해야 했다. 그녀는 미션을 비교적 수월하게 해냈다. 하지만 그다음이 중요한 부분이었다. 링위는 홍이의 요구를 일부 거절해야 했다. 우리는 미리 지도실에서 어떻게 다른 사람을 거절해야 하는지 연습했다. 예를 들어, 완곡한 말투와 진심 어린 태도 등을 주의해 훈련했다. 이 외에 상황에 대해서도 분석했다. 상황을 고려해서 순서대로 차근차근, 작은 일부터, 너무 갑작스럽지 않게, 상대방이 일부러 트집을 잡는다고 느끼지 않게 할 수 있도록 말이다.

하루는 수업이 모두 끝난 뒤 링위가 갑자기 교무실로 뛰어 들어왔다. 그녀는 발그레한 작은 얼굴로 후후 숨을 내쉬면서도 방긋 웃으며 내게 손바닥을 내밀고 말했다. "선생님, 하이파이브!"

내가 지금껏 봐왔던 그녀의 모습 중에 가장 진실하고 빛나는 웃음이었다. 그녀의 말에 따르면, 그날 점심 홍이가 연습장을 사러 같이 서점에 가자고 말했지만 링위는 시험 준비 때문에 갈 수 없다고 용기를 내어 말했다. 순간 당황한 홍이는 그 시험은 별것 아니니 함께 가자고 다시 말했고, 링위는 너무 긴장돼서 고개를 들어 홍이의 얼굴을 쳐다보지도 못한 채 마음속으로 잠시 고민했지만 결국엔 거절했다. 이윽고 또다시 숨막히는 정적이 흘렀다. 결국 홍이는 알겠다고 했는데, 조금 실망한 말투였지만 화를 내지는 않았다. 홍위는 링위에게 시험을 잘 보라면서 학교 끝나면 보자고 말하기도 했다. 떠나는 홍이의 웃는 얼굴과 뒷모습을 보며 링위는 말로는 표현할 수 없는 편안함을 느꼈다. "노"라고 말하는 것이 생각처럼 그렇게 어려운 일은 아니었다.

나는 링위가 평등하고 서로를 존중하는 새로운 교류 방식을 찾을 때까지 이 행동 계획을 계속 실행해나가도록 격려했다. 링위는 이 과정에서 마음 문을 열고 점점 자신감을 찾아가면서 반에서 새로운 친구도 사귀었다.

진정한 우정은 사람과 사람 사이의 순수한 감정이다. 이를 정확하게 바라보고 적당한 영양분을 주고 충분히 존중한다면 분명 긴 인생 속에서 아름다운 풍경을 만날 수 있을 것이다.

사춘기 심리 코칭

거절할 수도, 거절을 받아들일 수도 있어야 한다

천성이 예민하고 온순한 사람은 자신이 원하는 것을 느끼는 법이나 자기 생각을 표현하는 법을 훈련해야 한다. 그러나 부모나 교사는 이 부분을 간과하는 경우가 많다. 어른들은 대개 아이가 말을 잘 듣는 것을 좋아하며, 내심 어른들이 원하는 대로 행동하길 원한다. 하지만 아이도 하나의 완전한 생명체이며 끊임없이 성장하고 감정이 풍부해진다. 그들의 마음속 진짜 감정을 간과하면 아이들의 성장에 보이지 않는 족쇄가 채워지고 그들의 발전에 걸림돌이 되어 건강한 성장을 가로막게 된다.

어떤 아이들은 상처받는 아이로 길러진다

학교 내 괴롭힘으로 상처를 받은 아이들은 대개 소심하고 연약하고 순종적인 성격적 특징을 가지고 있다. 이런 특징은 반은 타고난 것이고 반은 가정교육, 나아가 학교교육의 결과이다. 링위의 가정만 봐도 알 수 있다. 부모의 성격 차가 매우 크고, 아빠가 자리를 많이 비우는 바람에 링위는 아빠의 이해나 지지를 얻지 못했다. 엄마는 성격이 급하고 센 편이라 링위는 도움을 받고 싶을 때에도 혼이 나거나 잔소리를 들었다. 링위는 그런 엄마를 무서워했다.

엄마도 일이 바빴기 때문에 링위는 자주 할머니, 할아버지 집에서 지냈고, 두 노인은 손녀를 예뻐하면서도 그녀의 생활 속 사소한 부분과 언행 등에 엄격한 잣대를 들이댔다. 원래 자신을 억누르던 사람은 이런 성장 환경 속에서 더 소심하고 연약해지기 쉽고, 학교라는 사회 환경에서 괴롭힘을 당하거나 무시당하기 쉽다.

성취보다 적응력을 기르는 것이 더 중요하다

학업적 성취에 심신의 건강은 필수 전제 조건이다. 많은 부모들이 아이의 공부에만 집중하고 아이의 상태에 대해서는 그저 좋을 것이라 생각해버린다. 가족들은 성장 과정에서 아이들에게 생기는 고민을 발견하지 못하고, 당연히 지도하거나 응원해주지 않는다. 이것이 많은 아이에게서 비교적 심각한 심리적·행동적 장애가 나타나고 나서야 부모들이 놀라는 이유이다. 관찰하고 이해하는 것에 소홀했기 때문에 자신의 아이가 이렇게 심각한 상태에 놓인 지 얼마나 오래되었는지 알지 못한다.

열여섯 살의 여자아이가 겉보기엔 즐거워 보이고 공부에도 별문제가 없는 것 같으면, 자신이 원하는 것을 자연스럽게 표현하지 못하고 친구가 없어도 부모는 관심을 가질 필요를 느끼지 못하는 것이다. 하지만 인간관계 능력은 가장 중요한 사회 적응력 중 하나이고 심지어 생존능력의 기초라고 할 수 있다. 제때 조절하지 못하면 앞으로 아이의 인생에 심각한 문제가 생길 것이다.

건강한 성장을 운에 맡길 수는 없다

링위는 초등학교 3학년 때 만난 친구 훙이를 자신의 보호막으로 삼았다. 이 보호막이 외롭고 아무도 도와주지 않던 링위에게는 더할 나위 없이 소중한 안전감을 주기에 충분했다. 하지만 바로 어렵게 얻은 이 작은 안전감이 링위를 더디게 성장하게 했고 불안정한 사춘기를 겪게 했다. 링위의 마음이 건강하게 성장하지 못한 상태에서 마침 선생님이 적절한 방식으로 아이가 오랫동안 숨기고 있던 내면세계로 서서히 들어가 함께해주고 격려해줘서 변화할 용기를 준 점이 링위에게는 행운이라 할 수 있다.

02

엄마의 마음을 아프게 하고 싶어

어찌할 바를 몰랐던 엄마

9월의 어느 날 이른 아침, 나는 평소처럼 일찌감치 학교에 도착했다. 막 지도실 건물 1층에 도착했을 때, 한 낯선 중년 여성이 문 앞에 서서 좌우를 두리번거리고 있는 모습을 발견했다. 그녀는 나를 발견하고는 안절부절못한 표정으로 말을 더듬거렸다. 나는 웃으며 고개를 끄덕였다.

"일찍 오셨네요. 무슨 일 있으세요? 도와드릴까요?"

"안녕하세요. 저는 이 학교 학생 엄마인데요. 여기서 심리상담 선생님을 기다리고 있어요."

알고 보니 나를 찾아온 사람이었다. 나는 빠르게 그녀를 관찰했다. 마른 몸매에 우울한 얼굴, 아침 바람에 흐트러진 회색 머리카락 때문인지

나이도 들어 보이고 외로워 보였다. 또 어떤 어려움을 겪고 있는 엄마이겠거니 생각해 나는 몰래 한숨을 내쉬고는 함께 위층으로 올라갔다.

그녀는 가면서 끊임없이 인사말을 건넸다. 목소리는 부드럽고, 말의 속도는 느긋했으며, 예의와 조심스러움이 느껴졌다. 나는 그녀를 지도실 소파에 앉히고는 물었다.

"아이 문제 때문에 저를 찾아오셨나요?"

방 안의 공기가 갑자기 멎은 듯하더니 방금까지의 예의 바르고 빈틈없던 모습은 불안하고 초조한 모습으로 빠르게 변했다. 그녀는 입술을 꾹 다물며 애써 뭔가를 억누르는 듯 보였다. 한동안 망설이던 그녀는 이야기를 꺼내기 시작했다. 목소리는 떨렸고 침착함을 유지하고 싶어 했지만 헛수고였다. 초조한 기운이 확 느껴졌다.

그녀는 자신의 딸 원원이 고등학교에 들어온 지 한 달이 되어가지만 드문드문 학교를 계속 빠져서 거의 2주를 학교에 나오지 않았다고 했다. 무단결석이 아이에게 안 좋은 영향을 끼칠까 걱정하는 마음에 담임선생님에게는 아이가 몸이 안 좋아 병가를 내는 것이라고 말했지만, 사실은 아이가 학교에 가기 싫어하는 상태라는 것이었다. 집에서도 아무 일 없었고 개학 전까지만 해도 다 정상적이었는데 개학하고 며칠 지나지 않아 학교에 가고 싶지 않다고 말하고는 무슨 말을 해도 듣지 않고 아무 방법도 통하지 않는다고 했다. 원원은 공부하지 않겠다고 말하고는 정말 하지 않았다. 며칠 있으면 첫 월말고사인데 원원은 시험도 치르지 않겠다고 말했다. 가족들은 마음이 조급했다. 이렇게 하다간 학업을 완전히 망쳐버릴 것 같았다. 나는 아이에게 심리적인 문제가 생겼지만, 엄마가 이 일을 담임이나 학교에 알리고 싶지 않았기 때문에 처음에는 도움을 청하지 않을 생각이었다가 도저히 방법이 없으니 이렇게 몰래 심리상담 선생님을 찾아온 것이라 추측했다.

원원의 엄마는 감정이 매우 격해져서 몇 마디 채 말하지 못하고 눈물을 터뜨리고 말았다. 나는 그녀에게 따뜻한 물을 한 잔 따라주면서 말했다.

"아이가 막 고등학교에 들어와서 이런 상황이 생기니 분명 매우 초조하실 거예요. 문제가 생기는 데엔 반드시 이유가 있으니 우리 한번 천천히 정리해봐요. 조급해하실 필요 없어요."

상담이 진행되면서 엄마는 아이의 기본적인 상황에 대해 이야기하기 시작했고, 감정도 점점 누그러졌다. 원원은 부모가 결혼한 지 수년 만에 겨우 얻은 아이로 늘 보석처럼 다뤄졌다. 가정 형편이 부유한 것은 아니었지만 부모는 아이의 생활에 꼭 필요한 부분, 특히 교육 면에서 지원을 아끼지 않았다. 아이가 잘되길 바랐고, 미래에 안정적인 생활을 하길 바랐다. 이렇게 아이를 예뻐했지만 여러 측면으로 바라는 바가 늘 많았고, 가정교육도 엄했다.

내향적이고 조용하며 말을 잘 듣는 원원에게 가족들은 아무런 불만이 없었다. 하지만 부모는 원원이 공부와 상관없는 다른 일에 참여하는 것에는 격려하지 않았다. 원원은 그렇게까지 똑똑하진 않았지만 부모가 빈틈없이 감시한 탓에 늘 성적이 좋은 편이었다. 초등학교, 중학교 모두 아주 좋은 학교에서 공부했고, 천신만고의 노력 끝에 결국 중점 고등학교에 입학해서 가족들에게 기쁨과 위안을 주었고 자랑거리가 되었는데 이런 일이 생길 줄 누가 알았을까.

  그녀의 말에 따르면, 원원은 어릴 적 매우 얌전했다. 무슨 일을 하든 항상 먼저 엄마에게 물어봤고, 아빠와의 관계도 매우 좋았다. 밖에선 말을 많이 하지 않았지만 집에서는 말도 잘하고 웃기도 하고 평화로운 유년기를 보냈다. 하지만 원원이 중학교에 들어가면서 변화가 생겼다. 말수가 줄고, 친구들과 나가서 놀고 싶다거나 교과서 말고 다른 책이나 휴대폰 등을 사고 싶다고 말할 때도 많았다. 하지만 부모의 끈질긴 설득 끝에 원하는 것들을 포기했다. 나중에는 공부할 게 많다는 이유로 자신의 방에서 잘 나오지 않았다. 아이가 컸으니 이런 변화는 당연할지도 모른다. 어쨌든 가족들은 이를 심각하게 생각하지 않았고, 엄마는 예전과 같은 방식으로 돌보며 엄격하게 공부를 독촉했다.

  최근 원원은 마치 다른 사람이 된 것처럼 행동했다. 예전에는 공부를 그렇게 좋아하더니 지금은 학교도 가지 않을뿐더러 집에서 책을 건드리지도 않았다. 부모는 아이가 한눈을 팔까 걱정하는 마음에 집 컴퓨터에 인터넷을 연결하지 않았다. 개학한 뒤 아이는 인터넷을 연결해달라고 했지만, 부모는 당연히 동의하지 않았다. 그러자 아이는 TV를 틀어 아무 프로그램이나 다 봤다. TV를 끄면 아이는 아무 말도 하지 않고 그냥 자러 가거나 잡지나 가벼운 책들을 읽었다. 중요한 일은 아무것도 하지 않았다. 좋게 말해도, 혼을 내도, 심지어 심한 말을 해도 아이는 아무렇지도 않은 것처럼 굴었고, 때로 부모는 너무 화가 나서 정말 아이를 때리고 싶다는 생각이 들 지경이었다. 엄마가 어찌할 바를 몰라 울면서 학교에 가라고 부탁했지만 아이는 아무런 동요가 없었다. 마치 뭐에 홀리기라도 한 사람처럼 멀쩡하다가 갑자기 이렇게 변해버렸다. 이 야기하던 원원의 엄마는 또 우느라 말을 이어가지 못했다.

곤혹스러웠던 담임선생님

엄마에게 듣기론 아이가 고등학교 반과 담임선생님에게 매우 만족했 다고 한다. 개학 초 학부모회의에서 담임선생님과 이야기를 나눴을 때도 선생님은 아이가 새로운 무리에 적응을 잘하고 있으며, 엄청 활발한 편 은 아니지만 열심이고 성실해서 모든 아이들이 좋아한다고 했다.

원원이 도대체 왜 학교에 오지 않는지에 대해 엄마는 이 이상의 가치 있는 정보를 전달할 수 없었다. 반드시 아이를 직접 만나야 사실을 파악 할 수 있었다. 하지만 당시 상황으로 봤을 때 원원이 엄마를 따라 학교 에 와서 심리상담을 받을 리가 없었고, 어쩌면 담임선생님이 아이를 부 를 수 있을지도 모른다는 생각이 들었다. 나는 원원의 엄마에게 내 생각 을 말했다. 담임선생님에게 솔직하게 이야기해야 한다고, 아이의 문제 를 피하고 숨기는 것은 현명한 방법이 아니며, 반드시 문제에 맞서야 해 결할 수 있다고 말이다.

엄마는 여전히 의문과 염려를 품었지만 아이가 계속 학교에 나오지 않 는 것을 더이상 두고 볼 수 없었기 때문에 담임선생님에게 사실을 털어 놓고 도움을 요청하는 데에 동의했다. 그리고 담임선생님이 아이의 마 음을 푸는 데 성공하지 못할 경우 심리상담을 받는 것을 추천했다. 이는 학교가 문제가 생긴 아이들을 도울 때 흔히 사용하는 절차이고, 담임선 생님도 경험이 풍부한 분이시며, 학교도 원원이 학교에 나오지 않는다는 이유만으로 아이를 혼내고 벌을 주진 않을 테니 걱정할 필요가 없다고 말했다.

일주일이 지나고 담임선생님이 나를 찾아왔다. 원원의 상황을 알고 아이에게 전화를 걸어 설득했지만 학교에 이틀 나오고는 다시 오지 않았다고 했다. 그래서 가정방문을 했는데 원원의 가정 분위기가 매우 억압적이었다고 했다. 아빠는 별말 없이 표정이 우울했으며, 엄마는 비교적 말은 많았지만 몇 마디 하지 않는데도 울기 시작했고, 원원은 학교에서처럼 평온해 보이지 않고 매우 귀찮아하는 것처럼 보였다고 했다. 아이에게 왜 학교에 오지 않는지 물었지만 엄마, 아빠가 너무 간섭을 많이 하는 게 싫어서 학교에 가지 않는다고 말할 뿐이었다. 담임선생님은 원원의 부모에게 아이를 대하는 태도를 바꿔볼 것을 건의했다. 잔소리를 하거나 혼내지 말고 아이의 성격에 맞춰 원하는 것을 최대한 들어주고 분위기를 부드럽게 만들어보라고 말이다. 그러나 며칠 뒤 원원은 월말고사에도 불참했다.

담임선생님은 곤혹스러움을 감추지 못했다. 원원이 학교에서는 항상 상태가 좋았고, 내향적이긴 했지만 선생님, 친구들과도 모두 잘 지냈으며, 수업시간 태도나 과제를 봐도 정상적이었기 때문이다. 학교를 오지 않는 이유가 가정 문제 때문임은 분명한데 구체적인 원인을 아무래도 알 수가 없었다. 담임선생님은 다시 아이를 찾아가 두 번이나 이야기를 나눴고 무엇이 올바른 일인지 수도 없이 말했지만 아이는 늘 조용히 듣기만 할 뿐이었다. 역시나 심리상담을 받아보는 것이 나아 보였다. 담임선생님은 원원에게 나에게 상담을 받을 것을 권했고, 다행히 아이가 거절하지 않아 급히 상담시간을 잡았다.

왜 그녀는 그토록 화가 났을까?

원원은 약속시간에 딱 맞춰 상담실에 도착했다. 인사말에서는 예의와 거리감이 동시에 느껴졌고, 초췌한 얼굴에서는 그녀의 초조함과 피로감을 느낄 수 있었다. 나는 웃으며 말했다.

"원원, 만나서 반가워."

그녀는 말없이 건성으로 고개를 끄덕이더니 창가 쪽 소파에 앉아 담담한 표정으로 주위를 둘러봤다. 아이는 최근에 사람들에게서 여러 차례 대화 요청을 받았을 테고, 나를 만나러 온 것도 아마 습관적으로 지시에 따랐기 때문일 것이다. 그러니 그녀가 거부감이나 배척 심리를 보이는 것도 당연했다.

"고등학생이 된 지 한 달도 더 지났는데 어떻게 지내고 있니? 기분은 어때?"

내가 묻자 그녀는 고개를 비스듬히 돌려 나를 바라봤다. 그녀의 눈빛은 알 수 없는 것들로 가득 차 있었다. 짧은 한숨을 내쉰 그녀는 말없이 다시 창밖으로 눈을 돌렸다.

"그건 안 좋다는 뜻인데! 열흘 넘게 학교에 나오지 않았다고 들었어. 무슨 일 있었니?"

나는 비교적 가벼운 말투로, 그러나 관심을 가득 담아 물었다. 원원은 감정 조절에 뛰어난 아이였기 때문에 약간의 자극이 필요했다. 역시나 그녀는 다소 불만스러운 듯 콧방귀를 뀌었다. 분명 심기가 불편해 보였다. 잠시 아무 말도 하지 않고 가만히 있던 그녀가 고개를 돌렸고, 내가 여전히 그녀를 진지하게 바라보며 대답을 기다리고 있는 것을 발견하더니 눈살을 찌푸리며 이렇게 말했다

"우리 엄마가 벌써 다 말하지 않았나요? 선생님이 모르실 리 없잖아요!"

절대 상냥하지 않은 말투였다. 원원은 엄마가 나를 찾아왔었다는 사실을 알고 있었다. 이는 긍정적인 일이었다. 그녀의 엄마가 나의 제안을 받아들이고 이제는 애써 숨기려 하지 않는다는 뜻이니 말이다.

"어머님이 나를 찾아오신 건 맞아. 담임선생님도 오셨어. 네가 학교에 오지 않고 있고, 널 어떻게 도와줘야 할지 몰라서 걱정을 많이 하고 계시거든. 하지만 나는 구체적으로 어떤 이유 때문인지 네 생각을 더 알고 싶어."

허심탄회하게 모든 상황을 설명하자 그녀의 반항심은 누그러졌고 표정도 부드러워졌다. 하지만 말투는 여전히 냉랭했다. 그녀는 말했다.

"저한테 무슨 병이 생긴 것은 아니잖아요. 학교도 안 가고 공부도 안 하니까 TV도 보고, 재밌는 책도 읽을 수 있고 잠도 실컷 잘 수 있어서 너무 잘 지내요."

나는 살며시 고개를 저으며 말했다.

"원원, 너의 머리부터 발까지 모두 네가 잘 못 지내고 있다고 말하고 있어."

그러자 마침내 그녀가 시선을 떨궜다.

"어떻게 제 마음을 아세요?"

그녀의 말투에서 불만과 공격성이 느껴졌다. 나는 그녀에게 내가 왜 그렇게 생각하는지 설명해주었다. 지금까지 알게 된 정보를 통해 나는 원원이 늘 열심이고 성실하고 노력하는 아이라는 것을 충분히 알 수 있었다. 엄마도 이야기를 해줬지만 담임선생님 역시 그녀가 학교에만 오면 열심히 수업을 듣고 과제도 잘 해온다는 말을 해줘서 이를 알 수 있었다. 게다가 어떤 상황이 발생하더라도 사람의 고유한 태도나 습관은 쉽게 바뀌지 않는다. 원래 공부를 중요하게 생각했던 아이가 이렇게 장기간 학교에 나오지 않는 것은 분명 어떤 이유가 있기 때문이고, 본인 역시 조급하고 속상하고 심지어는 고통스러울 것이다. 또한 집에서 가족들이 보는 곳에서만 공부하지 않을 뿐 혼자 있을 때는 분명 공부할 것이라는 추측도 가능했다.

　'당신이 그걸 어떻게 알아?' 하고 놀라는 원원의 표정이 귀여웠다. 그녀는 이내 미간을 찌푸렸고, 고민과 분노가 한데 엉켜 싸우는 듯하더니 한 마디 한 마디 말을 이어가기 시작했다.

　"선생님 생각이 맞아요. 전 공부를 싫어하는 게 아니에요. 학교에 나오지 않은 건 엄마가 원하는 대로 해주고 싶지 않기 때문이에요!"

　목소리는 크지 않았지만 말투는 살벌하기 그지없었다. 어린 소녀는 자신의 진짜 감정을 여지없이 드러내고 있었다.

　"학교에 나오지 않은 게 엄마가 원하는 대로 해주고 싶지 않기 때문이라고?"

　나는 잠시 멈췄다가 이렇게 물었다. 원원의 표정이 일그러지더니 우울한 눈빛과 높은 톤으로 마치 기관총을 쏴대듯 말했다.

"요즘에 사람들이 전부 제게 부모님이 널 힘들게 키우셨는데 은혜에 감사할 줄 알아야 한다나 뭐라나 마치 제가 학교에 나오지 않는 게 양심 없는 행동이라는 듯이 말하더라고요. 사실 엄마한테 받은 은혜 따윈 없어요. 엄마는 너무 가식적이에요. 늘 사랑한다는 명목으로 제게 족쇄를 채우고 엄마가 제 앞날을 위해서 많은 것들을 희생했다고 말해요. 하지만 사실 엄마는 그저 좋은 성적, 엄마의 체면에만 관심이 있을 뿐이에요. 저를 포함한 다른 모든 것들은 엄마에게 아무런 의미가 없어요. 그래서 전 절대 공부하지 않을 거예요!"

팽팽하게 긴장된 아이의 몸에서 분노와 슬픔이 느껴졌다. 화가 난 얼굴은 빨갛게 달아올랐고, 그녀는 흘러내리는 눈물을 억지로 참고 있었다. 나는 그녀에게 휴지를 건네며 말했다.

"엄마가 원하는 대로 해주고 싶지 않다는 말은 네가 아니라 너의 성적에만 관심을 가지는 엄마에게 학교에 가지 않는 방식으로 벌을 주고 싶다는 뜻이니? 네가 이렇게 속상해하는 걸 보니 분명 엄마가 어떤 잘못된 행동을 하셨나보다."

그녀의 눈물이 결국 흘러내리고 말았다. 소리를 내지는 않았지만 눈물이 계속해서 흘러내렸다. 나는 그녀의 어깨를 가볍게 두드리며 천천히 마음을 가라앉힐 때까지 기다렸다.

진정으로 이해받았다는 느낌을 받은 아이는 울고 난 뒤 깊게 한숨을 내쉬었다. 뭔가 말하고 싶으면서도 어디서부터 이야기를 시작해야 할지 모르는 듯했다. 나는 그녀에게 물었다.

"그렇게까지 큰일이 있었던 적은 없구나?"

그녀는 고개를 끄덕였다. 나는 원원에게 대부분의 고민들이 꼭 엄청난 일 때문에 생겨나는 것만은 아니고, 특히 가정에서 작은 불만들이 쌓이면 매우 큰 파괴력을 가지게 된다고 말했다. 그리고 기억하는 첫 번째 불만부터 시작해 모든 불만을 하나하나 이야기해보라고 했다.

반항하는 이유

원원은 엄마가 겉보기에는 온화해 보이지만 고집이 너무 세서 자신이 옳다고 생각하면 무슨 방법을 동원해서라도 반드시 목적을 달성하는 사람이라고 말했다. 엄마는 온종일 다른 할 일은 아무것도 없는 사람처럼 딸의 생활에 관여하여 어떤 것은 절대 하지 말아야 하고 어떤 것은 꼭 해야 한다고 말했으며, 늘 자신이 그녀를 얼마나 사랑하는지 피력했지만 사실 원원은 그 어떤 사랑도 느낄 수 없었다. 오래전 얘기를 할 필요도 없이 얼마 전 원원의 몸이 안 좋았을 때조차도 엄마는 많은 문제집을 풀게 했다. 고등학교 공부는 매우 어려우며 곧 시험을 치러야 하니 서둘러 준비해야 한다고 말이다. 자신은 그렇게 게으름을 피우는 아이가 아닌데도 엄마는 마치 그녀가 엄살을 피우는 것처럼 말했고, 아무런 관심을 보이지 않았다. 그 순간 그녀는 갑자기 이런 생각이 들었다. 엄마는 점수, 등수를 사랑할 뿐 자신은 안중에도 없고 만약 공부를 잘 못 하면 엄마에게 버림받을 수도 있겠다는 생각 말이다. 그녀는 죽을 만큼 화가 났고, 엄마가 동의하든 말든 학교에 나가지 않고 엄마를 속상하게 만들기로 마음을 먹었다.

원원이 처음으로 학교에 가지 않겠다고 말하자 엄마는 무척 당황해했다. 그리고 원원은 그런 엄마의 모습을 보고 오히려 마음이 편안해졌다고 한다. 엄마는 걱정하시면서 쉴 새 없이 학생의 도리를 운운하시기도 하고 울기도 하셨다. 우느라 빨개진 엄마의 눈을 보고 놀란 원원은 다음 날 일단 학교에 나갔지만, 나중에 엄마가 자신의 목적을 달성하기 위해 눈물을 무기로 사용했다는 것을 알게 되고는 점점 엄마의 눈물을 무시하고, 심지어는 경멸하게 되었다.

원원은 아빠가 말하는 것을 좋아하지 않고 일도 바쁘기 때문에 자신에 대한 모든 것을 엄마가 관리한다고 말했다. 어렸을 때 원원은 엄마가 따뜻하고 친절하다고 생각했지만 커갈수록 자신을 대하는 엄마의 진정성이 의심스러웠다.

원원은 전 과목 A라는 우수한 성적으로 가장 좋은 중학교에 들어갔고, 그곳에 모인 친구들도 모두 각 학교에서 온 우수한 학생들이었다. 개학한 뒤 얼마 지나지 않아 원원은 반 친구들이 공부를 잘할 뿐더러 다양한 재능을 가지고 있다는 것을 알게 되었다. 그에 반해 자신에게는 특별한 재능이 없어서 참여할 수 있는 활동도 별로 없었고, 이로 인해 외로움을 느끼게 되었다. 원원은 몸매도 늘씬하고 팔다리도 길쭉해서 초등학교 때 댄스팀에 뽑혀 연습도 하고 공연도 했지만, 4학년이 되고 연습시간과 학원시간이 겹치자 엄마는 댄스팀을 그만두게 했다. 당시 원원은 아직 어렸고 뭘 몰라 무슨 일이든 엄마 말을 들었다. 하지만 중학생이 되고 보니 그때 포기하지 말았어야 했다는 생각이 들었다. 원원이 들어간 중학교는 에어로빅팀이 있는 학교로, 코치가 그녀를 마음에 들어해 팀에 들어올 것을 제안했지만, 부모님의 의견을 묻는 과정에서 엄마에게 일언지하에 거절당했다. 원원이 엄마에게 팀에 들어가고 싶다고 말했지만, 엄마는 노파심에 중학교도 성적 경쟁이 치열하다느니 공부가 더 중요하다느니 잔소리를 한 무더기 늘어놓으며 수많은 사례를 들어 들어가지 못하게 했다. 원원은 한동안 우울했지만 나중에는 공부하기 바빠 이 일을 잊어버렸다.

　이후에도 이와 비슷한 일들이 많았다. 학교 활동에 참여한다거나 동아리 회장 선거 등 공부와 관련이 없는 일이면 엄마는 아무것도 참가하지 못하게 했다. 중학교 때 친구들은 쉬는 날 함께 놀러 다니기도 했지만, 엄마는 단 한 번도 원원이 그들과 어울리는 것을 허락하지 않았다. 친구들은 모두 큐큐ⓆⓆ로 연락을 주고받았지만, 엄마는 이마저도 사용하지 못하게 했고 모르는 것이 있으면 친구에게 묻지 말고 엄마가 선생님께 전화해 물어봐주겠다고 말했다. 원원은 핸드폰으로 편하게 연락을 주고받고 싶었지만, 엄마는 공부에 방해가 된다는 이유로 사주지 않았다. 게다가 엄마는 매일 원원에게 점심밥을 가져다주고 하교할 때도 그녀를 데리러 갔기 때문에 따로 연락할 필요를 느끼지 못해 더욱더 요지부동이었다. 중학교 2학년 때 어찌어찌 컴퓨터를 사주긴 했지만 인터넷을 연결해주지 않아 없는 것이나 마찬가지였다. 원원은 공부 외엔 아무것도 알지 못해 반에서 마치 바보가 된 기분이었다. 하지만 이런 감정에 대해 엄마에게 말할 때마다 돌아오는 것은 설교 한 보따리뿐이었다. 엄마는 화를 내진 않았지만 계속 잔소리를 늘어놓아 그녀를 짜증나게 했고, 결국 원원은 그냥 아무 말도 하지 않게 되었다.

　원원은 엄마에 대한 불만을 끊임없이 이야기하면서 수년간 마음속에 쌓인 원망을 쏟아냈다. 그런 모습을 보고 있자니 내 머릿속에는 억압에서 벗어나 친구들과 현실세계에 녹아들고 싶어 하는 한 소녀와 당황해서 끊임없이 아이를 품속으로 잡아끄느라 힘겹게 동분서주하는 엄마의 모습이 떠나지 않았다.

평화회담

아마 지금까지 이렇게 시원한 성토의 장은 없었을 것이다. 원원은 말하다 지쳤는지 물을 한 컵 들이켰고 아까보다 많이 평온해졌다. 나는 그녀에게 물었다.

"정말 엄마가 너를 전혀 사랑하지 않고 공부 외엔 아무 관심이 없다고 생각하니?"

그녀는 잠시 후 말했다.

"그건 아니에요. 다른 것에도 관심이 있긴 해요. 하지만 목적은 같아요. 때로 제게 잘해주는 척할 때가 있는데, 그것도 제가 말을 잘 듣게 하고 열심히 공부하게 하기 위해서예요. 저는 이런 가짜 모성애는 원하지 않아요!"

비록 그녀의 생각은 여전히 변하지 않았지만 말투에서 냉랭함이 조금 사그라들었다. 나는 질문을 바꿔 물었다.

"지금까지의 상황을 보면 네가 학교에 나가지 않아 엄마는 매우 조급해지셨어. 네가 엄마에게 벌을 주려던 목표가 달성된 거야. 그렇지?"

그녀는 고개를 끄덕였다.

"그럼 너도 기분이 좋았겠네?"

나는 재차 물었다. 원원은 숨을 들이마시더니 갑자기 마치 바람 빠진 공처럼 지쳐 보였다. 나는 가볍게 그녀의 어깨를 두드리고는 물었다.

"사실 이렇게 하고 싶지는 않았지? 학교에 가지 않는 게 장기적인 계획은 아니었던 것 같은데?"

그녀는 느릿느릿 고개를 끄덕이며 말했다.

"다른 친구들은 매일 학교에 가는데 저만 집에 있으려니 당황스러울 정도로 심심해요."

"너도 계속 가만히 있지는 않았잖아. 공부도 했지? 그게 아니라면 가끔 학교에 나왔을 때 수업을 따라갈 수가 없었을 텐데."

원원은 슬며시 웃으며 말했다.

"선생님, 진짜 똑똑하시네요. 맞아요. 엄마, 아빠가 집에 있을 때는 부모님을 화나게 하려고 일부러 공부하지 않았지만, 혼자 있을 때는 서둘러 책을 읽고 공부했어요. 하지만 내용이 너무 어려워서 혼자 공부해서 알 수 있는 게 아니었어요."

"그럼 시험도 그냥 거부한 게 아니라 수업에 너무 많이 빠져서 자신이 없어서 그런 거니?"

원원은 어쩔 수 없다는 듯 미간을 찌푸리더니 고개를 끄덕였다.

사실 상황이 여기까지 오니 원원은 이러지도 저러지도 못하게 되었다. 학교에 가자니 엄마에게 벌을 줄 수 없고, 계속 집에만 있자니 안 되겠고, 자신도 뭘 어떻게 해야 할지 모르게 되었다. 이런 마음의 갈등을 잘 아는 나는 그녀의 확실한 신임을 얻게 되었고, 그녀는 내게 자신이 어떻게 하는 것이 좋을지 먼저 물어왔다.

우리 둘은 열심히 토론했다. 그리고 나는 절충할 방법을 찾아 그녀에게 길을 터주기로 했다. 나는 원원에게 제안했다.

"엄마가 다시는 네 학교생활에 간섭하지 않는다고 약속하시면 다시 학교에 나오는 거야. 어때?"

"당연히 좋죠! 하지만 전 엄마가 그러실 수 있을지 의문이에요."

"해보지 않고 될지 안 될지 어떻게 알 수 있겠어? 내가 엄마랑 이야기해볼게. 그리고 3자회담을 하는 거야. 어때?"

해결 방안이 정해지니 원원은 무거운 짐을 벗은 것 같았다.

이후 나는 원원의 엄마를 만나 아이의 문제가 무엇인지를 간략하게 알려주었다. 엄마는 딸이 학교에 가기로 했다는 말을 듣고 흥분해 내 손을 붙잡고는 무슨 조건이든 받아들이겠다고 말했다. 순간 밝아졌던 그 눈빛은 분명 아이를 너무나도 사랑하기 때문에 나타날 수 있는 것이었다. 이야기 중에 나는 엄마에게 아이의 학업에 왜 그렇게 신경을 쓰는지 물었다. 엄마는 또 한숨을 쉬며 옛이야기 몇 가지를 들려주었다.

원원의 외조부, 친조부가 모두 일찍 돌아가시고 자신과 원원 아빠의 몸 상태도 별로 좋지 않자 부부는 자신들이 그리 오래 살지 못할 것이라는 생각이 들었다고 한다. 그런데 아이까지 늦게 낳게 되자 두 사람은 특히 자신들의 딸을 오래 돌보지 못할까 너무나도 걱정이 되었고, 아이를 혼자 남겨 두고 떠나게 될 날을 생각하면 가슴이 미어졌다. 그리고 이 걱정을 해결할 수 있는 유일한 방법이 딸에게 능력, 재능, 지위를 만들어주는 것이라고 생각했다. 그래야 마음을 놓을 수 있을 것 같았다. 원원 엄마의 말을 듣자니 나도 모르게 눈에 안개가 차올랐다. 부모 마음은 부모가 되어야만 이해할 수 있을 것이다.

그 후의 과정은 별로 어렵지 않았다. 엄마는 자신의 교육방식이 잘못되었고 아이의 반대에 부딪힐 가능성이 매우 크다는 점에 대해 반성하였고, 아이의 이번 반항을 겪으면서 두려움을 가지게 되었다. 엄마와 협의가 이루어지자 원원은 다시는 학교에 빠지지 않았다. 얼마 뒤 나는 원원과 만나 이야기를 나누면서 공부와 집안의 상태에 관해 물었고, 그녀는 웃으며 꽤 괜찮은 상태라고 말했다.

"원원, 우리 추가로 한 가지에 대해서 더 토론해보자. 예전에 엄마가 사사건건 엄격하게 요구하시는 이유는 사실 자신의 목적을 달성하기 위해서라고 말했잖아. 그럼 엄마의 목적은 대체 뭘까?"

이 질문이 내가 그녀를 만난 주된 목적이었다. 좋은 부모자식 관계는 견제와 타협이 아닌 이해와 포용으로 유지하는 것이기 때문이다.

완벽하게 차분해진 원원은 이 질문에 대해 열심히 고민했고, 그녀는 엄마가 사실 늘 자신에게 잘해주셨고 극진하게 돌봐주셨다고 표현해도 지나치지 않다는 점을 인정했다. 매일 비가 오나 눈이 오나 점심밥을 가져다주는 일은 아무리 부모라 해도 쉬운 일이 아닌데다가 엄마는 몸도 별로 좋지 않으신데 단 한 번도 자신이 힘들다는 이유로 원원이 찬밥을 먹게 한 적이 없었다. 만약 이런 엄마에게 딸을 전혀 사랑하지 않는다고 말한다면, 이건 너무 비양심적인 발언일 것이다.

엄마가 왜 그렇게 원원의 성적에 관심을 갖는지, 심지어 그 어떤 대가도 불사하는지는 직접 엄마에게 물어야 할 부분이었다. 그래서 나는 원원에게 엄마의 진짜 마음을 알아보라는 숙제를 내주었다. 이는 수년간 모녀가 한 번도 이야기를 나눠보지 않은 주제였다. 그리고 엄마의 가혹한 보살핌이 정말 하나도 옳은 것이 없었는지 생각해보라고 했다.

이후 원원을 만났을 때, 아이는 여전히 낯을 가렸지만 확실히 많이 경쾌해져 있었다. 그녀는 엄마와 진지하게 대화를 나누면서 부모의 생각을 일부 이해하게 되었으며 그들의 수고와 진심을 알게 되었다고 말했다. 사실 원원도 엄마에게 깊이 감사하고 있었다. 엄마가 자신을 붙잡아주지 않았다면 아마 중점 고등학교에 입학하지 못했을 것이기 때문이다. 비록 도리를 따지거나 잔소리하는 버릇은 너무 깊게 몸에 배어 완전히 고치는 것이 불가능하겠지만, 아무리 마음에 들지 않는 부분이 있어도 그 대가를 학교에 가지 않는 것으로 치르는 것은 너무 과하다는 사실을 명확하게 알게 되었다. 나는 그녀의 머리를 쓰다듬으며 그녀의 깨달음을 크게 긍정해주었다.

사춘기 심리 코칭
사람은 갑자기 변하지 않는다

사람에게 나타나는 '갑작스러운 변화'는 사실 갑작스러운 것이 아니다. 반드시 원인이 있고, 보통은 오랜 기간에 걸쳐 축적된 변화이다. 하지만 주변 사람들이 이를 감지하기가 어렵고, 나중에 문제가 나타나면 마음이 혼란스럽고 이성적으로 분석할 수 없어 합리적으로 대처하기가 더 어려울 뿐이다.

늘 말을 잘 듣던 아이가 반항하고, 늘 노력하던 아이가 게으름을 피우고, 늘 부지런하던 아이가 나태해지고, 늘 활발하던 아이가 갑자기 말이 없어지고 비관적으로 변하고……. 자아의식이 깨어나고 인지능력이 자라나면서 축적된 수많은 문제는 어떤 갑작스러운 변화로 표출된다. 이때 주변 사람들은 반드시 이들의 마음을 안정시켜야 한다. 단순하게 생각해서는 안 되며, 인내심을 가지고 세심하게 그 근원을 찾아야 한다.

서두르면 될 일도 안 된다

아이가 성장하고 자기 생각과 의견이 생기면서 부모와의 사이에서 자주 갈등과 충돌이 생긴다. 많은 가정에서 부모가 가장 관심을 가지는 것은 아이의 공부일 것이다. 그 때문인지 아이들이 부모와의 전쟁에서 공부를 포기하는 것을 무기로 사용하는 경우가 많다. 아이가 학교에 가기 싫어하는 것은 엄청난 일이다. 특히나 늘 모범적이던 아이가 갑자기 학교에 가기 싫어하면 부모는 더욱 받아들이기가 힘들다. 그래서 아이가 책가방을 메고 학교에 가기만 하면 된다는 생각으로 부랴부랴 온갖 방법을 동원한다. 하지만 보통 이렇게 수단과 방법을 가리지 않은 탓에 더 해결하기 힘든 문제를 초래하곤 한다.

반성은 부모를 성장하게 한다

아이가 공부하기를 싫어하는 감정이 격하게 나타나고 심지어 그것이 행동으로 나타날 때 부모는 진지하게 반성하고 자세히 점검해야 한다. 한편으로는 상황에 맞춰 자신의 가정교육 방식을 바꾸고 아이에게 최소한의 존중과 신뢰를 주어야 하고, 다른 한편으로는 이것이 단순한 협박인지 아니면 다른 이유가 있는 것인지 아이의 진짜 마음을 이해해야 한다. 부모가 일찍이 아이의 진짜 심리적 필요를 이해하고 아이를 더 많이 격려할 수 있다면 그렇게 큰 가정 문제가 일어나지는 않을 것이다.

소통은 만병통치약이다

원원의 엄마는 자신이 걱정하는 일에 대해 딸에게 이야기한 적이 한 번도 없었다. 아이가 너무 어려서 이런 이야기를 듣고 놀라지는 않을까 두려웠기 때문이다. 물론 엄마도 공부에만 관심을 가진 나머지 나이를 먹어가면서 발전하고 변화하는 딸의 심리적 필요를 간과한 것이 원원의 마음속에 이토록 큰 상처를 남긴 점을 미처 생각하지 못했다. 그나마 원원이 이제 막 고등학생이 되었고, 학교에 가지 않는 방식으로 문제를 표현한 것이 정말 다행이었다. 진짜 심리적 문제가 생기는 것보다는 이런 편이 훨씬 낫기 때문이다.

나는 원원의 엄마에게 아이의 의견을 존중하지 않은 점에 대해 사과할 것을 제안했다. 이외에도 사회 적응력이 학교 성적보다 더 중요하다는 점과 아이가 정상적인 사회활동에 참여하는 것을 막지 말아야 한다는 점을 알아야 한다고 말했다. 공부만 할 줄 아는 아이는 고등학교에 들어가면 그에 상응하는 수준의 능력을 발휘하지 못하고 대학교에 들어가서도 쉽게 적응하지 못한다.

03

시선공포증

그는 내 눈을 바라보지 못했다

천싱이 처음 나를 찾아온 것은 고등학생 1학년 때였다. 고1 신입생 전체를 대상으로 하는 수업이 끝나고 내가 막 사무실로 돌아왔을 때 상담센터 입구에서 오도 가도 못하는 마른 체형의 한 남자아이를 발견했다.

"나를 찾아왔니?"

나는 곧장 다가가 물었다. 역광 탓에 그가 고개를 푹 숙이고 어깨를 약간 기울인 채 두 손을 꼭 맞잡고 있는 모습만 볼 수 있었다. 내가 가까이 다가오자 그는 순간 고개를 들었다가 다시 더 깊게 숙였다. 하얗고 잘생긴 얼굴이었지만 심하게 흔들리는 눈빛이 마치 놀란 새끼사슴 같았다. 나는 나지막이 물었다.

"교복을 보니 고1 학생인 것 같은데 무슨 일이 있니?"

그는 두 손을 몇 번 비틀더니 우물쭈물하면서 말했다.

"선생님, 저, 제가 방금 단체 수업을 들었는데요, 선생님께서 고민이 있으면 여기로 찾아오면 된다고 하셔서요. 저, 제가 너무 괴로워서 선생님이랑 이야기를 나누고 싶어요."

이야기하는 내내 그는 한 번도 고개를 들지 않았다. 수업이 끝나자마자 나를 찾아온 것을 보면 아이의 표정과 태도로 보아 매우 큰 용기를 낸 것이었다. 아마도 자신을 매우 괴롭게 하는 문제가 생겼음이 분명했다.

"그래, 우리 들어가서 이야기해보자!"

나는 상담실 방향을 가리켰다. 그가 매우 긴장한 것처럼 보였기 때문에 나는 일정한 거리를 두고 앞서 걸어가면서 그에게 잘 따라오라고 일러주었다. 상담센터 대문에서 상담실까지는 열람실 하나를 지나쳐야 하는데 가는 길 내내 그는 기본적으로 고개를 숙인 채 매우 조심스러운 몸동작으로 따라왔지만 시선만큼은 한 번도 내게서 떨어진 적이 없었다. 나는 그를 측면에 있는 소파에 앉히고 가벼운 이야기로 긴장을 풀어주었다.

"우리 학교 상담센터는 작은 놀이공원 같아. 선배들도 자주 놀러 오는 곳이고, 너희들도 나중에 여기서 수업을 듣게 될 거야."

그는 이따금 고개를 끄덕였지만 아무 말도 하지 않았고 고개도 들지 않았다.

"그럼, 나한테 자기소개 좀 해줄래?"

그는 자신의 이름이 천싱이고, 교외에 있는 중학교를 졸업했다고 말했다. 목소리는 크지 않았지만 맑고 듣기 좋은 소리였다. 비록 아직 변성기가 다 끝나지는 않은 것 같았지만 이미 남자 목소리의 질감이 꽤 느껴졌다. 나는 천싱에게 물었다.

"그래, 어떤 어려움을 겪고 있니? 왠지 많이 힘들어하는 것 같은데."

  천싱은 아무 말도 하지 않았다. 잠깐의 정적 속에 창문 밖에서 매미 울음소리만 들릴 뿐이었다.

  잠시 대화가 멈췄으나 그가 여전히 어떤 말을 하지도, 고개를 들려고 하지도 않아 나는 좀 더 부드러운 말투로 물었다.

"어떤 일이 널 이렇게 힘들게 하는 거니? 말하기가 힘들어?"

  천싱은 여전히 고개를 숙인 채 아무 말도 하지 않았고 몸도 뻣뻣하게 굳어 있었다.

"긴장되니? 네가 고개를 들고 날 보면서 이야기한 적이 거의 없는 것 같네."

  그는 매우 힘들어 보이는 모습으로 앉아서 앞뒤로 몸을 약간 움직이더니 드디어 작은 목소리로 말했다.

"사실, 사실 제 고민이 바로 다른 사람을 똑바로 쳐다보지 못하는 거예요. 특히 눈을요."

  이렇게 말할 때 그는 마치 드디어 용기를 내 어떤 잘못을 인정하는 사람 같았다. 여전히 쭈뼛거리고 기죽은 모습이었지만 이후의 대화는 비교적 순조로웠다. 그가 고개를 들지는 않았지만 사고의 방향이 분명했고, 언어 표현도 간결하고 명확했다. 그는 부모님을 제외하고 거의 모든 사람과 눈 맞추는 것을 두려워했다. 상대방이 바라보면 심장이 빨리 뛰고 호흡이 거칠어지면서 온몸이 불편해지고 어떻게 해도 고개를 들고 눈을 마주볼 용기를 내지 못했다. 학교에서든 버스에서든 도서관에서든, 잘 아는 사람이든 낯선 사람이든 모두 마찬가지였다.

개학하고 일주일째 그는 이 공포를 극복하기 위해서 열심히 노력했다. 고개를 들어 상대방을 바라보지 않은 채 대화를 한다는 것은 매우 이상한 행동이고, 새로운 선생님이나 친구들이 이로 인해 불쾌함을 느끼거나 자신을 싫어하게 될까 걱정했기 때문이다. 하지만 노력하면 할수록 더 불편했고, 사람들도 처음에는 그가 낯을 많이 가리는 성격이라고 생각했지만 점차 뭔가 이상한 점을 느끼기 시작했다.

"들어보니 네가 스트레스를 아주 많이 받고 있겠구나. 친구들이나 선생님이 뭐라고 하셨니?"

"아무 말도 하지 않으셨어요. 하지만 사람들이 저를 이상하게 생각한다는 것이 느껴져요. 정말 너무 끔찍해요. 학급 임원을 뽑을 때 제가 중학교 3년 내내 반장을 맡았고 전교 회장을 맡은 적도 있어서 담임선생님께서 저에게 후보로 나가라고 제안하셨는데 지금 저의 이런 모습으로 어떻게 임원이 될 수 있겠어요!"

천싱은 이야기를 하면서 감정이 격해질 때만 눈을 들어 나를 한번 쳐다보고는 곧장 다시 시선을 회피했다.

"선생님, 정말 죄송해요. 선생님과 대화할 때 계속 고개를 숙이고 있는 건 정말 무례한 행동이니까요. 그래서 저는 다른 사람들과 최대한 말을 적게 하려고 해요. 중3 2학기 때부터 지금까지 부모님과의 대화를 포함해서 지금이 말을 제일 많이 한 거예요. 부모님은 제가 커서 내성적으로 변했다고 생각하시지만 사실 절대 그런 건 아니거든요……."

그는 줄곧 내게 사과를 했고, 풋풋한 얼굴에는 고통과 무기력함이 가득했다.

"괜찮아. 네가 이렇게 큰 스트레스를 받고 있는데 주위 사람들의 기분까지 생각하는 건 분명 너무 힘든 일이야."

내 말이 채 끝나기도 전에 천싱의 눈에서 굵은 눈물방울들이 떨어졌다. 천싱은 그동안 이 문제에 대해 대체 누구에게 이야기해야 할지 몰랐다고 말했다. 인터넷을 찾아보니 일종의 공포증인 것 같았고 정신과 상담을 받아야 한다고도 했다. 하지만 가족들이 너무 걱정할까봐 차마 이야기할 수 없었다. 그는 고등학교에 올라가면 환경이 바뀌니 자신이 좀더 노력하면 괜찮아질 수도 있을 것이라 생각했다. 하지만 오히려 문제는 더 심각해졌다. 그러다 고등학교에는 심리상담 선생님이 있어 도움을 청할 수 있다는 사실을 알고는 마치 자신을 구해줄 지푸라기라도 찾은 느낌으로 날 찾아온 것이다.

나는 천싱에게 날 믿어준다면 최대한 도와주겠다고 약속했다. 먼저 우리는 문제의 근원을 찾아야 했다. 그리고 금세 천싱에게 이런 시선공포가 생긴 과정을 이해할 수 있었다. 그 이유는 바로 그가 '그녀'의 눈을 바라볼 용기가 없었기 때문이었다.

그녀의 눈을 바라볼 수 없어요

천싱은 꽤 똑똑한 아이였다. 부모님은 평범한 직장인이셨고, 그를 비교적 엄격하게 가르치셨기 때문에 외동이었지만 응석을 부리거나 제멋대로 굴지 않았다. 아이는 어렸을 때부터 먹고 입는 것을 따지지 않았고, 성실한 성격으로 무슨 일이든 열심히 했다. 조금 낯을 가리고 말수가 적긴 했지만 학습 능력도 매우 좋았고 성적도 괜찮은 편이었으며 초등학교 때부터 줄곧 학생 임원을 도맡았다.

중학교에 입학한 뒤, 행실과 성적이 모두 우수했던 그는 계속 반장을 맡게 되었다. 그는 정직하고 공평하며 솔선수범하는 학생이었기 때문에 사춘기 시절 중에서도 가장 격동의 시기를 보내고 있었음에도 선생님에게 칭찬을 받고 학우들의 신임을 얻었다. 하지만 한 소년이 이를 해내는 것은 매우 어려운 일이었다. 2학년 1학기가 시작되고 천싱의 충실하고 착실하며 평온하고 아름다웠던 생활은 작은 돌멩이 하나 때문에 완전히 파괴되었다. 그 돌멩이는 바로 한 소녀였다.

중2 때 학생회장에 선출된 천싱은 해야 할 일이 많아졌고, 재능이 많은 친구들도 여럿 사귀게 되었다. 특히 문예부장인 옆 반의 여자아이는 노래도 잘 부르고 춤도 잘 췄으며, 크고 맑은 눈, 유쾌하고 활발한 성격이 정말 사랑스러웠다. 천싱은 학생회 친구들과 함께 선생님을 도와 문예발표회를 준비하면서 그 여자아이와 자주 어울릴 기회가 있었다. 서서히 천싱은 자신의 눈길이 자기도 모르게 그 여자아이에게로 향하고, 그녀를 볼 수 없을 때는 웃음기를 가득 머금은 예쁜 두 눈을 떠올린다는 것을 알게 되었다.

한번은 학급 토론 시간에 이른 연애에 관해 토론을 했다. 담임선생님은 아이들과 함께 학생 시절의 연애가 어떤 단점이 있는지, 무엇이 연애의 징후인지, 어떻게 이 문제에 대처할 수 있는지 등에 관한 이야기를 나눴다. 특히 연애의 '징후'라는 주제를 가지고 학생들은 격렬하게 토론했다. 연애 경험이 있는 아이들이 적극적으로 발언했다. 담임선생님은 한동안 그 흐름을 조절하지 못했고, 어쩔 수 없이 냉정한 얼굴로 아이들을 나무라면서 분위기를 차분하게 만들 수밖에 없었다. 담임선생님은 아이들에게 반장인 천싱이 얼마나 차분하고 진중한지 보고 배우라고 말했다. 천싱은 당시 마음속이 매우 혼란스러웠다고 말했다. 친구들의 발언을 들으면 들을수록 자신이 그 여자아이를 진짜 좋아한다는 사실을 확실히 깨달았기 때문이었다.

자신의 감정을 확인한 천싱은 놀라지 않을 수 없었다. 그는 이른 연애가 나쁜 일이라고, 자신에게는 절대 일어나선 안 되는 일이라고 생각했다. 한편으로는 자신을 엄격하게 교육하는 부모님에게 맞설 수 없기 때문이었고, 다른 한편으로는 선생님과 친구들에게 비난을 받을 것이기 때문이었다. 그래서 그는 그 여자아이에게 자신의 감정을 표현할 수 없었고, 더욱이 다른 사람에게 들켜서는 안 됐다. 그는 이 마음이 전달되는 것을 차단해야겠다고 생각했고 자신의 감정을 숨기기로 했다.

이후 천싱은 줄곧 자신의 감정을 숨기기 위해 노력했다. 그렇다고 일부러 그 여자아이를 피하지는 않았다. 그러면 오히려 더 쉽게 의심을 받을 것 같았다. 하지만 그녀 앞에서는 마음을 들킬까 두려워 자연스럽게 행동하기가 어려웠다. 그는 혹시나 다른 사람이 자신의 마음을 알게 될까봐 두려웠지만 시시때때로 자신도 모르게 몰래 그 여자아이를 관찰했고, 이런 갈등 속에 날이 갈수록 초조함만 커져갔다.

어느 날 쉬는 시간에 그가 복도 반대편에 있는 그 여자아이의 뒷모습을 멍하니 바라보고 있다가 그녀가 갑자기 뒤를 돌아보는 바람에 서로 눈이 마주쳤다. 그는 너무 놀라서 재빨리 고개를 숙였다. 긴장감에 심장이 미친 듯이 뛰었다. 그는 최대한 호흡을 억누르면서 주머니에서 뭔가를 찾는 시늉을 하며 이번엔 정말 망했다고 생각했다. 그녀는 어떻게 자신이 쳐다보고 있는 것을 알았을까, 정말 자신의 마음을 알아버리기라도 한 걸까 생각했다.

그날 이후 그녀의 두 눈은 천싱의 마음에 뿌리를 내려 시도 때도 없이 나타났다. 심지어 악몽으로 나타날 때도 있었다. 자신이 그토록 좋아하던 크고 아름다운 그 눈이 점점 무섭게 느껴졌다. 그는 그녀가 자신의 내면세계를 꿰뚫어보는 것 같은 생각이 들었고, 이후 다시 그 여자아이를 만났을 때는 고개를 들지도, 어떤 대화를 나누지도 못했다.

천싱이 그 여자아이를 계속 피하자 학생회 선생님은 이를 수상하게 생각했다. 선생님은 몰래 알아본 결과 두 사람 사이에 아무 갈등도 없었다는 것을 확인하고는 천싱을 찾아가 이야기를 나누면서 그에게 학생회장으로서 다른 학생 임원들과 잘 화합해야 한다고 말했다. 당시 이미 수개월째 자신의 감정을 억누르고 있던 천싱은 결국 참지 못하고 선생님께 간단하게 그 이유를 털어놨다. 그러나 선생님은 눈을 크게 뜨며 믿지 못하겠다는 표정을 지었다. 왜냐하면, 천싱은 늘 엄격하게 자신을 통제하는 우수한 학생이었기 때문이다. 선생님은 말을 길게 하시지는 않았지만 그에게 자신을 잘 통제해야 한다고 당부하면서 공부나 임원 활동에 영향을 주지 않도록 하라고 말했다. 그와 그 여자아이가 함께 일하지 않게 조율하겠다고도 말씀하셨다.

　그는 학생회 선생님이 고마웠다. 자신을 이해해주었을 뿐만 아니라 자신을 위해 문제를 해결해주었다고 생각했기 때문이다. 하지만 뜻밖에도 선생님은 이 일을 담임선생님에게 알렸고, 마침 그즈음 봤던 월말고사에서 그의 성적이 떨어지자 담임선생님은 그를 찾아와 의미심장한 이야기를 늘어놓으며 이해득실을 언급했다. 사춘기에 이성에게 호감이 생기는 것이 당연한 일이라지만 천싱은 크게 될 아이니 반드시 자신을 통제하는 법을 배워야 한다고 말이다. 선생님은 자신도 그를 지켜볼 것이고 임원 활동이나 공부할 때 외에는 그 여자아이와 더이상의 교류를 하지 말라고 말했다.

　천싱은 학생회 선생님이 자신의 비밀을 지켜주지 않은 것에 불만이 있었지만, 나중에 생각해보니 선생님도 악의는 없었을 테고, 오히려 자신이 부족한 탓에 선생님을 걱정시킨 게 아닐까 하는 생각도 들었다. 선생님들의 말이 다 맞을 것이라고 생각했다. 그는 더 빨리 마음을 정리하기로 마음먹었다. 그러나 최대한 그 여자아이와 덜 마주치면 어느 정도 시간이 흐르면 괜찮아질 줄 알았지만 오히려 상황은 갈수록 더 안 좋아졌다. 그는 다른 여학생들과 이야기할 때도 불편함을 느꼈고, 아이들이 자신을 보고 있을까 두려웠다. 여자아이들의 눈빛에는 마치 관통하는 힘이 있어서 자신의 눈을 통해 속마음까지 들여다볼 수 있을 것만 같았다. 이 점이 그에게 엄청난 공포감을 주었고, 그는 여자아이들과 눈을 마주치는 것이 두려워 숨거나 피하게 되었다.

　중3이 되면서 천싱은 갈수록 더 말이 없어졌다. 친구들이 자신의 이상한 상태를 발견할 것이 두려워 온종일 공부에만 집중했고, 좋은 성적도 받았다. 선생님들은 친구들에게 천싱을 본받아 열심히 공부해서 고등학교 입학시험에서 좋은 성적을 받을 수 있도록 준비하라고 말했다. 부모님은 그가 말수가 줄고 안색이 좋지 않다는 것을 알았지만 공부를 너무 열심히 한 탓이라고만 생각했다. 친구들은 그의 변화에 대해 의견이 분분했다. 어떤 아이들은 그가 갈수록 이상해지고 있다고 말했다. 공부를 하면 하는 건데 표정이든 행동이든 모든 게 다 너무 어색해서 공부하는 척을 하는 건지 너무 공부를 열심히 하다가 탈이 난 건지 모르겠다고 했다. 친한 친구들은 그가 변했으면 하는 마음에 다른 친구들이 뒤에서 한 이야기들을 그에게 알려주었지만 이는 도리어 그에게 더 큰 스트레스로 다가왔다.

이후, 다른 사람과 눈을 마주치지 못하는 문제는 점점 발전하여 그 대상이 남학생, 선생님, 심지어는 공공장소에서 마주치는 낯선 사람들에게까지 확대되었다. 그나마 부모님과 있을 때는 조금 나은 편이었다. 그는 사람의 눈이 너무 무섭고 자신을 불안하게 한다고 느꼈기 때문에 최대한 다른 사람과 대화를 적게 하려고 노력했다. 어쩔 수 없이 대화해야 할 때도 상대방의 눈을 쳐다보지 않았다. 꼭 눈을 쳐다봐야 하는 경우에는 한 번 잠깐 쳐다보고 곧장 빠르게 눈을 피했다. 그는 이렇게 중학교를 졸업할 때까지 버텼다. 이후 비록 고등학교 입학시험 성적은 우수했지만, 자신감 넘치고 명랑하던 그의 원래 모습은 형체를 알아볼 수 없을 정도로 사라진 상태였다. 고등학교에 들어가 새로운 환경을 만나면 지금보다는 좋아지지 않을까 기대도 했지만 역시나 그대로였고, 친구들과 선생님들은 그가 너무 낯을 가리고 자주 긴장하며 무언가 이상하다고 생각했다. 천싱 자신도 새로운 곳에 녹아들기가 어려운 이 상황을 어떻게 해야 할지 몰랐다.

내면의 공포에서 벗어나다

눈을 마주치는 것을 두려워하는 것은 시선공포증의 흔한 종류로 사춘기 아이들에게 가끔 발생하는데 특히 그 상대가 이성친구일 때 잘 나타난다. 이에 비해 대상의 범위가 훨씬 넓은 천싱의 증상은 꽤 심각한 편이라 할 수 있었다. 그러나 의지가 강하고 자아인식이 양호한 상태며 학교생활을 포함해 사회활동도 피하지 않았기 때문에 정신과 의사에게 연결하지 않고 심리상담으로 그를 돕기로 했다. 첫 만남 이후 우리는 매주 한 번씩 상담을 진행했고, 10회 정도 상담을 이어나갔다.

상담 초반에는 시선공포증이 생긴 과정을 되돌아보는 시간을 가졌다. 이해력이 좋은 천싱은 아주 빠르게 생각을 정리해냈다. 먼저 그는 자신의 문제가 다른 사람과 눈을 마주치는 것을 두려워하는 것이고, 이는 청소년들이 앓는 공포증 중 비교적 흔히 볼 수 있는 것임을 알게 되었다. 나는 이런 종류의 공포증은 조금씩 학습된 것으로 당연히 동일한 방식으로 완전히 해소할 수 있기 때문에 너무 걱정하지 않아도 된다고 말해주었다.

이후의 상담에서는 주로 행동치료법 중 체계적 둔감법을 사용했다. 이 방법을 사용할 때는 가장 먼저 긴장을 풀어줘야 한다. 이 단계의 목적은 몸의 긴장을 풀어서 마음의 긴장도 푸는 것이다. 긴장을 푸는 기본적인 순서는 다음과 같다. 먼저 편안한 자세를 취한 뒤 눈을 감고 3~5회 심호흡을 한다. 그러고 나서 손-아래팔-위팔, 발-종아리-허벅지, 머리-목-몸통 순으로 지시하는 대로 긴장을 풀어준다. 먼저 근육을 긴장시켜 그 긴장된 상태를 느끼다가 5~7초 후 완전히 긴장을 풀어주면서 긴장한 상태와 이완된 상태의 차이점을 느끼고 이완된 후의 편안함을 느껴보면 된다. 천싱은 실행력이 매우 강한 아이여서 아주 빠르게 요령을 터득했고, 이 훈련을 집에서 매일 30분씩 숙제로 해왔다. 일주일 뒤 그는 자신의 몸을 빠르게 이완시킬 수 있게 되었다.

이어서 그에게 공포감을 주는 주된 상황들에 대해 함께 토론했다. 친한 사람(친구나 짝꿍)과 눈 마주치기, 동성친구와 눈 마주치기, 담임선생님과 눈 마주치기, 잘 모르는 선생님과 눈 마주치기, 낯선 사람과 눈 마주치기, 이성친구와 눈 마주치기 등에 관한 이야기였다. 그는 자신의 주관적인 느낌에 따라 여섯 종류의 사람들과 눈을 마주치는 임무를 정하고 각 공포 상황에 대해 점수를 매겨 등급을 정했다. 낮은 순으로 보자면, 심리상담 선생님과 눈 마주치기, 옆자리 남학생과 눈 마주치기, 다른 남학생과 눈 마주치기, 담임선생님과 눈 마주치기, 학과 담임선생님과 눈 마주치기, 이성친구와 눈 마주치기 순이었다.

앞서 나와 속마음을 터놓고 이야기를 하며 좋은 신뢰 관계를 형성한 덕에 고맙게도 천싱은 나와 눈을 마주치는 훈련을 1단계로 정했다. 첫 단계가 이 훈련의 성공 여부를 결정할 수 있는 핵심이기 때문이다. 나와 눈을 마주치는 훈련을 시작하면서 나는 그에게 계속 버텨줄 것을 격려했고, 너무 조급할 필요 없이 천천히 해도 된다고 일깨워주었다. 먼저 몇 분간 긴장을 푼 다음 나와 눈을 마주치는 상상을 하는 미션은 비교적 쉽게 해냈다. 이어서 잠시 고개를 들어 내 눈을 바라보는 훈련을 시작했다. 나는 지금까지도 그가 처음 고개를 들어 나를 쳐다봤던 그 짧은 몇 초를 잊을 수 없다. 마치 시간이 멈춘 것 같았다. 흔들리는 눈빛, 꽉 다문 입, 쪼그라든 눈썹, 나는 그 속에서 아이가 얼마나 두려워하는지, 하지만 얼마나 열심히 버티고 있는지 느낄 수 있었다. 그렇게 짧은 눈 마주침에도 그의 이마에는 땀이 맺혔고, 다시 고개를 떨군 모습이 매우 지쳐 보였다. 나는 그의 어깨를 가볍게 두드리며 넌 정말 대단하다고, 다시 긴장을 푸는 훈련을 하면 더 기분이 좋을 거라고 말해주었다. 이는 분명 좋은 시작이었다.

두 번의 훈련 뒤, 천싱은 나와 이야기를 할 때 한 번씩 내 눈을 볼 수 있게 되었다. 그 시간이 길지는 않았지만 매우 큰 발전이었고, 그가 이 공포를 이겨낼 거라는 믿음을 갖게 해주었다. 이후의 둔감 훈련은 기본적으로 모두 비슷한 방식으로 진행되었다. 먼저 상담실 안에서 상상으로 훈련한 뒤에 미션 대상을 찾아가 실전 연습을 하는 것이었다. 첫 두 단계는 쉽지 않았지만 나중에는 점점 더 좋아졌다.

마지막 단계, 이성친구와 눈을 마주치는 훈련에서는 인지적인 측면의 지도를 추가했다. 우리는 사춘기의 감정을 어떻게 정확하게 바라볼 수 있을까, 어떻게 해야 자신의 필요와 태도를 명확하게 인식하면서도 사회가 필요한 사람에 부합될 수 있을까, 어떤 아이가 좋은 아이일까 등에 대해 분석하고 토론했다. 마음속 매듭을 풀면서 천싱은 열두 번째 지도가 끝날 때 모든 미션을 완수했다.

이후에도 천싱은 상담센터에 자주 놀러와 나와 공부나 다른 여러 이야기들을 나누곤 한다. 그는 더는 사람들과 눈을 마주치는 것을 두려워하지 않았고, 드디어 원래 차분하면서도 명랑했던 예전 모습을 되찾았다. 인간관계도 확실히 개선되었다.

지난 일은 되돌리기 어렵다

아이가 태어나 성인이 될 때까지 최소 18년의 세월이다. 부모, 스승, 선배로서 과연 어떤 마음을 가지고 그 여리고 보잘것없는 작은 생명을 대해야 하는 것일까?

성장 과정에서 가족들로부터 잘 지내는지, 즐거운지, 어떤 도움이 필요한지 질문을 받는 아이들은 흔치 않다. 천싱도 마찬가지다. 특히 똑똑하고 책임감이 강한 아이는 그 작은 어깨로 가족들의 바람, 교사의 기대, 그리고 반 친구들, 심지어 학교 전체에 이르는 학생들의 감탄과 의지를 짊어진다. 매번 이런 아이들을 만날 때마다 나는 그들에게 힘들지는 않은지 묻지 않을 수 없다.

천싱의 시선공포증이 생긴 원인은 다양하다. 자신에 대한 지나친 통제의식, 늘 다른 사람을 먼저 고려하고 자신의 감정은 간과하며 쉽게 자책하는 성향, 닫혀 있는 속마음, 도움을 요청하지 않는 경향 등의 성격적 특징들이 있다.

하지만 더 큰 책임은 부모와 교사들에게 있다. 중학생 시절은 사춘기적 변화가 가장 활발한 시기로, 이성에게 호감을 느끼거나 심지어 사랑에 빠지는 것 모두 지극히 정상적인 심리적 현상이다. 천싱은 줄곧 학생들의 리더였지만 그 역시도 보통의 소년이었다. 아무리 강한 정신력으로 무장했다 한들 본능의 성장에 맞설 수는 없는 것이다. 선생님들은 그런 학생에 대해 이른 연애 때문에 앞날이 캄캄해지고 추락이라도 할 것처럼 반응해서는 안 됐다. 만약 당시의 학생회 선생님이 아이에게 그런 감정이 생기는 것은 자연스럽고 정상적이라는 점을 인식시켜주고, 그에 대해 정확하게 대처하고 합리적으로 표현할 수 있도록 지도했다면, 이후 아이에게 시선공포증은 생겨나지 않았을 것이다. 아이가 강인해서 망정이지 그렇지 않았다면 이는 심각한 심리적 장애로 발전하고 심지어는 학업을 중단해야 했을 수도 있었다.

천싱이 중학교 3학년 때, 그의 심리적 고통은 이미 매우 컸고 시선공포증으로 인해 생겨난 우울감, 근심이 날이 갈수록 심각해졌지만, 그의 부모는 이에 대해 전혀 알지 못했다. 오히려 아이가 철이 들어 공부에 집중하는 것으로 생각하며 뿌듯해했다. 늘 함께 생활하는 부모가 아이의 실제 내면세계에 대해 이토록 무지한 것도 하나의 심각한 직무유기라 할 수 있다. 이러니저러니 해도 결국은 선생님이나 부모가 모두 공부를 최우선으로 생각하기 때문이다. 성적표라는 종이 한 장이 수많은 부모와 선생님의 눈을 가리는 격이다.

사춘기 심리 코칭

고등학교 3년 내내 천싱은 자주 상담센터에 찾아와 나와 이야기를 나누었다. 나는 늘 의식적으로든 무의식적으로든 그가 자신의 본심과 부모나 선생님의 기대 사이에서 적절한 접점과 방향을 찾기 위해 끊임없이 고민하게 했다. 타인의 기대에 부합하면서도 자신이 하고 싶은 일이 많아질수록 마음은 더욱 평화로울 것이고 상태도 더 좋아질 것이기 때문이다.

외부 환경이 어떻든 아이들은 먼저 자신이 정말 원하는 것이 무엇인지 판단할 수 있어야 한다. 그러고 나서 적절한 방식으로 이를 표현할 수 있어야 하고, 스스로의 노력으로 실현할 수 있어야 한다. 고2 이후 천싱의 성적은 서서히 올라갔고 훗날 아주 우수한 성적으로 명문대에 입학할 수 있었다.

눈은 우리에게 어두운 공포를 보게 하기도 하지만 아름다움과 빛을 보게 할 수도 있다. 자신이 다른 사람을 대하는 것이 어렵다는 점을 깨달았다면 절대 당황하지 말고, 마음속 공포를 정확하게 마주 보고, 적극적으로 심리상담을 받아서 자신을 정상 궤도로 돌려놓을 줄 알아야 한다.

04

펑크걸은 고민 중

펑크걸의 등장

윈닝을 알게 된 건 그녀가 고2 때였다. 당시 교사 훈련과 연구 때문에 나는 자주 그녀가 다니던 학교에 갔다. 한번은 교사모임을 마쳤는데 한 선생님이 남아 있다가 내게 교육하기 어려운 아이가 한 명 있다면서 조언을 해줬으면 좋겠다고 말했다. 아이의 이름은 윈닝이고 원래는 아주 착하고 명랑한 아이였는데 점점 공부를 멀리하더니 이제는 제멋대로 군다는 것이었다. 지금까지 무슨 방법을 써도 통하지 않았고 관리하기도 어려웠으며 성적도 갈수록 떨어져 선생님이 골치가 아프다고 했다.

윈닝은 어릴 적 부모님이 이혼하고 아버지와 함께 살았는데, 엄마가 찾아오는 경우가 거의 없었다. 그리고 실질적으로는 할머니, 할아버지가 돌봤는데 아이가 제대로 관리되고 있지 않았다. 선생님과 윈닝의 조부모는 오랜 이웃 사이로 어르신들이 아이를 잘 돌봐달라고 부탁해 선생님이 신경을 쓰지 않을 수도 없는 상황에서 정말 어떻게 해야 할지 몰라서 내가 아이와 이야기를 나눠줬으면 좋겠다고 생각한 것이다.

아이의 상황에 대해 듣고 있으니 그녀의 표정, 동작, 말투, 표현 속에 하나같이 거부감과 참을 수 없음, 짜증이 가득 차 있음을 알 수 있었다. 선생님은 아이의 가족과 비교적 밀접한 관계를 맺고 있어서 윈닝이 처한 성장 환경을 걱정하고 있었다. 학교 외부의 아이에 대한 심리상담을 진행하는 경우는 매우 드물지만 나는 그 자리에서 알겠다고 말했다. 윈닝이 나와의 대화를 원하기만 한다면 이야기를 나눠보겠다고 했다.

얼마 지나지 않아 점심시간에 윈닝을 만났던 것으로 기억한다. 윈닝이 찾아온 그날은 바람이 많이 불고 기온도 영하로 떨어져 교내 아이들은 하나같이 두꺼운 솜옷을 입고 있었다. 그래서 내가 윈닝을 보았을 때 조금 놀랐다. 검은색 얇은 외투를 입었는데 옷깃에 털이 달려 있긴 했지만 장식에 불과해 전혀 어떤 보온 기능도 할 수 없는 것이었다. 풀어헤친 외투 안으로 목 없는 검은색 티셔츠를 입고 있었고, 커다란 장식이 달린 목걸이가 가는 목에 걸려 있는 모습이 너무 춥고 가련해 보였다. 마른 다리에는 얇은 청바지를 입었고 바지 아랫단에는 레이스로 덮인 구멍도 뚫려 있어 어렴풋이 속살이 비쳤다.

윈닝은 작은 얼굴에 몸도 워낙 말라서 어린아이 같았지만 두껍고 진한 화장, 요란한 긴 앞머리, 여러 겹 붙인 속눈썹 때문에 보통 위화감을 뿜어내는 것이 아니었다. 당시 상담센터에서 동아리 활동을 하던 아이들이 윈닝을 보고는 하나같이 놀라는 기색이 역력했다. 나도 순간 멍했지만 곧바로 마음을 가라앉히고 동아리 아이들에게 반으로 돌아가 자습을 할 것을 말한 뒤 윈닝을 맞이했다. 그녀는 강한 카리스마를 내뿜으며 사람들이 쳐다보는데도 꼿꼿이 서서 무덤덤한 눈빛과 심각한 표정으로 일관했다. 하지만 내가 그녀에게 다가가니 순간적으로 눈빛이 흔들리고 입꼬리가 잠깐 움직이는 것을 느낄 수 있었다.

"네가 윈닝이니?"

나는 웃으면서 그녀에게 걸어갔다. 그녀는 고개만 살짝 끄덕일 뿐 무표정으로 일관했다.

"들어오렴. 오늘 조금 춥지? 점심은 먹었니?"

나는 그녀를 상담실 안으로 안내한 뒤 따뜻한 물을 따라주었다. 그녀는 다시 고개를 끄덕였고 물잔을 건네받으며 눈썹을 살짝 움직였다.

"학교에서 오는 길이니? 그럼 좀 멀었을 텐데, 예전에 와본 적이 있니?"

나는 계속 그녀에게 말을 걸었다. 그녀는 소파에 앉아 고개를 숙이고 물컵을 돌리다가 결국 고개를 들어 나를 한 번 보더니 말했다.

"아침에 학교에 안 갔어요. 점심 먹고 집에서 곧장 온 거예요. 별로 안 멀어요. 고등학교 입학시험 때 여기에 와서 상담을 받았었는데 어쨌든 들어오진 못했어요."

듣기 좋은 여자아이 목소리였지만 냉랭한 말투에 목소리도 크지 않았다. 어쨌든 그녀는 간단하면서도 자세히 대답해주었다. 그러고는 다시 눈을 돌렸고, 물컵을 움켜쥔 채 주위를 한번 둘러보더니 창밖을 바라봤다.

워낙 개성이 강한 아이였기 때문에 나는 계속해서 간단한 이야깃거리를 던져 그녀와 이런저런 이야기를 나눴다. 어디에서 초등학교, 중학교를 나왔는지, 집이 학교와 가까운지, 학교 급식은 어떤지 등에 대해서 말이다. 비록 진하게 화장했지만 아이의 이목구비가 또렷하고 피부도 좋다는 것을 알 수 있었고 두 보조개에서 어린 티가 가시지 않았음을 느낄 수 있었다. 화장을 지우면 꽤 귀여운 얼굴일 터였다.

"윈닝아, 같은 학년 중에서 네가 가장 어리지?"

"아니요. 왜요? 제가 어려 보여요?"

그녀는 답답한 듯 물었다.

"귀엽고 앳돼 보여서."

"귀엽고 앳돼 보인다고요?"

그녀는 이 단어에 놀란 듯 새까만 눈동자로 나를 똑바로 바라보며 말했다.

"선생님, 제가 정말 나이가 어려 보여요?"

내가 진지한 표정으로 고개를 끄덕이자 그녀는 갑자기 맥이 빠진 듯 눈썹을 찡그리고 입술을 불룩 내밀고는 다시 손안의 컵을 빙빙 돌리기 시작했다. 어린 여자아이의 모습이 여지없이 드러나자 나도 모르게 웃음이 나왔다. 나는 그녀에게 말했다.

"윈닝아, 너는 정말 너무 귀여운 아이야."

이 말을 듣더니 윈닝은 아무 말도 하지 않고 작은 고개를 가슴까지 떨궜다. 가끔 고개를 들어 나를 한번 쳐다보고는 금방 다시 숙이고 눈을 깜빡거렸다. 나는 계속 웃음기를 머금은 채 격려의 표정으로 그녀를 바라보았고, 몇 차례 눈이 마주쳤고, 그때마다 그녀는 빠르게 내 눈을 피하며 뭔가 말을 하려다 말았다.

망설이는 그녀를 보다가 나는 이렇게 물었다.

"내가 이렇게 말해서 기분이 상했니?"

위닝은 고개를 가로젓더니 마침내 눈을 들어 약간의 당혹스러움과 불신을 띤 채 천천히 내게 물었다.

"선생님, 정말 제가 귀엽다고 생각하세요? 오랫동안 아무도 그렇게 말한 적이 없어서 정말 믿을 수가 없어요."

보아하니 예전에 담임선생님이 아이에 대해 이야기할 때 느낀 감정이 정확했다는 생각이 들었다. 이 아이는 긍정적인 반응을 갈망했지만 늘 주위 사람들로부터 부정적인 반응을 받아왔던 것이다.

나는 위닝에게 분명하게 느낀 진짜 감정이라는 점을 확실하게 말해주었다. 비록 외모를 세련되고 성숙하게 꾸몄지만 한눈에 어린 여자아이라는 것을 알아차릴 수 있고, 눈빛, 표정, 행동 같은 것들에서 본인도 모르게 소녀의 귀여움이 드러난다고 말했다.

부서진 가정

위닝은 열여섯 살 생일이 갓 지나서 같은 학년 아이들 중에서도 어린 편이었다. 말하는 것을 그리 좋아하지 않고 시끄러운 것도 좋아하지 않아 비교적 조용한 부류에 속하는 편이었다. 위닝은 자신이 기억할 수 있는 나이 때부터 엄마, 아빠의 사이가 좋지 않다는 것을 알았고, 두 분은 자주 다투고 폭력을 사용하기도 했다. 그래서인지 그녀는 어려서부터 유난히 얌전했고, 길을 걸을 때든 말을 할 때든 최대한 조용히 했으며, 엄마와 아빠의 눈치를 보면서 나가서 놀지 말지, 뭔가를 사달라고 할지 말지를 결정했다.

학교에 들어가고 나서도 단 한 번도 부모님의 속을 썩이지 않았으며, 나이는 어렸지만 또래 아이들보다 무엇이든 잘했기 때문에 선생님들이 항상 그녀를 좋아해서 조장이나 청소 당번을 시키곤 했다. 초등학교 3학년 때 부모님은 결국 이혼하셨고, 엄마는 일이 바쁘고 수입도 좋지 않았기 때문에 윈닝은 아빠와 살게 되었다. 하지만 아빠는 여자아이 키우는 법을 잘 몰랐을 뿐만 아니라 판매업을 하다 보니 출장이 잦아 기본적으로 할머니, 할아버지 손에서 커야 했다. 아빠는 술, 담배를 하고 성격도 별로 좋지 않아서 윈닝은 어렸을 때 아빠를 무서워했다. 그러다 보니 아빠와 거의 친해지지 못해서 아무 이야기도 하지 않았고, 무슨 문제가 있으면 할머니를 찾았다.

초등학생 때부터 중학교 2학년까지는 꽤 평온하게 흘러갔다. 학교에서 선생님이나 친구들과 잘 지냈기 때문이다. 철이 일찍 든 윈닝은 집에서 자주 할머니, 할아버지를 도와 일도 하고 서로 잘 보살피며 지냈다. 아빠가 출장을 가지 않는 날이면 집에 와 밥을 먹었고, 가끔 엄마도 만날 수 있었다. 부모와 함께한 시간이 적어 많은 이야기를 나누지는 않았지만 그들이 여전히 자신의 곁에 있다는 것을 느낄 수 있었다.

중학교 3학년이 되고 삶에 여러 변화가 생기기 시작하면서 그녀는 어찌할 바를 몰라 당황하기 시작했다. 일단 엄마가 재혼한 뒤 다른 아이를 키우게 되면서 윈닝을 보러 오는 일이 급격히 줄었다. 곧이어 아빠도 낯선 여자를 데리고 윈닝의 앞에 나타나 곧 그녀의 새엄마가 될 거라고 말했다. 엄마, 아빠가 각자 새로운 배우자를 만나는 것은 매우 정상적인 일이었지만 윈닝은 그들이 자신과는 아무런 상의도 하지 않고 너무나도 당당하게 행동하는 것을 도저히 받아들일 수 없었다. 자신을 그들의 자식으로 생각하지도, 자신을 사람 취급하지도 않는 것 같다고 느꼈다.

불안정한 정서 상태가 공부에 영향을 끼쳤는지 특출나지는 않았어도 중점 고등학교에 입학할 정도는 되었던 성적이 중학교 3학년 때부터 떨어지기 시작했다. 그러다가 마침내 입학 커트라인에 걸린 상황이 되었다. 2학기 첫 번째 모의고사가 끝나고 나서 학교에서는 그녀처럼 커트라인에 걸린 아이들의 부모를 대상으로 학부모회의를 열었다. 목적은 아이들을 격려해 마지막까지 최선을 다해 시험 준비를 하게 하려는 것이었지만, 그녀의 아버지는 집에 돌아오자마자 윈닝을 크게 나무라면서 남 보기에 창피하다는 둥 못났다는 둥 엄마를 닮아 멍청하다는 둥 막말을 쏟아냈다. 당시 새엄마가 될 사람도 함께 있었는데 기분 탓인지는 모르겠지만 윈닝은 분명 그 여자의 눈빛에서 비웃음과 의기양양함을 느꼈다고 했다. 윈닝은 너무 억울하고 화가 나서 아빠가 무슨 자격으로 그런 막말을 하느냐고, 지금까지 자식을 돌보지 않던 아빠가 무슨 자격으로 자신을 나무라느냐고 격렬하게 반항했다. 아빠는 정말로 화가 나서인지, 여자친구 앞에서 망신을 당했다고 생각해서인지 그녀의 뺨을 세게 때렸다. 할머니와 할아버지가 다급히 아빠를 말려 그 이상의 폭력은 없었지만, 윈닝은 이 사건으로 자신의 마음이 철저히 식어버렸다고 말했다.

　그날 이후, 윈닝은 다시는 아빠와 그 여자를 아는 체하지 않았다. 아빠도 손을 댄 것에 대해 미안했는지 더이상 아무 말도 하지 않았고, 할머니, 할아버지 집을 왕래하는 횟수도 점점 줄었다. 윈닝은 점점 더 말을 잃어갔고, 할머니와 할아버지는 한탄하면서도 어떻게 아이를 달래야 할지 모른 채 가끔 윈닝 엄마의 무책임함을 원망했다. 이는 윈닝의 마음을 더욱 복잡하게 만들었고 결국 집에 오면 방문을 걸어 잠그고 아예 아무도 상대하지 않게 되었다. 하루하루가 이렇게 답답하고 억눌린 채 보내며 시험 준비에 전념하지 못한 그녀는 결국 일반 고등학교에 진학하게 되었다.

　당시 윈닝이 다니던 중학교는 그 지역에서 가장 좋은 학교로 중점 고등학교 진학률이 매우 높은 학교였다. 그녀의 친구들은 거의 다 내가 일하고 있는 중점 고등학교로 진학했다. 윈닝은 중점 고등학교로의 진학에 실패한 뒤 서서히 예전 친구들과 왕래를 하지 않게 되었다. 자신이 그 친구들과 계속 친구로 지낼 자격이 없는 것처럼 느껴졌기 때문이다.

　"선생님, 사실 방금 지나온 복도에 있던 학생들 중에 제 중학교 친구가 있었어요. 아마 제가 너무 많이 변해서 절 못 알아본 것 같아요. 못 알아봐서 다행이지만요."

　중얼거리는 윈닝의 시선이 교정에서 찬바람에 흔들리고 있는 벌거벗은 나뭇가지 끝을 향했다.

최악의 자기 구원

　그녀가 진학한 고등학교에는 공교롭게도 잘 아는 이웃이 고1 담임선생님으로 근무하고 계셨다. 할머니, 할아버지는 손녀가 마음 쓰는 일이 많아 고등학교 입학시험을 잘 보지 못했을 뿐이지 분명 좋은 대학에 갈 실력이 있다고 생각했고, 그 인맥을 빌려 손녀를 그 이웃 아주머니 반에 넣고 특별히 신경 써달라고 부탁했다. 주된 목적은 그녀가 다시 공부에 집중할 수 있도록 감독하기 위해서였다. 윈닝은 담임선생님과 친하지는 않았다. 그저 예전에 만났을 때 인사를 건네는 목소리가 온화해 보였기 때문에 반감을 품진 않았다. 하지만 예상외로 개학 첫날 담임선생님은 윈닝을 교무실로 호출했다.

　"윈닝아, 네 상황은 나도 잘 알고 있어. 예전에는 성적이 계속 좋았던 걸로 아는데 어쩌다 중점 고등학교에 못 들어간 거니?"

　담임선생님은 눈썹을 찌푸리며 물었다.

　"아, 음, 아마 후반에 제가 준비를 잘 못했나봐요."

　윈닝은 어떻게 대답해야 좋을지 몰랐다.

　"일반 고등학교와 중점 고등학교는 어쩔 수 없이 차이가 있어. 공부 분위기도 거기만큼 좋지는 않아. 여기 들어올 때 네 성적은 높은 편이었지만 조금이라도 방심하면 안 돼. 네 가족들이 너를 나한테 부탁하긴 했지만, 나도 매일 너만 보고 있을 수는 없어. 그러니 스스로 자신을 존중하고 사랑해야 해. 공부도 열심히 하고. 그렇지 않으면 키워주신 할머니, 할아버지께 너무 죄송하잖아."

　담임선생님은 많은 이야기를 늘어놓았다. 겉보기엔 모두 관심에서 비롯된 말 같았지만 매우 귀에 거슬렸다. 윈닝은 당시에는 가만히 있을 수밖에 없었지만 마음은 더욱 차갑게 식었다고 말했다.

　새로운 반에는 친한 친구도 없었고, 새 친구를 사귈 기분도 나지 않았다. 담임선생님이 싫었기 때문에 선생님이 권한 반 임원, 동아리 활동, 학생회 등 모든 제안을 거절했다. 새로운 반은 매우 시끌벅적했다. 아이들은 매일 소란스럽고 규율도 잘 지키지 않아 중학교 때의 반 풍경과는 완전히 달라서 윈닝은 적응하기가 어려웠고 갈수록 짜증이 날 뿐이었다. 입학 초반에는 윈닝에게 말을 거는 친구들도 있었는데 그녀를 "공부짱"이나 "시크녀"로 불렀다. 때로 그녀에게 쪽지나 선물로 호감을 표현하는 남학생들도 있었다. 그러나 그녀는 이런 것들을 매우 싫어했고 들은 체도 하지 않았다. 그녀의 냉담함은 점점 친구들을 화나게 했고, 그녀는 자발적으로 아웃사이더를 자청하면서 서서히 모두에게 배척당하면서 고립되어갔다.

　윈닝은 예전부터 애니메이션을 좋아해서 마음이 괴로울 때면 애니메이션을 보면서 시간을 보냈는데 어느 날 우연히 학교를 배경으로 한 이야기를 보게 되었다. 전체적인 이야기는 따돌림을 당한 한 여학생이 친구의 도움으로 멋있고 스타일리시한 모습으로 변하자 서서히 인기를 얻게 된다는 내용이었다. 윈닝은 이 이야기에서 큰 깨달음을 얻었다. 윈닝은 집에서든 학교에서든 무시를 당하고 외로워지는 이유가 자신이 아직 성숙하고 강하지 않기 때문이라고 생각했다. 그녀는 바뀌어야겠다고 결심했다. 자신이 성숙한 매력이 있었으면 좋겠다고 생각했다. 그래야 힘이 생기고 친구들에게도 괴롭힘 당하지 않고 고립된 염려도 없으리라 생각했던 것이다. 그녀는 이 계획을 "자기 구원"이라 불렀다.

 윈닝은 인터넷과 책, 잡지에서 이색적인 스타일이나 패션에 대한 자료를 찾아 화장에서부터 옷, 액세서리, 표정, 동작에 이르기까지 다양한 측면에서 자기 설계를 시작했다. 그리고 부모님이 조금씩 주신 용돈을 모아 고1 겨울방학에 이미지 변신에 사용했다. 고1 2학기가 시작되고, 화려한 모습으로 등장한 윈닝은 친구들과 선생님들을 크게 놀라게 했다. 그 순간 그녀는 마음속으로 통쾌함을 느꼈다고 한다.

 하지만 개학식이 끝나자마자 담임선생님은 그녀를 교무실로 호출해 굳은 얼굴로 호되게 혼을 냈다. 공부를 잘하기는 어렵지만 못하기는 쉽다며 이런 꼴로 대문을 나서면서 가족들을 망신시킬까 두렵지 않았냐는 둥 어딜 봐서 고등학생이냐는 둥 딱 길거리 불량배 같다면서 내일부터는 정상적인 모습으로 학교에 나오라고 말했다. 윈닝은 찬물 한 대야를 뒤집어쓴 느낌이었다. 원래도 그렇게 대범하진 않기 때문에 계속 이 방식으로 인정과 관심을 받아야 할지 고민이 되기 시작했다. 그녀는 혼자 길거리를 헤매다가 저녁이 다 돼서야 집으로 돌아왔는데 방문을 연 순간 깜짝 놀라고 말았다. 수년간 함께 나타난 적이 없던 엄마, 아빠가 모두 거실에 앉아 있어 순간 얼떨떨해졌다. 하지만 얼굴을 덮쳐오는 냉랭한 분위기 때문에 곧 정신을 차릴 수 있었다. 좋은 의도로 온 것이 아니라는 것을 알 수 있었다. 역시나 담임선생님이 할머니, 할아버지 집으로 찾아왔고, 윈닝의 행동이 지나쳐 상태가 걱정스럽고 금방이라도 불량청소년으로 변할 것 같다고 말한 것이었다. 할머니, 할아버지는 급한 마음에 엄마와 아빠를 모두 불러 아이가 커서 단속하기가 어렵다면서 자신들을 원망하지 말라고 말했다.

　이후의 상황에 대해서 윈닝은 자세히 이야기하기를 원하지 않았다. 어쨌든 분명 한 무리의 어른들이 여자아이 한 명을 두고 쉴 새 없이 설교를 퍼부었을 것이고 아마 서로를 원망하기도 했을 것이다. 결국 부모님이 맺은 '통일전선'은 윈닝의 마음속 깊은 곳에 오래 축적되어 있던 외로움, 억울함, 원망, 분노를 건드렸고, 아이는 전에 없던 고집을 부렸다. 그녀의 말을 빌리자면 "강압을 두려워하지 않았다." 게다가 부모님 모두 각자 가정이 있어서 자신을 어떻게 할 수도 없었다.

　이후 윈닝은 학교에서 여러 차례 복장, 헤어스타일 등의 문제로 혼나고 설교를 들었지만 이미 그런 일에는 무뎌져 있었고, 심지어 아무도 관심을 가지지 않는 것보다는 지금이 낫다고 생각했다. 선생님은 자신의 말을 듣지 않으니 부모님을 호출했는데 아빠는 침묵하고 엄마는 한숨만 쉴 뿐이었다. 하지만 가끔 이런 이상한 방식으로라도 부모님을 볼 수 있는 것이 윈닝에게는 한 줄기 위로가 되었다.

　"낳았으면 돌봐야죠. 부모님을 싫어하지만 그래도 못 보고 사는 것보다는 나은 것 같아요."

　이전과 다를 바 없이 냉담하고 단호한 눈빛이었지만 그 속에서 눈물이 반짝이고 있었다.

잃어버린 아름다움을 되찾다

　이야기를 들으며 곧게 편 그녀의 등에서 느껴지는 고집과 가냘픔을 보고 있자니 마음이 괴롭고 안아주고 싶었다. 하지만 그녀에게 필요한 것은 그녀에게 중요한 그 사람들의 품이었고, 감정적인 수용과 인정이었다. 나는 잠시 정신을 놓았다가 빠르게 마음을 가다듬고 몸을 일으켜 그녀에게 따뜻한 물을 따라주었다. 그리고 현재 윈닝의 가장 핵심적인 문제에 대해 말했다.

"윈닝아, 네가 선생님이나 부모님이 걱정하시는 것처럼 그런 나쁜 것을 배운 아이가 아니고, 네가 이미지를 바꾼 것은 '자기 구원'이라는 목적 때문이며, 친구들 사이에서 존재감을 가지고 싶은데 사람들이 잘 몰라주는 거라고 이해했는데 맞니?"

"음, 저는 다른 사람에게 왜 제 이미지를 바꿔야 하는지 이야기해본 적이 없어요. 설명하는 것도 귀찮아요."

"그 애니메이션 속 주인공처럼 네가 성숙하고 스타일리시해지면 힘이 생길 거라고 생각했는데 실제로 효과가 있었니?"

그녀는 눈썹을 찌푸리더니 고개를 저으며 말했다.

"그게 제가 이해가 잘 안 되는 부분이에요. 우리 반에 스타일이 멋진 친구가 있거든요. 그 애도 저처럼 늘 선생님께 혼나고 설교를 듣는데도 친구들 사이에서는 인기가 꽤 많은 편이에요. 그런데 왜 저한테는 왜 아무도 관심을 가지지 않는 걸까요?"

나는 웃으며 말했다.

"윈닝아, 누군가 너의 복장이나 헤어스타일, 화장 같은 것들에 대해 혼낼 때 아무도 네가 규칙을 위반했다는 것 외에 다른 이유를 말해주지 않았니?"

내 웃음을 보더니 윈닝은 이유를 모르겠다는 듯 입술을 삐죽거리고 약간 씩씩거리며 말했다.

"있어요. 친구들이 저보고 이상하다고, 아픈 것 같다고 했어요!"

나는 웃음을 거두고 진지하게 말했다.

"윈닝아, 이게 바로 우리가 진지하게 분석해봐야 할 주제란다."

이후의 대화를 통해 나는 윈닝에게 그녀의 계획이 성공하지 못한 주된 이유는 그녀의 모습이 성숙하고 트렌디한 이미지하고는 잘 안 맞기 때문이며, 누군가에겐 맛있는 음식이 다른 누군가에게는 독약일 수 있다는 점을 인식하도록 지도했다.

윈닝은 실제 나이보다 어려 보였다. 하지만 그녀는 헤어스타일부터 옷차림까지 늘 성숙하고 이색적인 느낌을 추구하고, 일부러 심오하거나 알 수 없는 표정을 지었다. 말하자면, 아이가 어른 흉내를 내는 것 같아 너무 이상하고 웃겼던 것이다. 게다가 그녀가 다른 친구들을 잘 상대해주지 않으니 친구들은 그녀가 비정상이라고 생각했다.

윈닝의 눈빛이 점차 의혹에서 인정으로 변해갔다. 고집스럽던 얼굴도 조금씩 풀어져 억지로 힘을 주며 버티던 눈꼬리와 입꼬리가 자연스럽게 아치형으로 늘어졌다. 눈가에 눈물이 차오르더니 아이라인, 블러셔, 립스틱을 씻겨내며 흘렀다. 눈물이 닦아도 닦아도 계속 흘러 얼굴이 팔레트로 변했다. 다 울 때까지 기다렸다가 나는 그녀를 화장실로 데려가 세수를 시켰다. 생각대로 이목구비가 섬세하고 귀여웠다.

마음이 풀린 윈닝은 많이 차분해졌다.

"선생님, 사실 저 너무 힘들어요. 견디고는 있지만, 사실 저 자신을 더 제 안으로 가두는 느낌이고 너무 무기력해요. 뭘 해도 헛수고인 것 같고, 어차피 친구들의 웃음거리가 되다 보니 아예 친구들에게 관심을 두지 않게 되었어요. 어떤 것에도 흥미가 생기지 않고 마음속이 갈수록 더 괴롭고 감당하기가 힘들어요. 담임선생님도 절 싫어하시지만 그래도 관리를 안 할 수는 없으셨을 거예요. 며칠 전에 제게 경험이 많은 심리지도 선생님이 저와 이야기를 나누고 싶어 하신다고 하셨을 때, 저는 어차피 할 일도 없는데 얘기나 해보자, 옛날에는 그래도 나랑 이야기하고 싶어 하는 사람들이 있었는데 갈수록 적어지고 있잖아, 드디어 하나 생겼네 라고 생각했어요."

그녀는 말을 마치고 재치 있게 웃었다.

"그렇구나. 그럼 우리 대화에 대해서는 어떻게 생각하니?"

"선생님, 이번에는 제가 선생님께 이야기하는 느낌이었어요. 예전에 다른 사람이 저를 찾아와 이야기할 때는 늘 그 사람들이 이야기하고 제가 들었는데, 이번에는 제가 말하고 선생님이 들어주셨어요!"

나는 그녀의 헝클어진 머리카락을 쓰다듬으며 눈을 바라보며 말했다.

"윈닝, 다시 기쁘고 즐거워지고 싶지 않니? 내가 도와줄까?"

아이는 자신의 괴상한 머리카락이 차분해지도록 정리하면서 진지하게 고개를 끄덕였다.

이후 우리는 세 번을 더 만나 이야기를 나눴고, 윈닝은 지금까지의 성장 과정을 돌이켜보며 내게 이야기해주었다. 그녀는 이야기를 하면서 여러 차례 울음을 터뜨렸고, 속시원하게 이야기하고 운 덕분에 마음속 수많은 매듭을 풀 수 있었다. 나는 주로 들어주면서 그녀가 소환한 기억들을 전부 정리할 수 있도록 격려하고 응원했다. 그리고 이 아이가 부모의 사랑이 결여된 환경 속에서 어떻게 자랐을지 이해해보려고 노력했다. 공감이 그녀를 도울 수 있는 가장 좋은 방법이기 때문이다. 우리는 성장 과정 중 받은 상처를 지울 수도 더욱이 이를 되돌릴 수도 없다. 다만 피를 멎게 하고, 상처를 소독하여 염증을 없애고, 아물고 성장하길 기다릴 수밖에 없다는 것을 알고 있다.

마지막으로 대화를 나누던 날, 윈닝은 이미 나를 많이 믿고 우호적으로 대하고 있었다. 그녀는 심지어 때때로 웃는 얼굴을 보이기도 했다. 우리는 이후의 계획에 대해 이야기를 나눴다. 스스로 존엄성을 느낄 수 있는 삶을 살기 위해서 어떻게 해야 하는지 말이다. 윈닝은 본래 사리에 밝은 아이였기에 긍정적인 조정 방향을 찾는 것은 그리 어렵지 않았다.

그녀는 자신의 외모를 꾸미면서도 마음이 결코 편하지는 않았지만 마치 자신이 높은 무대 위에 묶여 있는 것 같아 내려오기가 어렵다고 말했다. 나는 상담을 하면서 자신을 묶고 있는 것은 사실 그녀 자신임을 발견하도록 도왔다. 그녀는 슬픔으로 즐거움을, 외로움으로 따뜻함을, 막연함으로 자신감을 묶고 있었던 것이다.

변화는 가장 간단한 임무로부터 시작했다. 나는 윈닝에게 조금씩 원래의 청순한 여자아이로 돌아갈 것을 제안했다. 다만 변화 속도가 너무 빠른 것은 좋지 않다고, 주위 사람들이 받아들일 수 있는 시간을 주어야 한다고 말했다. 그렇지 않으면 오히려 역효과가 나타날 수 있기 때문이다. 얼굴은 마음의 거울이라는 말처럼, 외관적인 변화와 내면의 상태는 서로 밀접한 관계가 있다. 윈닝이 자기 자신의 모습으로 돌아가는 동시에 얼어붙었던 마음도 서서히 녹아 조만간 자신이 잃어버렸던 아름다움을 되찾게 될 것이다.

사춘기 심리 코칭
한 부모 가정의 아이라고 꼭 상처를 받는 것은 아니다

한 부모 가정은 어디에나 있다. 가족의 해체는 아이의 건강한 성장에 방해가 된다. 하지만 부모가 이를 이성적으로 적절하게 대처한다면 아이에게 미치는 영향은 그리 크지 않을 것이다. 최소한 원래대로 건강하게 성장할 수 있을 것이다. 이혼은 부부관계의 해체이지만 부모와 자녀의 관계는 해체할 수 없다. 아이에게 자신을 낳아준 부모란 유일무이한 것으로 그 무엇으로도 대체할 수 없다.

가정심리치료 전문가들은 부모가 서로 사랑하고 화목하고 자식과의 관계가 좋은 것이 아이들에게 가장 좋은 성장환경이라고 말한다. 그다음으로 좋은 환경은 비록 한 부모 가정일지라도 평온하고 화목하며 아이가 안전하게 성장하는 데에 필요한 모든 것들이 완벽하게 충족되는 환경이다. 양부모가 모두 존재하나 부부 사이나 자녀와의 관계가 화목하지 않으면 좋지 않은 환경으로 아이는 건강하게 성장하기가 어렵다. 최악의 환경은 부부관계가 해체되고, 자신을 낳아준 부모가 존재는 하지만 양육의 책임을 다하지 않는 경우이다.

윈닝이 바로 그 최악의 가정환경 속에서 살고 있었다. 낳았으나 키우지 않았고, 키웠으나 교육하지 않았다. 이는 모두 부모의 큰 잘못이다. 모든 사람에게는 자신의 행복을 추구할 권리가 있다. 하지만 자신의 행복을 추구하는 것과 부모로서 양육의 책임을 다하는 것은 서로 상충하는 것이 아니라 오히려 서로 밀접한 관련이 있다고 할 수 있다.

아이가 받는 상처는 모두 어른들이 주는 것이다

아이들은 부모로부터 물려받은 유전적인 성질들을 가지고 세상에 태어난다. 또한 그들을 키우고 성장시킬 사람들이 준비한 성장환경에서 태어난다. 그런데 타고난 성질들이 불균형하거나 후천적인 환경이 빈약한 경우가 있다. 이런 상황에서 아이들이 어떻게 건강하게 성장할 수 있고, 성적이 어떻게 좋을 수 있겠는가.

아이가 성장 과정 중에 받는 상처는 모두 어른들이 주는 것이라 할 수 있다. 여기서 어른들이란 부모와 가족들 외에 선생님도 포함된다. 선생님 역시 아이들의 성장 과정에서 '중요한 타인'이다. 아이의 성격적 특징의 차이는 매우 크다. 윈닝처럼 얌전하면서도 고집이 센 아이가 사춘기에 제때 제대로 된 지도와 응원을 받았더라면 마음의 상처를 스스로를 더욱 강하게 만드는 동력으로 바꿀 수도 있었을 것이다.

2장

미움 받아도 괜찮아

과도한 보상이나 지나친 기대는 모두 애초에 지속적으로 발전할 수 있는 성장 방식이 아니다. 인정과 존중, 자기치유 능력을 얻는 중요한 방법 중 하나는 '영원히 진실한 자신으로서 사는 것'이다. 스스로 자신에게 충분한 인정감을 줄 수 있다면 우리는 열악한 외부 환경을 그리 신경 쓰지 않게 될 것이다.

０５

더이상 마마보이는 싫어

'마마보이'라 불리는 아이

치판은 열여섯 살의 남자아이로 키가 그리 크지 않고 마른 몸매에 얼굴에서도 어린 티가 나서 보고 있으면 고등학생보다 좀 더 어려 보였다. 성격이나 옷차림 모두 약간 딱딱한 느낌도 나고, 셔츠의 깃을 단정하게 여미고 검은색 뿔테 안경을 써서 학구적인 느낌도 났다.

처음 치판에게 눈길이 닿았던 것은 심리성장수업의 단체 모래놀이 활동을 하면서였다. 여섯 명씩 한 조가 된 아이들은 순서대로 도구를 선택한 뒤 모래통 속 자신이 원하는 위치에 놓고 함께 모래판을 만들었다. 치판은 매번 자기 차례가 될 때마다 매우 오랜 시간 고민했다. 활동 규칙상 모래판을 만들 때는 말을 할 수 없으므로 다른 아이들은 그저 조용히 그를 지켜보며 기다렸고, 몇몇 아이들은 서서히 인내심이 바닥나고 있었다.

모래판을 완성한 뒤 아이들은 이야기를 나눴다. 자신의 느낌에 대해 이야기하거나 다른 친구에게 질문을 하거나 친구의 작품에 대한 의견을 말할 수 있다. 어떤 성질 급한 여자아이가 말했다.

"치판이 너무 꾸물거려서 속 터져요. 선택장애 같은 거 있나 봐요. 너무 답답해요!"

그러자 다른 남자아이가 다급히 상황을 수습하며 진지한 얼굴로 말했다.

"네가 치판을 좀 이해해줘야 해. 치판 엄마가 안 계셔서 그래!"

확실히 놀리는 말투였고, 몇몇 아이들은 무슨 말인지 이해한 듯 웃음을 터뜨렸다. 나는 치판의 반응에 주목했다. 그는 비교적 담담해 보였다. 얼굴이 조금 붉어졌을 뿐 아무 말도 하지 않았다. 하지만 그는 힘껏 주먹을 쥐었다가 이내 다시 놓았다.

치판의 감정 변화를 발견하고 나는 아이들에게 왜 웃는지 묻거나 치판에게 대답을 요구하지 않고 화제를 돌렸다. 이어지는 토론에서 치판은 한 번도 발언하지 않았고, 친구들에 대한 생각도 확실하게 말하지 않았다. 활동이 끝나고 두 명의 아이들이 남아서 도구를 정리할 때 나는 가볍게 물어보았다.

"아까 아이들이 치판을 놀린 거 같은데 어떻게 된 일이니?"

"선생님, 아무 일도 아니에요. 치판은 엄마 말을 엄청 잘 듣는 애라서 치판을 아는 애들은 대부분 걔를 '마마보이'라고 불러요. 중학교 때부터 있었던 별명인데 어떻게 생긴 건지는 저도 잘 모르겠어요.”

한 아이가 내게 말했다.

“마마보이”라는 별명의 유래와 활동시간 때 치판이 보인 반응을 연상해보니 그가 이 별명에 큰 반감을 품고 있다는 것을 어렵지 않게 추측할 수 있었다. 하지만 그는 왜 그때 자신의 감정을 억눌렀을까? 그는 분명 화가 났을 텐데 친구들의 놀림에 반박하지 않고 오히려 담담한 척했다. 이 부분은 꽤 모순적이었다. 성격이 연약한 탓인지 다른 이유가 있는지는 알 수 없었다. 나는 적당한 기회를 봐서 치판과 이야기를 나눠봐야겠다고 생각했다.

내가 치판을 찾아가기 전에 그가 나를 먼저 찾아왔다. 모래놀이 활동이 있은 지 얼마 지나지 않은 어느 날 점심시간이었다. 학교에 다른 지역의 연구팀이 방문해서 나는 선생님들을 인솔해 심리상담센터를 둘러보고 있었다. 레저실 도서 래프팅 구간에 다다랐을 때, 치판이 그곳에서 잡지를 들고 읽고 있었다. 우리를 보지 못한 듯했다. 나는 그에게 다가가 물었다.

“치판, 왜 오전 자습을 안 하고 여기 있니?”

그는 고개를 돌리고는 잠시 망설이더니 작은 목소리로 말했다.

“선생님, 제가 마음이 너무 복잡해서 선생님과 이야기를 해보려고 왔는데 이렇게 사람이 많을 줄 몰랐어요.”

센터 투어가 거의 끝날 때쯤이었다. 시간을 보니 오후수업까지는 아직 40분이 남아 있었다. 나는 잠깐 기다려달라고 말한 뒤 투어를 마친 선생님들을 떠나보내고 그를 상담실로 안내했다.

불과 며칠 사이에 치판에게 큰 변화가 있었던 듯했다. 창백한 얼굴에 초췌한 모습이었으며, 학자처럼 늘 단정하던 아이가 옷도 약간 헝클어져 있고, 머리카락은 몇 가닥 삐져나와 있었으며, 옷깃도 제대로 펴지 않은 것이 무슨 억울한 일이라도 당한 모양새였다. 나는 그의 옷깃을 펴주며 물었다.

"치판, 왜 그래? 무슨 어려운 일이라도 생겼니?"

콧방울이 실룩거리고 호흡이 점점 가빠지고 얼굴도 붉어지기 시작하더니 그는 매우 화난 모습으로 금방이라도 울음을 터뜨릴 것 같았다.

"화가 많이 난 모양이구나. 급할 필요 없어. 천천히 말하렴."

속상한 일을 겪다

"선생님, 정말 창피한 일을 겪었어요. 너무 짜증나는데 어떻게 해야 할지를 모르겠어요."

치판은 금방이라도 통제 불능이 될 것 같은 감정을 다스리기 위해 말을 멈추고 숨을 참았다.

"그렇구나. 그 짜증나는 일이 며칠 전 모래놀이 할 때의 일과 관련이 있니?"

나는 그에게 특정한 주제에 대해 사고하는 법을 제시하고 그가 감정을 다룰 수 있도록 도왔다. 그는 고개를 끄덕이며 깊은 한숨을 쉬었다. 그러고는 몹시 분한 표정으로 말했다.

"애들은 그냥 제가 꾸물거리는 게 싫은 거예요. 농담인 것 같지만 사실 비꼬는 거고요!"

"왜 친구들이 농담하는 게 아니라 비꼬는 거라고 생각하니?"

나는 그가 "마마보이"라는 자신의 별명에 대해 과연 어떤 태도인지 확실하게 알고 싶었다. 그의 얼굴이 숨을 참느라 또다시 붉어졌다.

"선생님, 제 별명을 알고 계세요?"

"내게 알려줄 거니?"

치판은 잠시 멈칫하더니 갑자기 화가 차오르는 듯 눈썹을 찌푸리고는 거친 목소리로 말했다.

"애들이 절 '마마보이'라고 불러요. 진짜 재수 없어요! 제가 늘 참고 아무 말도 안 하니까 갈수록 더 심해지고 있어요!"

나는 잠시 생각에 잠겼다가 말의 속도를 늦추며 물었다.

"이 별명은 엄마 말을 아주 잘 듣는 아들이라는 뜻이니?"

치판은 콧방귀를 뀌며 못마땅하다는 듯 고개를 끄덕이면서 씩씩거렸다. 치판은 신체 발육이 늦은 편이라 코 아래에는 이제 막 부드러운 털이 나기 시작해서 아직 어린 남자아이의 모습이었다. 화난 모습도 너무 귀여워서 순간 웃음을 나올 뻔했지만 겨우 참아냈다. 아이가 이렇게 화가 났는데 너무 가벼운 모습을 보여선 절대 안 되기 때문이었다. 그래서 나는 재빨리 감정을 조절하고 진지하게 그에게 말했다.

"이렇게 기분이 안 좋은 걸 보니 정말 이 별명이 너무 싫은가 보구나. 이것 말고, 그날 모래놀이 할 때 있었던 일과 오늘 말하려고 하는 짜증나는 일과 무슨 관련이 있니?"

내 질문을 들은 치판은 깊게 한숨을 쉬더니 갑자기 풀이 죽었다. 이 아이는 감정 변화가 매우 빨라서 얼굴에 표정 포장지를 씌운 것처럼 순식간에 다른 표정으로 변했다.

"그날 모래놀이를 할 때 처음에는 정말 신났어요. 잘 완성하고 싶어서 행동이 좀 느렸던 건데 생각지도 못하게 그것 때문에 놀림을 당하니까 마음이 정말 불편했어요."

"나도 그때 네가 기분이 좋지 않다는 것을 알았지만 그 자리에서 네게 물어보면 기분이 더 안 좋아질까봐 아무 말도 하지 않았단다. 이제 보니 그렇게 하는 것이 적절하지 않았던 것 같아. 네게 사과할게."

치판은 다급히 말했다.

"선생님과는 아무 상관없어요. 사실, 휴…… 원래 아무것도 아닌데 이게 다 엄마가 쓸데없는 짓을 해서 그런 거예요."

조금 풀어진 그의 표정이 다시 찌푸려졌다.

치판은 그날 이후 생긴 일에 대해서도 이야기해주었다. 그날 모래놀이 활동이 마지막 수업이라 바로 하교를 했는데 친구들에게 놀림을 당해 마음도 불편하고 풀이 죽은 상태였다. 그를 데리러 온 엄마를 만났을 때도 안색이 별로 좋지 않았고 엄마와 말도 섞지 않았다. 집에 가는 길에 엄마는 운전을 하면서 무슨 일이 있었는지, 왜 기분이 안 좋은지, 누가 괴롭히는 것은 아닌지 물었고, 치판은 별로 말하고 싶지 않아 대충 얼버무렸다. 엄마는 계속 물었고 심지어는 도중에 차를 세우고 그에게 제대로 말을 하게 했다. 치판은 어쩔 수 없이 대충 어떻게 된 일인지 이야기했고, 엄마는 친구가 농담하는 것이니 화낼 필요가 없다고 말했다. 그러자 치판은 갑자기 화가 치밀었다. 반나절을 겨우 참았는데 엄마에게도 잔소리를 듣다니! 늘 얌전했던 그는 큰 소리로 엄마에게 이게 다 엄마가 뭐든 다 물어보고 간섭하니까 친구들이 자신을 "마마보이"라고 부르는 것이라고, 너무 창피해서 죽을 것 같다고, 모래놀이 하나 할 때도 놀림을 당해야 하니 이 반에서 더이상 버틸 수가 없다고, 떠나고 싶다고, 전학 가고 싶다고 소리쳤다.

치판은 당시 엄마가 아무 말도 하지 않은 채 조금 놀란 얼굴로 자신을 바라보다가 다시 시동을 걸고 집으로 돌아갔고 그 뒤로 아무 말도 하지 않으셨다고 했다. 또 치판은 원래 자신은 마음에 뭔가를 담아놓는 사람이 아니어서 한바탕 쏟아낸 뒤 속이 많이 편해졌다고도 말했다. 하지만 누가 알았을까. 이후 악몽 같은 일들이 계속될 줄을.

치판의 엄마가 다음 날 학교에 왔다. 그리고 담임선생님을 찾아가 반에서 치판을 괴롭히는 아이가 있고 불쾌한 별명을 지어 부르고 부모까지 비웃었다고 말했다. 치판은 원래 얌전한 아이인데 놀림을 당해 감정을 통제하지 못하고 학교도 다니기 싫어하니 선생님이 이 일을 잘 처리해달라고 부탁했다. 담임선생님은 어머니의 이야기를 듣고 너무 놀랐다. 반을 맡은 지 얼마 되지 않아 상황을 잘 몰랐기 때문이다. 치판의 엄마는 함께 모래놀이를 했던 아이가 어떤 말을 해서 일어난 일이고, 반의 다른 친구들도 자주 불쾌한 별명으로 치판을 놀리니 선생님이 실상을 파악하고 교육해줄 것도 요구했다.

담임선생님은 재빨리 그날 함께 모래놀이를 했던 아이들과 이야기를 나눴다. 그리고 상황을 파악한 뒤 몇몇 아이들을 꾸짖었다. 악의가 없는 농담이라고 해도 다른 사람에게 큰 상처를 줄 수 있고, 실제로 이로 인해 심리적 문제가 생긴 아이들이 많기 때문에 자신의 반 학생에게는 이런 문제가 생기지 않길 바랐다. 이후 그날 반 회의시간에도 담임선생님은 다른 사람에게 상처를 주는 행동은 도덕적이지 않다는 등의 이야기를 강조했다. 어쨌든 아이들은 모두 선생님이 이야기하는 것이 치판의 일과 관련된 것이고, 치판의 엄마가 선생님을 찾아와 고자질했기 때문이라는 것을 알고 있었다. 치판은 난생처음 가시방석에 앉은 기분, 쥐구멍을 찾아 숨고 싶은 기분을 느꼈다고 말했다.

하교 후, 집에 돌아온 치판은 엄마에게 화를 내며 자신과 상의도 없이 멋대로 학교에 찾아와 선생님을 만난 것을 원망했다. 도움은커녕 상황을 더욱 악화시켜서 이제는 친구들이 정말 자신을 죽도록 미워할 것이라고 말이다. 엄마는 그렇게 심각한 일이 아니라면서 선생님이 나서면 친구들이 다시는 놀리지 못할 것이라고 말했다. 또한 네가 먼저 선생님께 이르지 못하니 엄마가 대신 이야기하겠다고 말했다. 엄마가 속사포처럼 쏟아내는 말에 치판은 말문이 막혔다. 그는 더이상 할 말이 없었다. 한 번도 엄마를 이겨본 적이 없었기 때문이다. 그저 속으로 끙끙 앓을 뿐이었다.

아나나 다를까, 치판은 그날 이후 친구들이 자신을 이상하게 대한다는 느낌을 받았다. 갑자기 예의 바르게 대하는 친구도 있었고, 피하는 친구도 있었고, 심지어는 아예 본체만체하는 친구도 있었다. 정말 최악의 기분이었다. 용기를 내어 주위 친구들에게 말을 걸면 다들 건성으로 대하는 느낌이었고, 자신을 보는 눈빛도 모두 잠깐 스쳐 지나가는 것들뿐이었다.

치판은 너무 괴로워하며 흠뻑 젖는 눈으로 말했다.

"방금 전 제가 점심을 먹고 교실 문에 막 들어서려고 하는데 안에서 어떤 애가 저에 대해 '마마보이'라고 하는 거예요. 사소한 일도 다 엄마한테 고자질한다고요. 그러니까 또 다른 애가 더이상 문제를 일으키지 말자면서 나중에 저희 엄마뿐만 아니라 자기들 부모님까지 찾아올 수도 있다고 하더라고요. 저희 엄마가 중학교 때도 그런 적이 있다면서요."

말을 마치고 치판은 결국 눈물을 흘렸다. 나는 그에게 휴지를 건네며 물었다.

"치판, 중학교 때 어머니가 네 일 때문에 선생님을 찾아오신 적이 있었니?"

치판은 고개를 끄덕이며 코를 훌쩍이면서 말했다.

"네. 그 말을 한 애가 중학교 때 저랑 같은 반이었어요. 저는 교실 문 앞에서 들어가지도 나오지도 못하고 너무 마음이 괴로웠어요. 그리고 어떻게 해야 할지 몰라서 결국 돌아 나왔어요. 처음에는 운동장 스탠드에 잠깐 있다가 나중에 심리상담센터가 생각나서 이렇게 온 거예요."

엄마의 날개가 아이를 다치게 한다

점심시간 내내 고민하던 치판은 매우 피곤해 보였다. 나는 그에게 물 한 잔을 따라주었다. 그는 이렇게 많은 이야기를 하고도 그렇게 크게 흥분하지는 않았다.

"치판, 네 별명이 어떻게 생기게 되었는지 이야기해줄 수 있니?"

그는 물을 한 모금 마시더니 눈썹을 찌푸리며 기억을 더듬었다.

"아, 제가 막 중학교에 올라갔을 때인데, 학교에서 하는 활동이 초등학교 때보다 많았어요. 무슨 발표, 암송, 토론, 그림 그리기, 제기차기, 축구, 줄넘기 대회 같은 것들이요. 반에 남학생이 적어서 모든 남학생이 어떤 종목이든 하나 이상은 참가해야 했지만 저는 어릴 때부터 몸이 좋지 않아서 엄마가 너무 많은 활동에는 참여하지 못하게 하셨어요. 특히나 체육이요. 그래서 반 임원이 제게 어떤 활동에 참가할 건지 물었을 때 제가 습관적으로 엄마한테 물어보겠다고 말했고, 당시 반에 짓궂은 남학생들이 이걸로 늘 저를 놀렸어요. 엄마의 보물이니 어쩌니 하면서 나중에 저도 모르는 사이에 '마마보이'가 되었더라고요. 그때 이후로 저는 그 말버릇을 조심해서 더이상 말하지 않았지만 별명이 갈수록 멀리 퍼져서 다른 반 친구들까지 다 알게 되었어요."

"네가 반감을 느끼는 이 별명이 널 따라다닌 지 꽤 오래되었구나."

"맞아요, 선생님. 그래서 너무 괴로웠는데 방법이 없었어요. 반박해도 소용없어서 어쩔 수 없이 신경 쓰지 않는 척한 거예요. 이게 고등학교까지 따라올 줄은 몰랐어요."

"좀 전에 중학교 때도 엄마가 비슷한 일을 하신 적이 있다고 했지? 그때는 어떻게 된 일인지 이야기해줄 수 있니?"

"이번 일하고 비슷해요. 그때가 중2 때였을 거예요. 운동장에서 어떤 애가 제 별명을 불러서 너무 화가 나 걔랑 부딪혔고 결국 싸우기까지 했어요. 그런데 제가 약하니까 뭐 어떻게 하지도 않았는데 스스로 넘어져 옷이 더러워졌어요. 하교 후에 엄마가 저를 보시고는 어떻게 된 일인지 물으셨고, 저 역시 한 번도 누군가와 싸워본 적이 없어서 엄마 말 한마디에 울음이 터졌어요. 결국 엄마가 엄청나게 화가 나셨죠. 저는 제가 덤빈 거고, 그 친구는 별명을 불렀을 뿐 아무 짓도 하지 않았다고 말했지만, 엄마의 화를 막지는 못했어요. 일이 꽤 커져서 엄마가 선생님뿐만 아니라 당시 운동장에서 별명을 부른 친구의 부모님까지 모시고 오게 했어요. 이후에 친구들이 한동안 저를 '마마보이'라고 부르지 않아서 좋긴 했어요."

"그럼 엄마의 도움이 효과가 있었네?"

"휴, 그런 셈이죠. 하지만 문제가 해결되진 않았잖아요! 그리고 그때는 제가 아직 어려서 뭘 모르기도 했고 친구들의 시선을 별로 신경 쓰지 않아서 그렇지 분명 친구들은 저를 멀리했을 거예요. 제가 느끼지 못했을 뿐이죠. 엄마는 때때로 학교에 들르셨고, 친구들은 저희 엄마가 그렇게 무서운데 누가 감히 절 건들겠느냐면서 놀리곤 했어요. 그 이후론 별일 없이 지낸 편이에요."

"'문제가 해결되지 않았다'는 건 무슨 뜻이니?"

"제가 늘 엄마 말을 듣는 건 분명한 사실이잖아요."

"어? 치판아, 넌 엄마에게 의존하는 게 문제라는 것을 언제 깨달았니?"

치판은 한숨을 쉬더니 내게 이후의 일들에 대해 이야기하기 시작했다. 중학교 3학년이 되고 학교 공부가 너무 빡빡해지자 엄마는 치판을 여러 학원에 등록시켰다. 치판의 몸 상태가 그리 좋지 않아 학교 활동은 못 하게 했지만 학원은 줄이지 않았다. 그는 학원에서 몇몇 다른 반 친구들을 알게 되었는데 그중에는 활발하고 명랑한 한 여자아이가 있었다. 치판은 그녀를 꽤 좋아했고, 그녀와 함께 문제 풀이를 하기도 했다. 어느 날 쉬는 시간에 그 여자아이는 치판에게 왜 아직도 어린아이처럼 구는지 물었다. 중3이나 돼서 아직도 모든 일을 엄마가 시키는 대로 하니까 '마마보이'가 된 게 아니냐고 말이다. 치판은 속으로 깜짝 놀라 여전히 뒤에서 자신에 대해 이야기하고 다니는 사람들이 있다고 생각해 그녀에게 누가 그런 말을 했는지 물었다. 그러자 여자아이는 그걸 누가 알려줄 필요가 있냐, 평소 이야기를 할 때 어느 학원에 다니는지 어느 과목 수업을 듣는지 물으면 바로 네가 항상 '엄마가 말한 것', '엄마가 찾은 것'이라고 말하지 않느냐고 답했다. 그녀의 말투는 마치 큰누나가 말하는 것 같았고, 치판은 이것이 매우 불편했다. 처음으로 자신이 아이 같다는 생각이 들어 우울해졌다.

그날 이후, 치판은 엄마에게 이야기할 때 조금 조심스러워졌다. 하지만 엄마는 무슨 신통력이라도 있는 듯 어떤 것도 속일 수 없었다. 치판이 시도 때도 없이 소소한 반역을 해도 아무 소용이 없었다. 엄마는 한바탕 학생의 도리를 운운하며 화를 내며 꾸짖거나 치판의 정신을 쏙 빼놓아 그가 결국에는 도저히 그의 의견을 고수할 수 없도록 만들었다. 치판은 엄마 말을 잘 듣는 것이 이미 습관이 되어 있었고, 엄마의 목소리가 무섭게 변하면 본능적으로 항복했다. 다행히 중3이었던 그해에는 외할머니가 편찮으셔서 자리를 비울 수가 없어 학교에 찾아오시진 못했고, 치판은 예전보다 친구들과 사이가 좋아졌다고 생각했다.

고등학생이 된 치판은 새 친구들을 사귀어 함께 어울리고 자신의 과거 이미지를 바꿀 수 있기를 희망했다. 그래서 무슨 일이든 최대한 능동적으로 참여하고, 신중하게 행동하고, 어른스럽게 말하기 위해 노력했다. 첫 느낌은 괜찮았다. 하지만 좋은 시간은 길지 않았다.

학급회의에서였다. 반 임원이 어떤 활동을 계획하면서 과거의 어둠에 맞서야 미래의 빛을 찾을 수 있다며 갑자기 모두에게 각자의 예전 별명에 대해 이야기해보자고 말했다. 치판은 등줄기가 서늘해졌다. 차례가 되어 치판이 우물쭈물하면서 별명이 없다고 말하자 같은 반인 중학교 동창이 왜 별명이 없냐며 "마마보이"가 있지 않냐고 사실을 폭로해버렸다. 그리고 결국 치판의 별명은 '가장 창의적인 별명'으로 선정되기까지 했다. 치판은 그 순간이 정말 괴로웠다고 말했다.

이후 "마마보이"는 거의 치판의 이름이나 마찬가지가 되었다. 어렵게 만든 친구 관계를 망가뜨리고 싶지 않아서 치판은 참고 또 참으면서 아무리 듣기 싫어도 아무 일도 없다는 듯이 행동했다. 하지만 이 일은 너무 모욕적이었고 그의 마음속에 응어리로 남았다. 그렇다한들 그는 화가 나도 화를 내지 못하고 속으로만 괴로워했다. 결국 저번 모래놀이 이후 엄마 앞에서 충동적으로 나온 말과 행동과 같이 부정적인 효과가 나타났다. 치판은 말을 마치고 또 눈물을 흘렸다.

변화의 여정을 시작하다

점심시간이 거의 끝나갈 무렵 나는 치판에게 물었다.

"이미 수업에 들어갈 시간이 다 되었는데 돌아가서 수업을 들을래 아니면 계속 너의 문제를 정리해볼래?"

치판은 말했다.

"선생님 저는 반에 돌아가고 싶지 않아요. 제가 어떻게 친구들을 대해야 할지 모르겠어요."

"돌아가지 않으려면 담임선생님에게 조퇴를 신청해야 해. 너는 담임선생님에게 모래놀이 당일에 일어났던 일과 엄마와의 대화에 대해서 먼저 설명하고 싶니?"

치판은 조금 생각하더니 가볍게 고개를 끄덕였다.

"만약 담임선생님이 이해해주시고 도와주시면 앞으로의 문제를 훨씬 더 잘 해결할 수 있을 거야."

여전히 망설이는 모습을 보이는 그를 일깨워주기 위해 나는 이렇게 물었다.

"너는 늘 진정한 남자처럼 행동하고 싶어 했지. 진정한 남자에겐 어떤 특징이 있을까?"

치판은 잠시 고민하더니 이렇게 말했다.

"선생님, 남자라면 용감하게 맞서야 한다고 말하고 싶으신 거죠?"

"너 정말 똑똑한 아이구나!"

우리는 서로 마주 보고 웃었다.

나는 치판의 담임선생님을 모셔왔다. 선생님은 이제 막 대학을 졸업한 분이셨다. 그녀는 상황을 이해한 뒤 안도하는 얼굴로 치판의 어깨를 두드리며 말했다.

"선생님에게 네 생각을 말해줘서 정말 좋구나! 넌 늘 공부든 작업이든 매우 열심히 하는데 용기가 조금 부족한 것 같다고 생각했어. 어머님이 네가 몸이 계속 안 좋았고 친구들이 괴롭혀서 공부를 싫어하게 되었다고 하시기에 난 혹시나 무슨 일이 생길까봐 두려워서 엄청나게 긴장하고 있었는데, 정확한 상황을 알게 되어서 이제 마음이 좀 놓인다! 선생님도 너의 친구가 되어줄게. 우리 함께 이 문제를 해결해보자!"

　이후 우리 세 사람은 함께 어떻게 하면 친구들이 이 일의 진실을 알게 할 수 있을지, 치판이 친구들에게 이해를 받을 수 있고 다시금 이전의 친구 관계로 돌아갈 수 있을지 토론했다. 그러다 마지막에 정해진 방법은 먼저 담임선생님이 친구들에게 이전의 오해에 대해 설명하는 것이었다. 치판 엄마의 말을 제대로 이해하지 못해 작은 일을 크게 만들었고 그래서 관련된 몇몇 친구들을 호되게 혼냈다고 이야기하는 것이다. 그러고 나서 치판이 친구들에게 자신의 진짜 감정을 알려주는 것이다. 친구들은 치판이 "마마보이"라는 별명을 싫어한다는 사실을 모르기 때문이다.

　이후 모든 것이 순조롭게 진행되었다. 일주일 뒤 치판이 교무실로 나를 찾아와 싱글벙글하며 자신이 반에서 발표한 과정에 대해 이야기해주었다. 치판은 친구들에게 이 일의 원인과 자신의 오랜 고민에 대해서 말해주었다. 또 친구들에게 자신이 중학교 때 있었던 일과 고등학교를 올라오면서 다진 마음가짐에 대해서도 말했다. 그는 다른 사람에게 자신의 진짜 속내를 털어놓는 것이 얼마나 아름답고 짜릿한 일인지 처음으로 느꼈다. 비록 긴장은 됐지만 그는 침착하게 말했고, 모래놀이를 할 때 치판을 놀렸던 친구도 그에게 사과했다.

　나는 치판에게 물었다.

"이 문제는 이미 잘 해결되었어. 더 고민해야 할 문제가 있니?"

　치판이 고개를 돌리며 말했다.

"네, 문제가 하나 더 있어요. 어떻게 해야 엄마가 제 일에 너무 많이 간섭하지 않게 할 수 있을까요?"

"그거 좋은 질문이네! 네게 방법이 있니?"

"요 며칠 저도 생각을 해봤는데요, 만약 제가 어른스럽게 행동하면 엄마도 사사건건 간섭하시지 않을 것 같아요."

"역시 똑똑해! 단번에 방법을 찾았네!"

칭찬을 들은 치판의 얼굴이 환해졌다.

우리는 어른스러운 행동이란 무엇일까에 대해 토론했다. 그 결과, 엄마에게 아무 말도 하지 않는 방식으로 반항하지 않을 것, 어떤 문제나 갈등이 생겼을 때 지나치게 감정적으로 대처하지 않을 것, 이성적이고 평화로운 방식으로 소통할 것 등이 엄마가 그의 변화를 체감할 수 있게 해주는 가장 직접적이고 효과적인 방법이었다. 이를테면, 이번 별명 사건의 경우라면 사건의 전말을 엄마에게 다 터놓고 이야기하는 것이다. 나는 치판과 엄마의 대화가 잘 통하지 않거나 엄마가 또 학교에 찾아와 그의 학교생활에 간섭하려 하신다면 내가 엄마와 이야기를 해보겠다고 약속했다.

세 번째로 만났을 때 치판의 마음은 평화롭고 유쾌해 보였다. 그는 자신의 고민이 무엇인지, 그 때문에 심리상담센터에서 어떤 심리지도 과정을 거쳤고, 어떻게 담임선생님에게 도움을 청했으며 친구들에게 설명했는지를 모두 엄마에게 자세하게 설명했다. 그의 말을 들은 엄마는 처음에는 당황했지만 이내 자신의 아이가 어떻게 갑자기 이렇게 커서 그런 많은 고민과 생각들을 했는지, 게다가 혼자서 그 많은 일들을 해냈는지 믿기 힘들어 하셨다. 치판은 엄마에게 사실 자신은 계속 자라고 있으며, 지금까지는 엄마가 자신을 돌봤지만 앞으로는 반대로 자신이 엄마를 돌보겠다고 말했다. 그리고 자신에게 어떤 문제가 생겼을 때 엄마와 상의는 하겠지만 절대 자신을 대신해서 문제를 해결하지 말아달라고 부탁드렸다.

비록 치판의 엄마를 만나보지는 못했지만 나는 그녀가 옳고 그름을 따지지 않고 무작정 자신의 아이만 감싸고도는 엄마가 아니라는 것을 짐작할 수 있었다. 하늘 아래 완벽한 부모란 없다. 변화할 줄만 알아도 훌륭한 부모이다.

사춘기 심리 코칭

지나치게 보상해서는 안 된다

많은 부모들이 자신의 아이를 지나치게 사랑하고 과도하게 보호하는 이유는 자신이 아이에게 못 해주는 것이 있다고 생각하기 때문이다. 어느 날, 학부모회의가 끝나고 치판의 엄마가 나를 찾아와 아이를 도와준 것에 대해 감사인사를 전했다. 만약 심리지도 선생님이 없었다면 아이에게 얼마나 큰 문제가 생겼을지 알 수 없었을 것이라면서 말이다. 치판의 엄마는 치판이 미숙아로 태어나 인큐베이터에서 오래 있었고 신체발육 속도가 또래 아이들보다 많이 늦었다고 말했다. 엄마는 아이가 미숙아로 태어난 것이 자신의 부주의 때문이라 생각해서 아이에게 미안하기만 했다. 그래서 이렇게 오랜 시간 동안 계속 쉴 새 없이 보상해주었던 것이다. 자신이 얼마나 힘들든 아이는 일말의 억울함도 겪어서는 안 된다고 생각해 암탉처럼 항상 아이를 주시하고 있었는데, 아이가 점점 자라면서 이 방법이 자칫 큰 문제를 야기할 뻔한 것이다.

몸이든 마음이든 문제가 생기면 조정하고 치유하는 과정이 필요하다. 절대 되돌릴 수 없는 상처도 시간의 흐름에 따라 고통이 점점 줄어든다. '과도한 보상'이라는 방법은 이전의 상처를 되돌릴 수 없을 뿐만 아니라 오히려 새로운 문제를 일으킬 수 있고, 보상자의 본래 취지와 어긋나는 경우가 많다. 사랑은 감성으로 비롯되는 것이지만 반드시 이성으로 멈춰야 한다.

온실 속에서는 큰 나무를 키울 수 없다

지적 능력을 키우는 데에만 집중하거나 신체를 과도하게 보호하거나 인간관계 속 충돌을 과도하게 차단하려는 것은 많은 가정, 특히 한 자녀 가정에서 흔히 존재하는 문제이다. 예를 들어, 치판의 부모는 아이가 몸이 안 좋다는 이유로 어떤 활동에도 참여하지 못하게 하면서 공부는 반드시 잘해야 한다고 말했다. 그래야 나중에 편하고 좋은 직장을 선택할 수 있기 때문이다. 꽤 일리 있는 말로 들리지만, 아이의 사회적 요구는 커가면서 계속 늘어난다. 아이에겐 반 아이들도, 친구들도 필요하다. 운동과 놀이는 친구들과 어울리는 가장 좋은 방법이지만 치판은 이런 권리를 빼앗겼다. 그는 어떻게 결정해야 하는지, 어떻게 친구들과 어울려야 하는지 몰랐다.

체력이 좋지 않다거나 심지어 신체적 결함이 있다 해도 아이가 또래 아이들과 함께하는 활동에 참여하는 것을 최대한 지지해야 한다. 가장 좋은 것은 야외활동이다. 대자연에서 친구들과 함께 노는 것은 아이가 마음을 열고 자유롭게 호흡하고 건강하게 성장하는 가장 좋은 방법이다. 아이들이 함께 공부하고 놀다 보면 자연스럽게 갈등과 충돌이 생기고 괴롭히거나 괴롭힘당하는 일이 생긴다. 이때는 어른들의 정확한 지도와 도움이 필요하다. 이를 통해 아이들은 서서히 사회 속에서 자신을 보호하고 다른 사람과 협력하는 능력을 갖추게 된다.

부모의 독단은 이기적인 사랑일 뿐이다

자녀에 대한 부모의 사랑은 타고나는 것으로 본능적인 반응이다. 특히 아이의 몸이 약하고 아픈 상황이라면 부모는 더욱 세심하게 아이를 보살피게 된다. 하지만 그렇게 아이를 사랑하는 것이 정말 아이를 위한 것인지, 그 사랑이 과연 아이의 성장에 도움이 되는지 잘 살펴야 하고, 또 시기에 따라 고민하고 조정해야 한다.

아이가 어릴 때는 부모의 독단적 결정과 처리가 부모와 아이 모두에게 안전감과 안정감을 줄 수 있다. 하지만 아이가 커가는데도 부모가 꾸물거리며 손을 놓지 않고 계속해서 과도하게 개입한다면 아이의 반발을 사거나 아이에게 걱정을 안겨줄 수도 있다. 생존은 하나의 필수 과목이다. 이 교과 과정은 삶 속에서 고민과 상처를 겪으면서 진행될 수밖에 없다. 친구와 충돌이 생기면 교제하지 못하게 하거나, 아이가 어려움을 당하면 곧바로 도움의 손길을 내밀거나, 아이가 잘 못 하는 일을 아예 하지 못하게 하거나, 장점은 과대평가하면서 단점은 무시하는 등 아이가 상처받지 않게 과도하게 보호하는 것은 사랑이 아니다. 그것은 아이가 적응력, 나아가 생존능력을 획득하는 과정을 방해하는 것이다.

06

만능 고수의 말 못 할 사정

시험장에서의 첫 만남

음산한 겨울 아침, 고1 아이들이 기말고사를 보고 있었다. 고등학교에 들어와서 처음 치르는 대규모 연합시험이었다. 교실에는 삭삭 글 쓰는 소리만 들리는 가운데 창가에 앉은 한 남자아이가 나의 시선을 사로잡았다. 책상 위로 고개를 숙이고 있었지만 손에 든 연필은 움직이지 않았다. 눈도 비스듬히 창밖을 바라보고 있었다. 왜 시험을 보지 않는 걸까? 나는 의구심을 품은 채 아이에게 걸어갔다. 그의 시선을 따라가봤지만 창밖 마른 나뭇가지에는 볼 만한 것도 재밌는 것도 없었다. 그저 바람에 날린 낡은 비닐봉지가 매달려 힘겹게 발버둥치고 있을 뿐이었다. 나는 답안지에 쓰인 이름을 확인했다. 위양. 반 번호는 1번. 입학 성적이 제일 좋았다는 뜻이다.

곁에 잠시 서 있었지만 그는 아무것도 느끼지 못한 듯 미동도 없었다. 하지만 순간 엇갈리는 시선과 팽팽해진 몸이 분명 그의 위장술을 거스르고 있었다. 이 아이는 내가 자신을 관찰하고 있다는 사실을 줄곧 느꼈을 것이다. 잠시 후 나는 그의 어깨를 툭 치면서 작은 목소리로 말했다.

"왜 시험을 안 보고 있니?"

그는 그제야 천천히 고개를 돌렸지만 나를 보지 않고 중얼거리면서 한마디를 뱉었다.

"급하지 않아요. 시간은 충분하니까."

위양은 역시나 느릿느릿 설렁설렁 시험지를 볼 뿐 다른 아이들처럼 분초를 다투면서 문제를 풀지 않았다. 그를 환기시킨 후에 나는 곧 떠났다. 감독 선생님이 아이들을 너무 많이 간섭해선 안 되기 때문이다. 시험에 열심히 임하지 않는다고 해도 그건 그의 자유다. 하지만 위양은 내게 꽤 깊은 인상을 남겼다. 그의 시험 보는 모습과 높은 입학 성적 때문이었다. 둘 사이의 간극이 너무나도 컸다.

겨울방학이 얼마 남지 않았을 즈음 나는 우연히 위양의 담임선생님을 만나 가볍게 물었다.

"선생님 반에 위양 있잖아요. 시험은 잘 봤나요?"

"선생님이 우리 반 보물덩어리를 어떻게 아세요? 정말 이 아이의 명성이 자자한가 보네요!"

담임선생님은 의아해하며 말했다.

내가 시험장에서 본 상황에 대해 간단하게 이야기하자 담임선생님은 이렇게 말했다.

"그러니까요! 시험을 그렇게 보는데 잘 볼 수 있었겠어요? 입학 성적은 10등이었는데 지금은 200 몇 등까지 떨어졌어요. 이제 겨우 한 학기지났는데 벌써 이렇게 곤두박질쳤으니 정말 어떻게 해야 할지 모르겠어요."

담임선생님은 위양의 상황을 설명해주었다. 아이가 머리는 좋지만 착실하지 않다고 했다. 막 입학했을 때는 반에서 1등이었고 적극적이어서 임시 반장을 맡기도 했다. 하지만 그의 일 처리 방식은 독단적이어서 개학한 지 1개월 뒤 다시 학급 임원을 뽑을 때는 선거에서 떨어졌다. 그는 이로 인해 충격을 받고 한동안 기분이 가라앉은 상태로 지냈다. 부모님이 담임선생님을 찾아와 아이를 대신해 상황을 설명했는데 위양이 초등학생 때부터 줄곧 학급 임원, 반장, 학생회 임원 등을 지내서 일 처리 능력에는 문제가 없으니 선생님이 지지해주기 바란다고 했다. 난처해진 담임선생님은 결국 그를 과목 대표로 선출했다.

마지막에 담임선생님은 걱정스러운 말투로 말했다.

"선생님께서 오늘 보신 상황과 비슷한 일이 이전에도 있었어요. 위양과 여러 번 이야기를 나눠봤지만 별 효과가 없었어요. 이번 연합시험 성적도 이렇게 나쁜데 다음 학기엔 또 어떻게 할지 모르겠어요. 어쩌면 위양에게 심리지도가 필요할 수도 있을 것 같아요."

"네. 필요하시면 시간을 잡아보세요."

나는 담임선생님에게 대답하면서 위양이 오늘 시험장에서 보인 모습을 다시 떠올렸다. 이 아이에게 대체 무슨 문제가 있는 걸까?

수수께끼 같은 만능 고수

위양의 반 심리성장수업은 동료 교사가 진행하고 있어서 나는 청강을 하러 갔다. '개학 후 적응'이라는 주제를 가지고 수업이 이뤄지고 있었다. 각자의 방학생활, 개학 후 느낌, 새로운 학기의 계획에 관해 이야기를 나누는 수업이었다. 위양의 조는 나와 가까운 곳에 있어서 편하게 그를 관찰할 수 있었다.

그는 친구들과 비교적 멀리 떨어져 앉아 고개를 살짝 들어 계속 창밖만 바라봤다. 정신이 딴 데 가 있고 활동에 참여하기 귀찮아하는 것처럼 보였지만 곁눈질로 계속 친구들을 훑어보고 있었다. 사실 그는 친구들이 무슨 말을 하는지 주시하고 있었다. 방학생활은 거의 비슷비슷했고 모두 매우 바쁘게 보냈다. 주된 활동은 학원에 다니고, 숙제를 하고, 친척들이나 친구들을 만나고, 짧은 여행을 다녀오는 것 등이었다.

위양이 말할 차례가 되었다. 그는 여전히 냉담한 모습으로 말을 끌며 말했다.

"나도 별거 없어. 그냥 해외여행 한 바퀴 다녀온 게 다야. 숙제나 학원 같은 지루한 일은 안 했어."

말이 끝나자 조원들 사이에 적막이 흘렀다. 아이들의 표정은 제각각이었으며, 서로 주고받는 시선 속에 경멸과 무시를 엿볼 수 있었다. 위양은 고개를 한쪽으로 돌린 채 아이들의 반응조차 살피지 않았고, 나중에는 조장이 분위기를 수습해 다시 활동을 이어나갔다. 여기까지 보니 위양이 반에서 친구들과의 관계가 얼마나 엉망인지 쉽게 짐작할 수 있었다. 그 자신은 어떤 느낌을 받았는지 알 수 없지만, 이렇게 해나가면 절대 좋은 결과가 나올 리 없다. 하지만 그는 자기중심적 사고가 강하고 외부세계에 대한 저항이 높아서 내가 먼저 개입하는 것은 적절하지 않다는 생각이 들어 일단 더 지켜보기로 했다.

날이 풀리고 봄이 되었다. 1년에 한 번씩 열리는 체육문화예술제와 동아리축제가 다가오고 있었다. 아이들은 수업을 따라가느라 바쁘면서도 다양한 학교 행사에 신나게 참여하면서 젊음과 봄을 만끽하고 있었다. 여러 체육활동이 오전에 진행되어서 운동장에는 경기에 참여하는 선수들과 관람하는 선생님과 학생들로 꽉 차 있었다. 여기저기서 터져 나오는 함성과 응원소리, 아직 앳된 목소리들이 내는 청량한 목소리가 학교 밖 행인들의 발걸음을 붙잡았다.

농구가 가장 인기가 많았다. 마침 상담실 창문이 운동장을 내려다보기 딱 좋은 위치라서 나는 상담 예약한 아이들을 기다리면서 종종 경기를 관람했다. 어느 날, 나는 경기장에서 우연히 위양을 발견했다. 큰 키에 날렵한 몸매, 숙련된 기교, 멋진 숏으로 자주 박수갈채를 이끌어냈다. 이 아이가 이렇게 농구를 잘하고 밝은 아이였다니!

예술제에는 체육뿐만 아니라 서예, 그림, 수공예, 지점토, 티셔츠 페인팅 등 다양한 활동들이 준비되어 있었다. 각종 작품 전시를 관람하면서 나는 위양의 이름을 한두 번 본 게 아니었다. 이 정도면 이 아이는 정말 만능이라고 할 수 있었다. 위양에 대한 정보가 많아질수록 수수께끼 같은 아이라는 생각이 들었다. 재주는 많지만 거칠고 고집이 세며 지나치게 자기 자신만 생각하는 아이. 하지만 그의 진짜 내면세계는 어떤 모습인지 알 수 없었다. 그가 무리와 어울리지 않고 오만한 이유가 너무 뛰어난 그의 능력 때문에 그렇게 보이는 것이길 바랄 뿐이었다.

만능 고수가 학교를 떠나다

봄이 끝나고 초여름의 어느 날 점심, 위양의 담임선생님이 다급하게 상담센터에 찾아와 말했다.

"위양의 문제가 갈수록 많아지고 있어요. 도저히 어떻게 해야 할지 몰라서 도움을 청하러 왔어요!"

숨을 헐떡이면서 땀을 뻘뻘 흘리며 뛰어온 모습을 보니 담임선생님도 정말 쉬운 일이 아니겠다는 생각이 들었다. 나는 그녀에게 물을 따라주며 숨을 고르게 했다.

"얼마 전에 위양이 여러 활동에 참여하는 걸 봤어요. 정말 다재다능한 아이더라고요. 근데 이게 무슨 일이에요?"

담임선생님은 길게 한숨을 내쉬며 말했다.

"위양은 분명 다재다능한 아이예요. 하지만 차라리 이렇게 다재다능하지 않은 편이 더 좋았을 거예요!"

그녀는 자세한 사정을 이야기하기 시작했다. 담임선생님의 말씀에 따르면, 지난 학기에 위양은 반 임원 선거에서 떨어진 이후로 기분도 다운되고 학습 태도도 안 좋아지고 성적이 크게 떨어졌다. 담임선생님과 부모님 모두 그가 자신감을 다시 갖게 도왔고, 방학 동안 부모님은 그를 위해 유럽에서 진행되는 겨울캠프를 등록해주었다.

개학 후 위양의 상태는 조금 나아졌다. 특히 예술제와 동아리축제에서 각종 활동에 적극적으로 참여했다. 그는 서예도 잘하고 그림도 잘 그리고 운동도 잘했다. 특히 농구를 잘해서 반에서 인기도 많았다. 그런데 문제가 생겼다. 학급회의 시간에 선생님이 학교 행사에서 적극적으로 노력해준 반 아이들 몇 명을 칭찬하고 상을 주면서 소감을 들었는데, 자기 차례가 된 위양이 상을 받은 것은 순전히 개인 능력의 결과라고 말했기 때문이다. 그 순간 담임선생님도 어찌해야 할지, 어떻게 반응해야 할지 모를 정도였다고 한다. 회의 분위기가 한순간에 냉랭해졌다.

　어쨌든 농구시합 조별 리그에서 위양의 반은 순조롭게 본선에 진출하였다. 그런데 갈수록 실력이 좋은 팀들을 만나게 되면서 위양은 경기장에서 마음이 조급해졌고 팀원들과의 호흡도 잘 맞지 않았다. 이에 대해 그는 계속해서 팀원들을 지적했다. 처음 경기에서 지고 난 뒤 위양과 팀원들 간에 충돌이 생겼다. 그는 농구의 신이 와도 두렵지 않지만 돼지처럼 뛰는 팀원들은 무섭다고 말하면서, 지금까지는 모두 자신이 잘해서 이긴 것이고 지금 진 것은 팀원들의 실력이 너무 형편없기 때문이라고 주장했다. 그러자 반 아이들 모두 기분이 상했고 앞으로 모든 경기에 그를 참여시키지 않기로 결정했다. 위양은 화를 내며 학교를 떠났고 다시 학교에 오려 하지 않았다. 부모님, 담임선생님, 선도부가 그와 여러 차례 소통을 해봤지만 소용없었다. 이렇게 일주일이 지나자 모두 어찌할 방법이 없어 심리지도 측면에서 방법을 찾을 수 있을지 고민하게 되었던 것이다.

　위양이 심리상담을 받게 하기 위해서는 머리를 좀 써야 했다. 나는 담임선생님에게 가정방문을 통해 위양을 만나게 했다. 그리고 그에게 어떤 도리에 대해 가르치려고 하지 말고 그저 그의 감정을 이해해주는 것이 핵심이라고 말했다. 어떤 이유에서든 친구들에게 받아들여지지 않는 것은 괴롭고 화가 나는 일이다. 체면도 상할 것이고 속도 분명 많이 상했을 것이다. 위양이 이전에 보여줬던 뛰어난 모습과 지금의 상황은 너무 차이가 커서 그의 고통은 더욱 깊을 것이었다. 감정 이입은 곤경에 빠진 사람에게 신선한 샘물 같아서 문제와 곤경에 대처하는 힘을 실어준다. 대화에 효과가 있다면 위양에게 상담실로 와줄 것을 건의해달라고 말했다.

닫혀버린 내면세계

이틀 뒤, 나는 위양을 만났다. 이전에 몇 번 그를 봤을 때와 비슷한 상태였다. 아무런 표정이 없고 눈빛은 차가웠으며 상대방을 똑바로 보지 않고 고개를 돌려 창밖만 바라봤다. 초여름의 눈부신 태양 때문에 그의 눈가 미세혈관과 아래 눈두덩이의 그림자까지 선명하게 보였다. 나는 이번에 꽤 힘든 상담이 될 것이라는 예감이 들었다.

"위양, 잠을 잘 못 잤니?"

그는 내가 이런 질문을 할지 몰랐다는 듯 빠르게 나를 한번 힐끗 보더니 잠시 망설이다가 말했다.

"그렇진 않아요. 그냥 잠을 적게 잤을 뿐이에요."

"요즘에 그런 거니 아니면 늘 그랬니?"

"항상 적게 자는 편이에요. 잠을 그렇게 많이 자서 뭐해요. 살아 있는 시간이 얼마 되지도 않는데 잠을 왜 더 자겠어요."

딱딱한 말투, 귀찮아하는 얼굴이었다. 아이는 공격적이고 예의를 차리지 않았다. 이야기를 나눌 줄 모르는 것이 아니라 이야기 나누는 것 자체가 그저 귀찮고 상대방의 말문을 막히게 해야 만족해하는 느낌이 었다. 나는 웃으며 말했다.

"일리 있는 생각이네. 아주 지혜로운 생각이야. 그럼 다른 사람들보다 적게 자고 남은 시간에 무엇을 하니?"

그의 눈이 자신도 모르게 나에게 향했고, 그 순간 당황스러움과 의구심이 담긴 표정을 보였다. 비로소 진짜 소년다운 모습을 보인 것이다. 하지만 진실한 모습은 순식간에 사라졌다. 위양은 빠르게 완전무장을 한 방어태세를 다시 갖췄고, 거꾸로 내게 질문을 했다.

"뭘 알고 싶으세요?"

아이는 역시 똑똑했다. 예리하게 상대방 말속에 숨은 뜻을 알아챈 것 이다.

"한동안 학교에 오지 않고 있다고 들었어. 잠도 그렇게 적게 자고, 나머지 그 많은 시간을 어떻게 쓰고 있니?"

위양은 고개를 들고 시선은 창밖을 향한 채 한 글자 한 글자 또박또박 대답했다.

"생각하는데요."

"너는 생각할 때 창밖을 보는 습관이 있구나?"

그는 조금 놀라며 고개를 돌려 빠르게 나를 한번 쳐다봤다가 곧 눈을 돌리고 물었다.

"왜 그렇게 생각하세요?"

"저번 학기 기말고사에 내가 감독으로 갔는데 네가 창밖을 보는 것을 좋아하는 것 같았어. 개학하고 심리지도 수업을 들을 때도 자주 창밖을 보고 있었고, 지금도 그렇고. 세 번째 봤으니까 그렇게 생각할 수 있지.”

나의 분석에 흠잡을 곳을 찾지 못한 듯 위양은 아무 말도 하지 않았다. 그렇게 잠시 멈춘 사이 바람이 살짝 불었고 꽃향기가 흘러들어오면서 분위기가 조금 누그러지는 것 같았다. 나는 작은 목소리로 위양에게 물었다.

“저번 학기 기말고사 때 컨디션이 좋지 않은 것 같았는데 그때 무슨 일이 있었니?”

“아, 컨디션이 좋고 말고 할 건 없었어요. 아무 일도 없었어요.”

“그럼 왜 열심히 문제를 풀지 않았어? 꼭 시험장에서 생각해야 했어?”

“저는 시험 보는 시간이 너무 길다고 생각해요. 그렇게 급하게 풀 필요는 없다고 생각해요.”

위양의 대답에 나는 조금 놀랐다. 고등학교 시험은 문제가 매우 많아 성적이 아무리 좋은 학생들도 서둘러야 하기 때문이다.

“시간을 너무 많이 준다고 생각한다는 거지?”

“네. 저는 초등학교 때부터 이랬어요. 다른 사람과 같은 시간을 써서 무언가를 하면 언제나 더 잘했거든요. 그래서 전 항상 시험이 시작하고 30분 뒤부터 문제를 풀기 시작해요.”

평온한 말투였지만 그는 자신만만했다.

“아 그렇구나!”

이런 이야기는 나도 처음 들어봤기 때문에 자연스레 감탄사가 나왔다. 나는 이렇게 물었다.

"그렇게 했을 때 시험 결과는 어땠니?"

"보통 항상 1등이죠."

"저번 기말고사도 그랬니?"

나는 답을 이미 알고 있었지만 일부러 물었다. 그는 잠시 멈칫하더니 대답했다.

"배우는 내용이 갈수록 쓸데없고 재미도 없어서 이제 등수에 별 관심이 없어요."

그는 말을 얼버무렸고, 얼굴에서도 이 상황을 귀찮아하는 것이 느껴졌다. 나는 질문의 방향을 바꿔 물었다.

"위양아, 이번 학기 개학하고 내가 너희 수업에 들어갔었는데, 네가 이번 방학 동안 숙제도 하지 않고 학원도 다니지 않았다고 들었어. 평소에도 그러니?"

그는 고개를 끄덕였다.

"그것도 쓸데없고 필요가 없다고 생각해서 그런 거니?"

위양은 모처럼 나를 쳐다보면서 눈썹을 찌푸리며 물었다.

"쓸데없는 거랑 필요 없는 거랑 차이가 있어요?"

나는 고개를 깊게 끄덕이며 말했다.

"너는 똑똑하니까 두 가지의 차이점을 금방 구분할 수 있겠지?"

그는 눈알을 굴리다가 확신에 찬 표정으로 약간 무시하는 듯한 말투로 말했다.

"하나는 태도고 하나는 능력일 뿐이잖아요."

나는 엄지를 치켜세우며 말했다.

"역시 최고!"

그의 얼굴색이 조금 밝아졌다. 칭찬 듣는 것을 정말 좋아하는 것 같았다. 하지만 나는 더이상 돌려 말하지 않기로 결심하고는 이렇게 말했다.

"고등학교 들어오기 전까지는 성적이 늘 좋았다가 고등학교 들어오고 나서 서서히 성적이 떨어진 것으로 아는데, 이런 변화는 태도의 차이니 아니면 능력의 문제니?"

이런 닫힌 질문을 통해 나는 그가 문제를 더 제대로 직면하게 만들어줬다.

"태도 때문이죠."

예상했던 대답이었다.

"저는 성적이 좋아지려면 일단 머리가 좋아야 한다고 생각해요. 시간을 쏟고 노력을 기울이는 건 바보들이나 쓰는 방법이죠."

"하지만 네가 바보들의 방법을 쓰지 않으니 성적이 떨어졌는데 어떻게 하지?"

위양은 역시나 대답을 회피했다.

"고등학생들은 성과와 이득만을 너무 따지고 성적에 목을 매요. 마치 공부를 잘하는 사람만이 중요한 사람인 것처럼요. 이런 애들은 저도 상대하고 싶지 않아요. 그들이 저를 중요하게 생각하든 말든 필요 없고요. 그래서 성적이 어떻든 상관없어요."

보아하니 회피하고 받아치는 것이 위양의 습관적인 방어기제인 것 같았다. 그는 자신에게 불리한 객관적인 사실과 확고하게 대치하고 있었다. 그의 내면세계로 들어가는 일은 매우 어려운 일이었고 경솔하게 밀고 들어갈 수도 없는 노릇이었다.

"위양, 집에 있은 지 며칠이 지났는데, 어떤 것들에 대해 생각했니? 이야기해줄 수 있니?"

위양은 굳어 있던 몸을 조금 풀고 깊게 한숨을 쉰 뒤 말했다.

"사실 그렇게 많은 생각을 하진 않았어요. 다 철학적인 문제들이었어요. 얘기할 만한 게 없어요."

말투는 여전히 덤덤하고 거리감이 느껴졌다.

"책 보는 건 좋아하니?"

"어렸을 때는 엄청 좋아했어요. 대부분 부모님이나 선생님이 시켜서 본 거였지만요. 지금은 별로 안 읽어요. 책도 쓸데가 없는 것 같아요. 대부분의 문제는 스스로 답을 찾아야 하잖아요."

나는 곧장 그의 이야기에 연관 지어 물었다.

"학교에 나가지 않는 문제에 대해서도 생각해본 것이 있니? 철학적인 문제는 아니지만 답이 있어야 하잖아?"

위양은 한숨을 쉬려다가 절반만 내쉬고 다시 숨을 거둬들였다. 아이는 자기 자신을 너무 꽁꽁 싸매고 있었다. 먼저 긍정해주고 다시 질문하는 방식이 위양에게 비교적 효과가 있는 것 같았다.

"왜 학교에 나오길 싫어하는 거니?"

"나가기 싫어하는 게 아니라 뭔가를 생각할 시간이 필요할 뿐이에요. 예를 들면 왜 학교에 가야 하는지, 학교에서 도대체 저한테 뭘 가르칠 수 있는지요."

"그런 질문들에 대해서 생각한 것은 최근부터니?"

"그건 아니에요. 진작 생각하기 시작했어요."

"그럼 예전에 아직 의혹이 있는 상태에서도 학교에 다니고 성적도 좋았는데 왜 이번에는 공부를 중단한 거니? 새로운 상황이라도 생긴 거야?"

이번에는 위양이 곧장 대답하지 못했다. 그는 계속 진짜 문제에 직면하지 않으려 했다. 그래서 질문을 통해 한 걸음씩 핵심으로 다가가야 했다.

"너는 친구들과의 갈등이 그 이유라고 생각하니?"

그는 자세를 바꿔 앉으며 주저함을 감추면서 여전히 화제를 돌리는 방식으로 정면 대답을 피했다.

"애들이 너무 유치해서 같이 지내는 게 별로 재미가 없어요. 다들 혼자서는 아무것도 못 하고, 다른 사람 흠이나 잡아낼 줄 알지……. 걔네들이랑 쓸데없는 얘기 하는 게 진짜 귀찮아요."

그의 말투는 냉담하면서도 평온했다. 감정 변화가 없는 것은 좋은 현상이 아니다. 위양은 자신의 문제를 직면하지 않으려 저항하고 있었다. 그의 내면세계로 들어가는 것이 정말 쉽지 않았다.

"그럼 너는 역시 친구들에게 화가 나서 학교에 안 오는 거지?"

"멍청한 사람들한테는 화내기도 귀찮아요. 귀찮아서 안 가는 거예요."

"너는 생각이 깊은 아이니까 친구들은 생각하지 못한 측면에 대해서 생각하게 된 것 같아. 예를 들면 학교에 가는 게 어떤 의미가 있는지 말이야. 이건 아주 핵심적인 질문이야. 하지만 의혹이 있다고 해서 꼭 멈춰야 할까? 확실하게 결론이 나기 전에 포기할 필요가 있을까?"

그는 역시 창밖을 바라봤다. 생각에 잠긴 것 같았다.

"나는 네가 친구들을 신경 쓰지 않는다는 말을 믿지만 많은 사람들이 네가 저번에 친구들과 충돌 때문에 화가 나서 학교에 나오지 않는 거라고 생각할 거야. 그건 확실히 유치한 행동이고 말이야. 네가 그들의 생각을 개의치 않는다고 해서 그들에게 이런 인상을 남길 필요가 있을까?"

"이러니저러니 하지만 결국 저한테 학교 나오라는 거네요."

나는 웃으며 시간을 한번 보고 말했다.

"나랑 이렇게 오래 이야기 나눠줘서 고마워. 오늘 너한테 오라고 한 건 확실히 네가 오랫동안 학교에 나오지 않았기 때문이야. 도대체 무슨 이유 때문인지, 널 도와줄 방법이 있을지 알고 싶었어. 내가 보니 너는 자기 의견이 분명한 아이고, 누가 너한테 뭘 하라고 한다고 그냥 하지 않을 거라는 걸 알아. 방금 두 가지 질문에 대해서 네가 진지하게 생각해보고 스스로 결정해보길 바랄게."

위양은 몸을 일으켰고 떠나기 전 고개를 숙이며 나를 바라봤다. 나름 예의 바르게 고개를 끄덕이며 말했다.

"그 질문들에 대해서 생각해볼게요."

그러고는 비틀거리며 상담실을 떠났다.

그의 마지막 말은 흔들리고 있다는 신호였다. 그가 다시 학교에 나오리란 걸 짐작할 수 있었다. 나는 길게 한숨을 내쉬었다. 이 아이의 내면 세계는 너무 폐쇄적이었고 이를 열 수 있는 틈을 찾지 못하면 비슷한 문제들은 계속 이어질 것이다.

뭐든 잘하는 아이

이틀 뒤 위양의 담임선생님이 전화를 걸어왔다.

"선생님 정말 대단하세요. 위양이 드디어 학교에 나왔어요!"

흥분을 가라앉히며 나는 이렇게 말했다.

"너무 낙관하지 마세요. 학교에 나온 게 문제가 해결되었다는 뜻은 아니니까요. 이 아이는 자아 인식과 인간관계 측면에서 모두 문제가 있어요. 심리지도로도 효과를 보기가 정말 힘들 거예요. 위양의 부모님을 만나보는 게 가장 좋아요. 구체적인 상황을 파악하고 아이가 이런 상태에 놓인 이유를 찾아야 해요. 그리고 이를 바꿀 힘이 있는 자원을 찾을 수 있을지 살펴볼 필요가 있어요."

다음 날, 위양의 부모님이 함께 찾아오셨다.

위양의 부모님은 지극히 평범한 중년이셨고, 외관적인 부분만 보면 위양이 부모의 좋은 점만 받았다고 느껴졌다. 부부는 모두 매우 공손했으며, 내가 위양을 설득해 다시 학교에 나오게 한 것에 대해 대단히 고마워했다. 나는 단도직입적으로 아이의 상태에 대한 우려를 표현했다. 비록 학교에는 나왔지만 근본적인 문제는 해결되지 않았다고 말했다. 떠들썩했던 웃음소리가 사라진 곳엔 문제 있는 자식을 둔 중년부부의 어쩔 줄 몰라 하는 표정만이 남았다. 특히 위양의 엄마는 눈에 눈물이 고였다. 비교적 침착해 보이는 위양의 아빠가 아들의 상황에 대해 설명하기 시작했다.

아빠는 위양이 4대 독자로 태어났으며, 너무 귀한 자식이라 이름을 짓는 데에만도 한참이 걸렸다고 했다. 아이는 총명했으며 모두에게 사랑

받았다. 세 살에 벌써 수많은 옛 시들을 외웠고 글자도 꽤 많이 깨우쳤
으며 심지어 영어단어까지 외웠기 때문에 가족들과 지인들 사이에서는
신동으로 통했다. 유치원을 다니기 시작하면서부터는 피아노를 배웠
고, 이후 서예, 그림, 노래 등을 배웠다. 뭐든 배우면 다 그럴싸하게 해냈
다. 학교에 다니기 시작하면서부터 위양은 선생님들의 사랑을 많이 받
았다. 성적도 좋았고, 운동회를 포함한 거의 모든 대회에서 순위권에 들
고 상을 받았다. 이런 위양을 자랑하고 싶어서 부모님은 집 서재를 전
시실로 바꿔 각종 상장과 트로피로 한쪽 벽을 꽉 채웠다. 사람들이 모
두 부러워하는, 진정 '뭐든 다 잘하는' 아이였던 것이다.

　위양의 부모는 아이의 과거를 생각하며 기쁨과 자부심이 가득한 표정
을 지어 보였다. 거의 다 들었을 때쯤 나는 아이가 어렸을 때 뭔가 부족
해 보이는 부분은 없었는지 물었다. 부부는 잠시 서로 눈을 맞추었다.
뭔가를 생각하는 듯했다. 그의 엄마는 아이가 정말 특별하고 우수해서
안 좋은 부분이 없는 것 같다고 말했고, 아빠가 집에서 항상 칭찬을 많
이 해주고 있다고 덧붙여 말했다. 그의 아빠는 양육에 있어 칭찬이 중
요하다고 생각해서 잘하는 것에 더 신경을 쓰고 사소한 잘못 정도는 가
볍게 얘기하고 넘어간다고 말했다.

　나는 그들에게 위양이 저질렀던 작은 잘못이 무엇이었는지 구체적으
로 이야기해달라고 말했다. 그러자 위양의 아빠는 아이가 성격이 좀 있
어서 가끔 집에서 멋대로 구는 경우가 있는데 이 역시 할머니, 할아버
지가 너무 예뻐한 탓이라고 말했다. 반찬이 입맛에 맞지 않으면 시끄럽
게 굴면서 자신이 먹고 싶은 걸 꼭 먹어야 하고, 갖고 싶은 책을 제때 사

오지 않으면 성질을 내고, 대회에 나갔다가 성적이 좋지 않으면 집에 와서 울고불고 난리를 피웠다. 부모는 이 모든 것이 성취욕의 표현일 뿐 단점이라고 할 정도는 아니라고 생각했다.

　여기까지 듣고 나니 나는 위양이 왜 지금의 상태로 자라났는지 대충 파악할 수 있었다. 절망적인 느낌이 들었지만 나는 빠르게 마음을 가다듬은 뒤 위양이 전방위적으로 앞서나가던 게 몇 학년까지였는지 물었다. 현실로 되돌아온 두 부부의 표정이 서서히 어두워지기 시작했다. 그러면서 중학교 때까지라고 말했다. 위양은 가장 좋은 중학교에 입학하여 처음에는 예전처럼 우수한 성과를 내었다고 한다. 반장도 맡았고 나중에는 학생회에도 들어가게 되었다. 위양은 키가 크고 신체 조건이 좋아서 농구팀에도 뽑혔다. 아이가 이것저것 다 잘하니 걱정할 것이 없었고 어떤 활동에 참여하고 싶다고 하면 집에서는 다 응원해줬다. 중1 1학기 말 학부모회의 때 선생님이 반 아이들을 칭찬하는 과정에서 가장 많이 언급된 아이가 위양이었는데 2학기 말에는 가장 우수한 학생 세 명 안에 들지 못했다. 당시 아이는 매우 화가 나서 집에 돌아왔으며 선생님이 불공평하고 뭔가 음모가 있다는 둥 소란을 피웠다. 다음 날 위양의 아빠가 급히 학교에 찾아가 어떻게 된 상황인지 물었고, 담임선생님은 세 명의 우수한 학생은 반 아이들과 선생님이 직접투표로 뽑은 것이라고 말했다. 담임선생님은 2학기에 위양이 학급 업무에 대해 반 임원들과 의견이 맞지 않았을 때, 대회에 참가하면서 인원 배치나 전략을 정하는 부분에서 의견이 맞지 않았을 때 등 사소한 일들로 반에서 친구들에게 화를 낸 적이 몇 번 있었기 때문일 것이라고 말했다. 나는 위양이 다른 사람의 의견을 잘 받아들이지 못하는 것은 아마 친구들이 자신보다 머리가 나쁘다고 생각하기 때문일 텐데, 우수한 학생으로 뽑히지 않은 것이 꼭 나쁜 일은 아니거니와 사춘기 아이들은 서서히 감정 조절에 대해 배워야 하므로 스스로를 다스리다 보면 좋은 방향으로 발전할 것이라고 말해주었다.

부모는 집에 돌아와 아이를 어르고 달래기 위해 많은 노력을 기울여야 했고, 그 일은 그렇게 넘어갔다. 그러나 그날 이후 위양이 하교 후에 집에 와서 신경질을 내는 횟수가 점점 늘어났고, 선생님도 자주 부모님을 불렀으며 아이의 감정 기복이 너무 크다고도 하셨다. 어쨌든 며칠 기분이 좋았다가 며칠은 기분이 안 좋은 패턴으로 오랜 시간이 지났고, 집안 분위기도 위양의 기분에 따라 바뀌었다. 부모는 늘 아이에게 중학교에서 가장 중요한 것은 공부임을 강조했고, 보아하니 아이도 이 말을 귀에 담은 것 같았다.

숙제나 복습을 하지 않을 때도 종종 있었지만 위양은 똑똑한 머리 덕에 성적이 줄곧 좋았다. 중3 때는 담임선생님이 성적을 매우 중시하는 사람이었고 졸업반이라 별다른 활동도 하지 않았기 때문에 위양은 늘 칭찬을 받고 기분도 확실히 많이 좋아졌다. 그리고 결국 매우 훌륭한 성적으로 중점 고등학교에 입학할 수 있었다. 그런데 그렇게 완벽한 아이가 생각지도 못하게 하루아침에 학교에 가기 싫다고 말했던 것이다.

나는 위양의 부모님에게 아이에 대한 교육방식을 바꿀 것을 건의했다. 위양이 원하는 대로만 맞춰줘서는 안 된다고 말했다. 그리고 학교에 나오지 않으려고 했을 당시 가장 두드러진 문제는 바로 친구와의 관계였고, 성적이 떨어진 것도 위양의 긴장된 인간관계를 비롯해 부정적인 감정상태와 밀접한 관련이 있다고 말했다. 가장 좋은 방법은 아이가 자신이 친구들과 지낼 때 처리하지 못하는 부분에 대해 분석하도록 하는 것이고, 가장 간단하고 효과적인 방법은 주어진 환경에 적응할 수 있도록 자신을 조절하는 것이다. 또한 고등학교 공부는 매우 어렵기 때문에 아무리 똑똑하다 해도 예전과 같은 방식으로는 학업에서 좋은 성과를 낼 수 없으므로 공부 방법이나 태도에서도 조절이 필요하다고 말했다. 덧붙여 만약 아이가 도움을 받는 것을 원한다면 언제든지 심리상담을 진행할 수 있다고 말했다.

그날 이후 위양은 다시 나를 찾아오지 않았다. 그의 성적은 계속 떨어졌으며 반이나 학교 활동에도 더이상 참여하지 않았고 학교에 나오지 않는 빈도와 시간이 모두 길어지고 있었다. 학업을 중도 포기할 가능성이 있어 특별한 관심이 필요한 아이가 되어 있었다. 나와 위양의 부모는 몇 번 더 만남을 가졌다. 위양은 주로 아빠가 관리하고 있었고, 엄마는 이렇다 할 위치도 역할도 없었다. 그 때문인지 위양의 자기중심적인 사고방식은 상당 부분 아빠를 매우 닮아 있었고, 원인을 외부에서 찾는 것에 익숙해서 다른 사람의 건의를 잘 받아들이지 않았다. 위양의 아빠는 여전히 학교의 관리나 위양의 반에 문제가 있다고 생각했는지 반을 바꾸는 것을 건의했다. 하지만 교칙상 반을 바꾸는 것이 허용되지 않는데다가 아이들이 모두 같은 학년이기 때문에 그에 대한 이야기가 금방 전해질 게 뻔했다. 확실히 반을 바꾸는 것은 현명한 선택이 아니었다.

고2로 올라갈 즈음, 위양이 국제학교로 전학을 갔다는 소식을 들었다.

나중에 그 학교에서 일하는 심리지도 선생님을 통해 듣기로는 위양이 새로운 학교에서도 적응하지 못해 정신과 상담도 받았지만 효과가 뚜렷하게 나타나지 않았다고 했다. 고3 때는 한동안 휴학을 하기도 했으며 결국 남부에 있는 사립대학에 갈 수밖에 없었다고 했다.

사춘기 심리 코칭

드물지만 심리지도의 효과가 나타나지 않았던 경우로, 이 일은 수년 동안 내 머릿속에서 떠나지 않았다. 시험장에서 창밖을 바라보던 그 소년이 자주 생각났다. 총명한 머리를 가지고 태어난 아이가 성장 과정 중에 생긴 문제를 해결하지 않았고, 그 뒤로도 어떻게 생활하고 있는지 모르겠다.

과도한 보호는 진정한 사랑이 아니라 사실 상해이다. 무분별하고 일률적인 칭찬은 과도하게 비료를 제공하는 것과 같다. 성장에 도움이 되지 않을 뿐만 아니라 오히려 깊은 상해를 입힌다.

많은 부모나 교육자들이 가정교육의 이념들을 표면적으로만 이해할 뿐 그 속의 이치를 잘 알지 못한다. 그럴 바에는 그 교육이념을 따르지 않고 순리에 맡기는 편이 낫다. 예를 들어 칭찬 교육의 본질은 아이가 완전한 생명체로서 가지고 있는 모든 특징을 존중하는 것으로, 적절한 정도에 한해 똑똑하든 아니든, 능력이 있든 없든, 성격이 어떻든 좋고 나쁨에 차이를 두지 않고 존중하는 것이다. 적절하지 않은 생각이나 행동에는 비판과 교정이 필요하고, 사람이 아닌 그 생각이나 행동에 대해 이루어져야 한다.

아이가 하나뿐이기 때문에 예뻐하지 않을 수 없고, 경제적 조건만 된다면 아이가 서운한 것이 없도록 해주고 싶은 것은 모두 정상적인 생각이다. 하지만 인성교육을 절대 소홀히 해서는 안 된다. 그러나 위양의 가족처럼 주객이 전도된 개념과 방식을 사용하는 경우가 비일비재하다. 공부를 잘하는 것이 가장 중요하고, 재능이 있는 것이 가장 큰 칭찬을 받을 부분으로 생각한다. 사람으로서 겸손하고 친절하며 자율적이고 자기반성을 할 줄 알며 선생님과 어른을 존중할 줄 알고 남을 인정하고 협력하며 상생하는 것 등의 인격 형성은 뒤로 방치한 채 말이다. 그러다가 조만간 쓴맛을 보게 될 것이다.

이런 말이 있다. "공부를 잘하지 못하는 것은 겁낼 일이 아니다. 공부만 잘하는 것이 진짜 겁낼 만한 일이다."

07

두 얼굴의 소녀

퀸카 가출 사건

쌀쌀한 겨울날, 가느다란 눈이 하늘 가득 내리고 이따금 처량하게 부는 북풍이 창살을 때리고 있었다. 정오의 햇빛에도 여전히 하늘은 약간 어두웠고, 나는 상담실 창 앞에 앉아 학교 정원에서 추위는 아랑곳하지 않고 서로를 쫓아다니며 노는 아이들을 구경하며 평화롭고 맑은 기분을 느끼고 있었다.

등 뒤에서 가벼운 발걸음 소리가 들려왔고, 분명 상담을 약속한 아이가 찾아온 것일 거라 생각하고 몸을 돌렸다. 최근 아이들과 선생님들 사이에서 자주 언급되는 바로 그 예쁜 아이, 신밍이었다.

신밍은 중간고사 성적이 우수해 이과 실습반에 들어갔는데 얼굴도 예쁘고 날씬하고 성격도 유쾌하고 시원시원하며 노래도 잘 부르고 춤도 잘 춰서 순조롭게 학생회 문체부에도 들어가게 되었다. 입학한 지 얼마 되지 않았는데도 꽤 인기가 있어서 금방 아이들에게 "공부의 신"이자 "퀸카"로 불렸다.

내 기억 속 그녀는 잘 웃고 인간관계도 매우 좋아 보였다. 예쁜 아이는 원래도 주위의 이목을 끌게 마련이지만, 그런 아이가 똑똑하고 활발하고 자연스럽고 친절하기는 쉽지 않다. 선생님들도 그녀를 매우 좋아했고 이렇게 완벽한 아이를 만나는 게 쉬운 일이 아니라며 감탄했다. 하지만 나중에 발생한 일로 인해 세상에 완벽한 사람이 존재하는 것이 그리 쉬운 일이 아니라는 것이 증명되었다.

신밍이 날 찾아온 이유는 얼마 전 그녀가 열흘이 넘게 가출했기 때문이었다. '퀸카의 가출'은 워낙 충격적인 소식이라 다양한 버전의 소문들이 학교에 파다했다.

처음에는 학교에서 신밍의 가출에 대해 알지 못했다. 부모가 담임선생님에게 병가를 신청했기 때문이다. 하지만 이후 계속 아이를 찾지 못해 결국 신고를 하게 되었고, 경찰들이 학교에 찾아와 조사까지 하게 되었다. 신밍이 학교에서 워낙 알려진 아이였기 때문에 이 소식은 아주 빠르게 퍼져 모두를 놀라게 했다.

경찰, 학교, 반 아이들, 친한 친구들을 포함한 다양한 방법을 동원한 끝에 가출한 지 열흘째 되던 날 드디어 그녀를 찾았고, 다행히 신밍은 다친 곳 없이 집으로 돌아올 수 있었다. 선생님과 학생 임원들은 이런 일이 일어난 데에는 분명 이유가 있으리라 생각해 함께 상의했고, 가장 먼저 해야 할 일은 그녀가 하루빨리 정상적인 학교생활을 회복하게 돕는 것이라는 판단을 내렸다.

신밍은 돌아온 뒤 지체하지 않고 다음 날 바로 등교했지만 예전과는 크게 다른 모습이었다. 그녀는 과묵해졌으며 친한 친구들이 말을 걸어도 아는 체하지 않았다. 아이들은 감히 무슨 말을 할 수가 없었다. 반 전체의 분위기도 예전보다 많이 엄숙해졌다.

담임선생님은 그녀가 대화를 피하는 것을 보고 간단하게 격려 몇 마디를 건넬 수밖에 없었다. 원래는 가출한 일이 사람들에게 모두 알려져 다시 학교로 돌아오면 어쩔 수 없이 불편하겠지만 적응하면 곧 괜찮으리라 생각했다. 하지만 며칠을 관찰했지만 과묵하고 자폐적인 상태가 여전히 아무 변화 없이 계속되자 담임선생님은 걱정되는 마음으로 심리상담센터를 찾아온 것이다.

신밍의 엄마는 아이가 처음 가출하고 이틀이 지났을 때까지 사실을 말하지 않고 병가를 신청한 것은 나중에 아이에게 나쁜 영향을 줄까 두렵기도 하고 아이가 곧 집에 돌아오리라 생각했기 때문이었다고 했다. 도저히 찾을 수 없게 될지는 몰랐다는 것이다. 예전에도 그녀가 자주 병가를 신청했기 때문에 담임선생님은 아이의 건강이 원래 그리 좋지 않다고 생각했지만, 사실이 아니었다고 말했다. 신밍이 이번에 가출을 한 이유는 부모와 갈등이 있어서 서로 매우 심하게 부딪쳤는데, 모녀가 서로 밀고 당기며 싸우는 것을 아빠가 분리시키려다가 신밍을 밀쳐 넘어뜨리게 되었기 때문이었다. 그러자 그녀는 크게 소란을 피우며 집을 나갔고, 부모도 머리끝까지 화가 나 집을 나서는 그녀를 말리지 않았다고 한다. 예전에도 이렇게 소란을 피운 적이 있었고 그때마다 화가 나서 집을 나갔지만 해가 지면 돌아왔기 때문이었다. 하지만 이렇게 정말 돌아오지 않을 줄은 생각지도 못했던 것이다.

예전에 신밍이 몇 번 집을 나갔을 때 모두 어떤 이유였는지, 이번에는 대체 어떤 이유로 싸웠는지, 아이와 부모 사이에 도대체 어떤 해결되지 않는 갈등이 있는지 신밍의 부모님은 담임선생님에게 자세히 이야기하지 않았다. 그들이 뭔가 숨기고 있다는 느낌이 확실히 들었다. 담임선생님은 신밍의 지속적인 침체한 상태가 공부에 안 좋은 영향을 줄까봐, 또다시 어떤 극단적인 행동을 보이고 그때가 되면 이미 손쓰기엔 늦을까봐 걱정돼서 내가 어떤 조언을 해주길 바랐다.

하지만 나는 사건의 전체 과정과 신밍의 가족 관계에 대한 진짜 상황을 파악하지 못해 아무런 조언도 해줄 수 없었다. 상식에 비추어 생각해보면 가장 아이를 걱정할 사람은 그녀의 부모일 텐데 이런 상황에서도 부모가 선생님과 적극적으로 소통하지 않는 것은 의구심을 품을 수밖에 없는 부분이었다.

담임선생님은 신밍 부모의 학력이 모두 높고 각각 회사에서 부서를 이끄는 사람들인데 대체 왜 문제를 숨기려 하는지 알 수 없다고 말했다. 밝고 낙관적이고 성실하고 교양 있고 사리도 밝은 아이가 어떻게 이렇게 극단적인 면을 가지고 있을 수 있었을까? 어떻게 부모와 그렇게까지 충동할 수 있었을까? 아이가 학교와 집에서의 모습이 다를수록 문제는 복잡해진다. 일의 과정을 분명하게 알고 문제의 원인을 찾아야만 아이를 도와줄 수 있으므로 나는 담임선생님에게 부모와의 면담을 요청했다.

모녀 사이의 불화

담임선생님과 이야기를 나눈 다음 날, 신밍의 엄마가 상담센터로 찾아왔다. 그녀는 아름다운 중년 여성으로 수수하고 단정한 옷차림이었고 평소 관리를 잘한 듯 실제 나이보다 훨씬 젊어 보였다. 그녀는 쭈뼛거리긴 했지만 고상한 분위기를 잃지 않았다. 다만 얼굴이 창백하고 매우 피곤해 보였다.

"오늘 기온이 꽤 낮네요."

나는 그녀에게 자리를 권하고 따뜻한 물을 따라주며 손을 녹이게 했다.

"그러네요. 바쁘신데 귀찮게 해드리는 것 같네요."

그녀는 의례적인 인사를 건넸다. 목소리는 나지막하고 부드러웠다.

"이제 보니 신밍이 어머님을 닮아 예쁘고 똑똑한가 봐요."

나는 자연스럽게 화제를 신밍에게 돌렸다.

그녀는 잠시 멍하게 있다가 정신을 차리고는 별다른 대답 없이 조용히 한숨을 내쉬었다. 그녀는 최대한 태연한 표정을 지으려 힘줘 미간을 피고 있었지만 오히려 초조함이 더욱 선명하게 드러났다.

"사춘기 아이들이 부모님과 충돌하는 건 정상적인 현상이에요. 다만 신밍의 경우처럼 격한 경우는 매우 드물죠. 부모님과 아이 사이에 그전부터 쌓였던 갈등이나 오해가 있나요?"

신밍의 엄마는 손안에서 물컵을 돌리며 뭔가를 생각하는 듯 눈을 물컵에 고정하고 있었다. 잠시 후, 그녀는 입을 꾹 다물더니 고개를 들었다. 무언가 이야기를 하고 싶어 하는 듯했다. 하지만 나와 몇 초간 눈을 마주치다가 다시금 시선을 피했다. 눈 속에 순간 눈물이 글썽였다. 감정을 숨기는 것이 어쩌면 그녀의 직업적 능력일지도 모르겠지만, 아이 문제 앞에서는 아무리 강한 부모도 어쩔 수 없어지고 연약해지는 법이다.

나는 그녀에게 휴지를 몇 장 건네고 가볍게 한숨을 쉬었다. 나 역시 엄마로서 남 일 같지 않은 마음이 들었다.

"아이를 키운다는 것은 정말 쉽지 않은 일이죠. 회사를 이끌고 수천 수백 명을 관리할 수 있다 한들 아이 한 명도 잘 키울 수 있을지 모를 일이죠. 아이가 이렇게 오랫동안 집을 나가 있는 동안 생길지도 모르는 수많은 위험한 상황을 생각하면 얼마나 애타고 초조해요. 저는 그냥 상상만 해도 무섭고 긴장돼서 죽을 것 같아요."

그 말이 그녀의 눈물 둑을 결국 무너뜨렸고, 한동안 눈물을 멈추지 못했다. 오랫동안 한 번도 마음껏 울어본 적이 없는 것 같았다. 그래서 이렇게 쏟아낸 것이 다행이라고도 생각했다.

그녀가 마음을 추스르고 나서 말했다.

"선생님께 모두 말하고 싶어요. 더이상 숨기지 않을래요. 이렇게 오랫동안 저는 저희 집안 상황과 아이의 문제를 숨기고 있었어요. 그게 아이를 보호하는 일이라고 생각했어요. 사실 저는 가정생활에서 제가 계속 실패해오고 있다는 사실을 직면하고 싶지 않았어요."

그녀는 자신이 작은 마을에서 태어났고, 학력이 그리 높지 않으며, 어려서부터 강한 사람이 되고 싶어 했고, 늘 패배를 인정하지 않으려는 경향이 있는 사람이었다고 말했다. 당시 대학교에 갈 수 없었던 것은 자신의 능력이 부족했다거나 열심히 공부하지 않았기 때문이 아니라 집에서 자신에게 고등학교에 진학할 기회를 주지 않았기 때문이며, 그래서 어쩔 수 없이 중등 전문학교(중졸 혹은 고졸 학력을 지닌 사람을 대상으로 2년간의 실무 교육을 행하는 곳-역주)에 들어갈 수밖에 없었다고 했다. 작은 마을 생활에 안주하기를 거부했던 그녀는 가족의 반대와 비아냥을 포함한 수많은 일들을 겪어야 했지만 이후 많은 고생 끝에 마침내 대도시에서 자리를 잡을 수 있었다.

결혼도 잘한 편이었다. 신밍의 아빠는 박사 출신이었고, 할머니와 할아버지는 모두 엔지니어 출신이었다. 그래서인지 그녀는 언제나 열등감을 느꼈고, 할머니, 할아버지는 손자를 원했는데 여자아이인 신밍이 태어났기 때문에 딸이 태어난 뒤로 늘 초조했다. 이 아이를 잘 키우지 못하면 시부모가 더 불만스러워할까 두려웠다.

이런 마음을 가진 탓에 딸에 대한 엄마의 교육은 '가혹'이라는 두 글자로 요약할 수 있었다. 공부를 잘해야 하는 것은 물론 다재다능해야 하고 특히 연약함을 보여서는 안 됐기 때문에 아이가 어렸을 때 울었다고 매 맞는 경우가 많았다. 엄마는 사실 딸을 아들처럼 생각하며 키우고 있었다. 그녀 역시 자신이 계속 아들을 바라왔고, 딸이 강하고 독립적으로 성장해 엄마가 의지할 수 있는 사람이 되어주길 원했다.

딸은 엄격한 교육을 받으며 자라나 어렸을 때는 매우 순종적이었고 뭘 배우든 매우 우수했으며 유치원 때부터 줄곧 또래 중 뛰어난 아이였다. 신밍은 어렸을 때 엄마를 매우 무서워했다. 어린아이가 엄마에게 의존하는 것은 본능이라 어린 시절 신밍은 크게 반항한 적이 없었다. 하지만 아이가 크면서 두 사람은 점점 더 멀어졌다.

신밍은 중학교에 들어가면서부터 반항을 하기 시작했다. 자주 엄마와 충돌을 일으켰고, 엄마는 화가 나면 아이에게 손을 댔다. 아빠는 원래 딸의 교육에 그리 개입하지 않았지만 모녀의 분쟁이 끊이질 않으니 함께 말려들 수밖에 없었고, 짜증으로 인해 부부 사이에도 분쟁이 일어났다. 딸의 반항은 점점 더 격렬해졌고, 시도 때도 없이 작은 야수처럼 굴어 엄마를 놀라게 했다. 하지만 엄마의 마음속에는 여전히 절대 아이를 그냥 내버려둬서는 안 된다는 생각이 굳게 자리 잡고 있었다. 이렇게 좋은 가정환경과 공부하고 싶은 만큼 공부할 수 있는 환경을 왜 소중하게 여기지 않는지 답답할 뿐이었다.

하지만 딸은 엄마의 생각을 전혀 이해하지 못했고 종종 자식을 통해 자신의 사욕을 채우려 한다며 비난했다. 다행히 딸은 열심히 공부하는 것만은 멈추지 않았다. 그러나 학교에선 좋은 모습을 유지하다가 집에만 오면 갈수록 거칠고 쉽게 화를 냈다. 딸의 이미지에 영향을 줄까 싶어 엄마는 한 번도 담임선생님이나 친척, 친구들에게 집에서의 진짜 모습에 대해 이야기하지 않았다. 더욱이 누구에게 도움을 청할 생각을 해보지도 못했다. 사춘기가 지나고 철이 들면 괜찮을 거라 생각했다. 하지만 생각 외로 상황은 갈수록 심각해지고 있었다.

그녀의 분노와 침울함

이번 가출 사건의 발단은 엄마가 신밍의 큐큐를 봤기 때문이었다. 아이디와 프로필 사진상 남자아이로 보이는 사람과 신밍이 자주 연락하는 것을 알게 된 엄마는 그녀가 연애를 하는 것이 아닌지 걱정이 들어 그녀에게 주의를 주었다. 하지만 이제 막 입을 떼자마자 아이는 완전히 이성을 잃어 책이며 물건들을 바닥에 던져버렸다. 심지어 방 입구에 서 있던 엄마의 머리에도 맞게 되었는데, 더 심각한 점은 그녀가 욕설까지 했다는 점이다.

엄마는 화가 나서 그녀에게 달려들어 때렸고 결국 신밍과 엄마는 서로 엉겨 붙어 싸우기 시작했다. 이미 엄마보다 키가 큰 신밍은 온 힘을 다해 엄마를 밀쳤고 아빠가 급히 달려와 두 사람을 떼어놓으려다 너무 힘을 세게 준 나머지 신밍을 바닥으로 밀쳐 넘어지게 했다. 여기서부터 큰일이 난 것이다. 그녀는 처음에는 바닥에 엎드려 대성통곡을 하면서 아무리 잡아끌어도 일어나지 않았다. 엄마, 아빠는 그녀를 아예 무시했다. 서서히 울음을 멈춘 신밍은 일어나 물건을 챙기더니 재빨리 책가방을 메고 나가버렸다.

그날 오후에 학원 스케줄이 있어서 아빠는 집을 나서는 그녀에게 학원에 가냐고 물었지만 그녀는 다시는 돌아오지 않겠다는 말만 남긴 채 나가버렸다. 예전에도 신밍은 부모님과 싸우면 집을 뛰쳐나가며 가출한다 말했었지만 금방 돌아왔고, 엄마도 아직 화가 난 상태였으며, 아빠 역시 화가 난 상태라 그런 그녀를 신경 쓰지 않았다. 하지만 늦은 시간이 되어도 아이가 돌아오지 않고 핸드폰도 꺼져 있자 부부는 갈수록 마음이 조급해져 그녀를 찾기 시작했다.

사흘을 찾아 헤매도 여전히 아무 소식이 없자 신밍의 부모는 마음이 급해져 이것저것 더이상 신경 쓸 겨를이 없었다. 부부는 어쩔 수 없이 경찰에 신고하고 학교와 아이의 친구, 반 아이들에게 도움을 요청했다. 결국 딸의 중학교 동창의 아빠가 우연히 집에서 몇십 킬로미터 떨어진 다른 지역에서 신밍을 목격했다. 그녀는 예술대학 미술입시학원에 예비 수강생으로 등록해 그곳에서 공부하는 아이들과 함께 살고 있었다. 신밍은 어려서부터 그림을 배웠고, 독립적이고 자주적인 아이로 보였으며, 학원에서도 평온하고 유쾌한 모습을 보였기에 학원 선생님과 친구들의 의심을 전혀 사지 않았다.

이 일이 일어나고 엄마는 남편과 시부모에게 크게 질책을 받았는데 공포심과 초조함에 반박하는 것도 잊은 채 끊임없이 자신은 어떻게 돼도 좋으니 아이에게 아무 일도 일어나지 않기를 기도할 뿐이었다. 그리고 마음속으로 맹세하기를 아이가 안전하게 돌아올 수만 있다면 앞으로 절대 다시는 아이를 간섭하지 않고 하고 싶은 것은 모두 하게 해주겠노라 맹세했다.

놀라긴 했지만 다행히 아무 일도 일어나지 않았다. 그러나 엄마의 마음속 그늘은 거둬지지 않았다. 아이가 나가 있는 며칠 동안만이 아니라 아이를 찾고 나서도 거의 잠이 들지 못했고, 늦은 밤 자주 딸의 방문 앞에 우두커니 앉아 있고는 했다. 잠시 한눈파는 사이에 딸이 없어질까 두려웠다. 매일 일을 마치면 재빨리 집에 돌아와 아이의 의식주를 챙기고 더이상 아무 말도 하지 않았다. 신밍은 집에 돌아온 뒤 밥 먹고 잠자고 숙제하고 학교 가고 모든 것이 예전과 같았지만 절대 말을 하지는 않았다. 엄마는 아이가 무슨 생각을 하고 있는지 감히 물어볼 수 없었다. 집은 겉보기에는 평소와 같았지만 실상은 매우 불안한 상태였다.

신밍 엄마의 설명을 듣고 있자니 머릿속에서 끊임없이 그 아이가 두 가지 모습으로 번갈아가며 바뀌는 모습이 스쳐 지나갔다. 억압받은 어린 시절과 분노의 사춘기. 똑똑하고 예민한 그녀의 마음은 대체 어떻게 그녀를 '천사'와 '악마' 사이를 자유롭게 오갈 수 있게 만든 것일까?

엄마의 교육방식은 가혹하고 융통성이 없었다. 아빠는 그녀의 성장 과정을 냉정하게 방관했다. 열여섯 살 아이의 언행과 정서 상태가 이토록 일치하지 않는 경우는 흔하지 않다. 아주 오랫동안 신밍은 학교와 집에서 '두 얼굴'이었다가 가출한 뒤 돌아와서는 한 가지 모습이 되었지만 철저한 침묵에 빠졌다. 나는 반드시 아이를 만나 이야기를 나누고 그녀의 마음속 생각을 알아야 했다.

한 시간 넘게 이야기를 나눈 뒤 마지막에 나는 이렇게 말했다.

"지나치게 조심스러워하실 필요는 없어요. 최대한 자연스러운 모습으로 돌아가세요. 아이가 말을 하지 않으면 가족들이 적당히 말을 걸어주세요. 대답이 없더라도요. 지금 아이의 상태는 확실히 걱정되는 부분이 있지만 그렇다고 너무 조급해할 필요는 없어요. 제가 기회를 봐서 아이와 만나보고 아이의 생각을 이해한 뒤에 어떻게 해야 할지 다시 이야기 나누시죠."

신밍의 엄마는 고개를 끄덕이며 한숨을 내쉬었고 몸을 일으켜 집으로 돌아갔다.

두 얼굴은 왜, 어떻게 만들어졌을까?

그녀의 엄마를 만나고 얼마 지나지 않아 마침 신밍의 반에서 심리성장수업이 있었다. 나는 수업 중에는 그녀에게 특별한 관심을 드러내지 않았다. 그저 그녀가 나를 자주 바라본다는 것을 느껴질 때 미소로 반응해주었다. 수업을 마친 뒤 그녀는 뒤에 남아 물품 정리를 도왔고, 나가기 전에는 내게 개별 면담을 잡을 수 있는지 물었다. 나는 내심 기뻤다. 이로써 그녀와 긴 대화를 나눌 수 있었다.

아이의 얼굴을 자세히 살펴보니 약간 창백해 보였다. 그래서인지 눈동자가 더욱 크고 검게 빛나 보였다. 갑자기 그녀가 눈을 깜빡이며 나를 똑바로 바라보았다. 평온한 얼굴이었다.

"신밍, 너 좀 마른 것 같아."

그녀는 입가에 미소를 띠며 물었다.

"마르면 더 좋지 않나요?"

그녀의 침착하고 여유로운 얼굴을 보고 있자니 마음이 아팠다. 혈육에게 오래도록 고통을 주고 저항하다가 뜻밖에도 단호하게 관계를 끊어버리고 이렇게 아무런 티도 안 내다니……, 아이가 어떻게 그럴 수 있었을까?

"신밍, 나와 어떤 문제에 대해 이야기하고 싶니?"

그녀는 조금 이상하다는 듯 물었다.

"제 일에 대해 설마 모르세요? 저랑 이야기하고 싶지 않으세요?"

"응, 조금 알고 있어. 네가 가출했다가 다시 돌아와 학교에 나오고 있는 거."

나는 대략적으로 답했다.

그녀는 의심하는 듯한 얼굴로 말했다.

"담임선생님이 말씀하지 않으셨나요? 저희 엄마도 다녀가지 않았나요?"

나는 고개를 끄덕이며 말했다.

"그래, 맞아. 두 분과 만난 적이 있어. 하지만 오늘은 네가 나에게 면담을 요청한 거잖아. 나는 네가 나와 무슨 이야기를 하고 싶은지 알고 싶을 뿐이야. 다른 분과 만난 적이 있는지, 다른 사람이 어떻게 말했는지와는 아무 상관이 없단다."

나는 웃으며 차분한 말투로 말했다.

그녀는 처음에는 잠시 멍해 있다가 뭔가를 생각하는 듯 시선을 창밖으로 돌렸다. 손가락은 무의식적으로 외투 소매에 올라온 보풀을 잡아당기고 있었다. 학교 정원은 조용했고, 눈 내린 나뭇가지가 바람에 흔들리는 모습이 보였다.

"저는 이런 날씨가 좋아요. 회색빛이 가득하고 찬 공기가 정신을 맑게 해주죠. 저는 학교 정원의 느낌이 좋아요. 매번 나갔다가 다시 돌아올 수 있었던 건 사실 학교를 떠나기가 아쉬워서예요. 좀 이상하게 들릴 거예요. 다른 사람은 아마 모두 안 믿을 거고요."

신밍은 혼잣말을 하듯 조용히 말했다.

"오? 들어보니 여러 번 가출한 적이 있었구나?"

"엄밀하게 말하면 이번만 진짜 가출인 셈이죠. 예전 몇 번은 모두 중학교 때였고, 정말 떠나버리고 싶었지만 그래도 좀 무섭고 어디로 갈 수 있을지 몰라서 날이 저물면 집으로 돌아갈 수밖에 없었어요."

"왜 계속 집을 떠나고 싶어 했니?"

"집이 너무 답답하고 숨을 쉴 수 없어서요. 화가 나서 나갔다기보다는 질식할 것 같은 느낌이 싫어서 도망간 거예요."

"그렇구나. 네가 말한 '질식할 것 같은 느낌'이 어디에서 온 것인지 나한테 구체적으로 말해줄 수 있겠니?"

신밍은 자신의 성장 과정에 대해 이야기하기 시작했다. '공부의 신'은 역시 그냥 된 것이 아니었다. 그녀는 생각이 분명했고 언어 전달 능력도 훌륭했다. 다만 말하는 톤이 평이하고 직설적이고 별다른 감정이 느껴지지 않아서 마치 다른 사람 이야기를 하는 듯한 느낌을 받았다.

그녀는 자신이 기억할 수 있는 나이 때부터 엄마가 웃는 모습을 본 적이 별로 없다고 했다. 엄마는 항상 눈썹을 약간 찌푸리며 이건 안 되고 저건 안 좋다는 이야기를 늘어놓았다. 목소리가 크지는 않아서 혼내는 느낌은 아니었지만 냉랭한 느낌이었다. 오직 자신이 높은 등수에 들거나 상을 받거나 해야 비로소 엄마 입가에 순간 잡히는 웃음 주름살을 볼 수 있었다. 비록 인정을 받거나 칭찬을 듣지는 못했지만 그 잠깐의 미소를 위해 신밍은 늘 엄마 말을 따랐고 무엇을 배우든 최선을 다했다.

신밍은 엄마가 웃을 때 아주 예쁘지만 엄마는 남들에게만 웃어주었다고 말했다. 이웃이나 동료를 만나서 인사할 때도 엄마가 웃는 모습을 볼 수 있었다. 엄마는 자신과 아빠, 할머니, 할아버지를 포함한 가족들에게만 웃음이 인색한 것 같았다.

신밍은 부모의 사이가 별로 좋지 않다고 느꼈다. 늘 서로 바빴다. 아빠는 엔지니어 총책임자로서 집에 있는 시간이 매우 적었고, 신밍의 생활이나 공부에 대해 물어본 적이 거의 없었다. 엄마는 말단 사원에서부터

한 단계씩 올라가 부서 책임자가 됐다. 구체적으로 어떤 일을 하는지는 잘 모르지만 분명 높은 위치에 있는 사람일 것이다. 어렸을 때 부모님이 모두 바쁘셨기 때문에 할머니, 할아버지가 자주 신밍을 돌봐주셨는데 그들도 모두 배우신 분들이라 한가하게 있는 시간이 없었고, 학교에 가고 각종 학원에 다니는 시간을 제외하면 신밍은 거의 혼자였다. 설날을 제외하면 온 가족이 모여 밥을 먹는 일이 거의 없었고, 함께 이야기를 나누는 일은 더욱 없었다. 엄마가 할머니, 할아버지 집으로 신밍을 데리러 올 때도 집 안으로 들어오는 경우가 거의 없었고, 가족 간의 정도 없어 보였다.

신밍은 나이가 들면서 엄마가 사실은 항상 열등감을 느끼고 있음을 알게 되었다. 본인이 직장에서 얻은 성과도 적지 않지만, 할머니와 할아버지, 심지어 아빠 앞에서는 늘 용기가 부족해 보였고, 말하는 주제도 모두 신밍이 뭘 배웠는지, 무슨 상을 탔는지 뿐이었다. 하지만 매번 엄마가 이런 이야기를 할 때면 아빠와 할머니, 할아버지는 신경도 쓰지 않았고 심지어는 말을 받아주지도 않았다.

할아버지와 할머니는 늘 아빠와 함께 이야기를 나누며 신밍 모녀에게 선을 그었다. 모녀는 아빠와 할머니, 할아버지에게서 단절되었고, 엄마는 다시 딸을 자신에게서 단절시켰다. 아빠는 너무 바빴고, 할머니와 할아버지는 손녀를 그렇게 좋아하지 않았다. 이 가정은 분리되고 파편화된 것이다.

대략 초등학교 5학년 때부터 신밍은 엄마의 끊임없는 요구에 짜증이 나고 저항하기 시작했다. 좀 더 커서 서서히 가족들의 관계를 알고 나서는 엄마가 너무 불쌍하게 살고 있다고 생각했지만, 그런 사람에겐 분명 미움받는 이유가 있으리라는 생각이 들기도 했다. 왜냐하면 엄마는 절대 그렇게까지 비굴하게 굴 필요가 없었기 때문이다.

"본인이 열등감이 있으면 있는 거지, 왜 나를 자기 자존심의 원천으로 삼으며, 왜 내 인생을 좌우하려고 하는 거냐고요!"

이는 신밍이 가장 강한 말투로 내뱉은 말이었다.

원망이 쌓이면서 신밍은 점점 쉽게 화를 내게 되었고, 엄마와의 분쟁이 잦아졌다. 조금만 불만이 있어도 크게 화를 냈다. 때때로 엄마가 손찌검까지 했지만 그녀는 두렵지 않았고 맞는 것도 습관이 되었다. 다만 이번처럼 엄마와 서로 때리며 싸운 것은 처음이었다. 지금까지는 신밍이 심하게 해봤자 물건을 부수는 정도였다.

싸움이 나면 아빠는 계속 방관할 수만은 없었고, 최소한 엄마와 말이라도 몇 마디 더 섞게 되었다. 비록 좋은 이야기는 아니었지만.

두 얼굴이 드디어 하나가 되다

신밍의 이야기를 듣고 나서 나는 일어나 그녀의 머리를 쓰다듬은 뒤 따뜻한 물을 한 잔 따라주면서 그녀의 감정을 가라앉혔다. 다시 자리에 앉아 나는 이렇게 물었다.

"학교에서의 네 모습은 밝고 낙관적이고 자신감이 넘치는 것 같구나. 집에서의 모습과 차이가 매우 큰데 어떻게 그렇게 할 수 있었니?"

신밍은 물을 조금 마시더니 잠시 망설이다 말했다.

"사실 제가 엄마를 정말 싫어하긴 하지만 여러 가지 면에서 엄마를 많이 닮았어요. 예를 들면 둘 다 '두 얼굴'을 가진 거요."

"이것도 유전의 힘이겠지? 사실 두 얼굴 모두 진짜 모습이야."

나는 최대한 가벼운 말투로 분위기를 누그러뜨렸다.

신밍은 웃으면서 말했다.

"맞아요. 저는 항상 엄마를 거스르고 저도 모르게 엄마를 공격했지만 학업이 매우 중요하다는 것도 알고 있었고, 다른 사람들의 눈에 제가 완벽하고 우수한 사람이었으면 좋겠다고 생각했어요. 이 점은 여전히 변함없고요."

"그래서 학교에서나 활동에 참여할 때, 학원에 갈 때 최선을 다한 거구나."

"맞아요. 선생님."

"한 번도 친구나 반 아이들, 선생님에게 집안일에 대해 이야기한 적이 없지? 사람들이 너의 안 좋은 면을 보게 될까봐 걱정됐니?"

"네. 저는 친구들과 매우 사이좋게 지내지만 한 번도 누군가를 집에 초대한 적이 없어요. 그것도 일부러 그런 거예요."

"엄마도 널 위해 비밀을 지키고 계시고, 그렇지?"

"맞아요. 집에서 아무리 심하게 싸워도 엄마는 절대 다른 사람이 알게 하지 않을 거예요. 가출을 하든 학교에 가지 않든, 엄마는 반드시 먼저 나서서 저를 보호해주실 거예요. 그래서 이렇게 오랫동안 아무도 제 다른 모습을 몰랐던 거고요."

"하지만 이번에 가출을 하고 나서 계속 숨길 수 없게 되었네?"

"진실이 밝혀졌으니 더이상 뭔가를 숨길 필요가 없을 것 같아요."

이야기가 여기까지 흘러오자 신밍은 그제야 조금 걱정되고 고민스러운 감정을 드러냈다.

"학교로 돌아온 뒤 줄곧 친구들과 선생님과 소원하게 지내는 건 너의 완벽한 이미지가 깨져서 사람들이 널 예전처럼 생각하지 않을까봐 두려웠기 때문이니?"

"그런 이유도 있지만 더 중요한 건 제가 갑자기 너무 지치고 지루하고, 제가 뭘 원하는지, 어느 방향으로 나아가야 하는지, 살아 있는 의미는 대체 뭔지 모르겠다는 거예요."

"네가 가출했을 때 미술학원에 갔다며?"

나는 질문을 바꿨다. 그녀는 고개를 끄덕였고, 찌푸린 눈썹도 조금 펴졌다.

"미술학원에 있는 동안 저는 정말 편하게 지냈어요. 그림도 그리고, 밥 먹고, 잠자고, 주위 사람들도 서로 모르는 사이라 얘기를 많이 나눌 필요도 없고, 뭘 숨겨야 할 필요도 없고, 정말 편했어요."

"가출해서 미술학원에 간 건 진작부터 계획했던 일인 것 같은데."

"하하, 계획이랄 것도 없어요. 저는 항상 그림 그리는 걸 매우 좋아했고, 나중에 관련 학과를 전공해볼까 생각도 했었어요. 하지만 엄마도 계속 반대하고 아빠도 지지해주시지 않았어요. 예술대학 입시를 선택한 친구와 이야기를 나누다가 그곳에서 미술학원 선생님이 개설한 학원이 있다는 걸 알게 되었고, 그날 집에서 나왔을 때 그곳이 생각났고, 돈도 충분해서 바로 간 거예요. 그곳이 없었으면 정말 어디로 가야 할지 몰랐을 거예요."

"다시 학교로 돌아오니 기분이 어떠니?"

"사람들이 저에 대해 관심이 많다는 걸 알 수 있었어요. 그리고 매우 조심스러워요. 사실 그럴 필요는 전혀 없는데 말이죠. 제가 무슨 대단한 일을 저지를 것도 아니니까요. 삶이 의미가 있는지 의문스럽기는 하지만 그렇다고 정말 가서 죽을 것도 아니에요. 다만 설명하기는 귀찮은데 마음은 불편해요. 그렇게 심한 건 아닌데 그냥 불편해요. 그래서 선생님을 찾아오기로 한 거예요."

"집에서는?"

"엄마, 아빠는 놀라서 멍한 상태인 것 같아요. 특히 엄마는 저한테 아예 말도 못 붙이세요. 눈도 거의 마주본 적이 없어요. 사실 제가 정말 싸울 마음이 없다는 걸 모르세요. 그때 엄마랑 싸우고 대성통곡하고 집을 떠나서 힘이 다 빠졌어요."

"그래서 너의 '두 얼굴'을 유지할 힘도 없는 거니?"

"맞아요! 지금의 저는 드디어 하나가 되었어요. 어디에서나 똑같아요."

신밍은 눈썹을 찡그리며 웃었다.

"이렇게 어디에서나 일치하는 모습으로 지내는 데에 좋은 점 없니?"

그녀는 큰 눈을 굴리면서 미간을 찌푸리더니 천천히 고개를 끄덕이며 말했다.

"생각해보니 있는 것 같아요. 비교적 편하고, 뭔가에 묶인 그런 느낌이 없어요. 꽤 괜찮은 것 같아요."

이런 측면에서 출발해 나는 신밍이 다음 내용을 생각하도록 제안했다.

'무엇이 진짜 나일까?'

'우수한 사람이 되기 위해서 모든 것을 다 잘할 필요가 있을까?'

'동기가 무엇이든 수년간 이어져온 엄마의 엄한 교육의 결과 중에 좋은 것도 있지 않을까?'

'부모의 결혼생활에서 발견한 문제와 이를 통해 자신이 깨달은 것은?'

가장 핵심적인 질문은 '엄마의 두 얼굴의 근원이 무엇인지 생각해본 적이 있는가? 직장에서 좋은 성과를 내면서도 그토록 열등감을 가지고, 대체 왜 그렇게 딸이 뛰어난 사람이 되길 바랐을까?'였다.

한 사람이 끊임없이 성장하는 과정에서 먼저 가족을 이해하려 하는 것도 의무이자 책임이다. 이런 질문들은 단시간 내에 답을 얻을 수 있는 것들이 아니기 때문에 신밍에게 과제로 남겨주었다. 답을 찾으면 다시 만나 이야기를 나누기로 했다.

나는 신밍의 어머니와 소통하면서 최대한 자연스럽게 딸과 지낼 것을 건의했다. 예전처럼 질책하지도 완전히 방관하지도 않아야 했다. 아이에게는 풍부하고 민감한 내면세계가 존재하고 있고, 수년간의 엄한 교육으로 형성된 강력한 자기 구속력이 있었다. 그녀가 자유롭게 예술계 대학 전공을 선택할지를 포함한 공부 목표와 방법, 과정을 정할 수 있도록 해도 된다.

어렸을 때부터 굳어져 있던 모녀의 상호작용 방식을 바꾸는 것은 매우 어렵다. 아이와 지낼 때는 '서로 존중하고 거리를 유지해야 한다'는 점을 기본 원칙으로 삼아야 한다. 가족의 긍정과 지지가 심각하게 결여된 아이는 일찍부터 칭찬 듣는 것을 어색해한다. 그렇다면 먼저 불만

표현이나 질책을 멈추는 것이 연약한 영혼에게는 일종의 위로와 보호가 될 것이다.

부모와 자식 사이에 오랜 기간 축적된 감정 문제를 해결하는 데에는 긴 과정이 필요하다. 여기에 필요한 것은 철저한 변화와 지지이다.

사춘기 심리 코칭

한 사람에게 가정이 주는 영향력은 매우 크다

신밍의 엄마가 전형적인 케이스다. 어린 시절 가정환경으로 인해 드리워진 열등감의 그림자를 가진 채 지식인 가정에 들어가 그들보다 못한 자신을 스스로 부끄러워하게 되었다. 그래서 그녀는 딸의 우수함을 빌려 자신의 자신감을 뒷받침하고 싶었고, 남편과 시부모의 존중을 얻고자 했지만 그 이면에는 연약함과 무력감이 있었다. 마침 딸이 대단히 총명하고, 감정이 격렬하며 아직 어리고, 생활 경험이 부족해서 비판, 배척, 반항만 할 줄 알았기 때문에 결국 가정의 갈등이 갈수록 첨예해지게 되었다.

인정과 존중을 받는 방법은 진정한 나로서 사는 것이다

자신조차 자신을 자연스럽게 대하고 받아들이지 못하면 어떻게 다른 사람이 좋아해주고 긍정해주겠으며 더욱이 존중해줄 수 있을까.

신밍 모녀가 서로 매우 비슷하게 '두 얼굴'이 나타난 것은 모두 진정한 나로서 살지 않았기 때문이다. 최선을 다해 다른 사람의 인정을 받으려 했지만 받을 수 없었다. 먼저 자기 자신에게 인정을 받은 사람만이 다른 사람의 인정을 받을 수 있기 때문이다.

부모는 자식의 나침반이다. 행동으로 하는 교육이 말로 하는 교육보다 훨씬 더 중요하다. 출신이 어떻든 얼마나 교육을 받았든 어떤 직업을 가졌든 간에 자신과 외부세계를 자연스럽게 대할 수 있어야 한다.

부모의 성장은 아이의 건강을 위한 전제 조건이자 보장이다

신밍 엄마의 성장 과정은 순탄치 못했다. 그녀는 지혜롭고 강한 여성이며 아이의 가출 사건으로 많은 것을 깨달았다.

나는 단순히 아이의 심리지도 선생님으로서가 아니라 비슷한 연령대의 부모라는 같은 역할을 가진 사람으로서 그녀와 교류했다. 그래서 효과가 더 확실했다.

엄마의 성장력은 아이가 균형을 잃은 자신의 내면세계를 조정할 수 있게 해준다. 설사 친밀하고 화목한 모녀 관계를 얻진 못하더라도 아이의 건강한 성장이라는 목표는 실현할 수 있다.

08

공부 천재의 트라우마

방학은 또 다른 공부 시간

고등학교에서는 학생 대상의 여름캠프, 겨울캠프에 대부분 고3 학생들을 참가시킨다. 주최하는 학교가 유명한 대학일수록 말이다. 목적은 두 가지다. 하나는 유명 대학의 입학시험을 치를 우수한 학생들을 유치하기 위해서이고, 다른 하나는 학생들에게 명확한 대입 목표를 세우고 더 충분한 동력으로 입시를 준비하도록 돕기 위해서다.

명문대학의 이런 활동들은 성적이 매우 좋은 아이들만 학교에 의해 선발되어 참가할 수 있다. 그리고 매년 활동에 참가한 아이들이 학교로 돌아오면 자신이 느꼈던 바를 친구들과 공유하면서 또래의 시각으로 더 먼 미래를 바라보는 창구를 열어주었다. 청위가 바로 그런 학생들 중에서도 대표적인 아이였다. 언제나 전교 1등인 그를 친구들은 "공부 천재"라고 불렀다. 궁금해할 것도 없이 그는 그해 여름방학 학교에서 '엘리트 훈련 코스' 활동에 보내는 학생 명단 1번이었다

한여름의 뜨거운 태양이 아직 하늘에서 반짝일 때 아이들은 이미 학교로 돌아와 새로운 학년을 시작하고 있었다. 매년 이맘때 학교 심리상담센터의 정기적인 업무는 고1 학생들의 신입생 적응 지도와 고3 학생들의 대입시험과 관련한 심리적 대비를 주제로 하는 지도이다. 그래서 이런 지도들을 마치면 점심시간에 상담 예약을 하는 아이들이 상당히 늘어난다.

청위를 만났을 때가 바로 그해 고3 학생들에게 대입시험 대비 지도를 마치고 2주가 지난 시점이었다.

공부 천재의 심리적 충돌

그날, 상담 예약 목록에서 청위의 이름을 발견했을 때 나는 약간 놀랐다. 이 아이와 아는 사이는 아니었지만 이름이 매우 귀에 익었다. 교사회의에서 교장 선생님이 그의 이름을 여러 번 언급했기 때문이다. 그는 '대입시험에 수석 입학할 만한 선수'에 속했다. 대입시험 성적, 명문대에 입학하는 학생의 숫자는 학교 발전에 중요하기 때문에 성적이 좋은 아이들은 자연스럽게 관심을 받게 된다. 학업 과정은 길고 굴곡지고 변수가 많다. 성적이 좋은 아이일수록 심리적인 요소에 영향을 많이 받는다. 수년간의 업무 경험으로 미루어보아 청위처럼 성적이 좋은 아이들은 고3 중후반에 개별 지도가 필요한 경우가 많다. 하지만 당시는 개학

한 지 한 달도 되지 않은 시점이어서 나는 그에게 어떤 문제가 생겼을지 한줄기 의문을 품은 채 그와 약속한 점심시간을 기다렸다.

청위는 딱 제시간에 상담실로 들어섰다.

"선생님 안녕하세요. 저는 청위예요."

그는 먼저 인사를 건네며 살짝 허리를 굽혔다.

나는 한편으로는 그에게 자리를 안내하면서 한편으로는 열심히 전설의 '공부 천재'를 관찰했다. 170쯤 되는 키, 마른 몸매, 평범한 얼굴, 가장 눈길을 끄는 것은 큰 안경 너머 검게 빛나는 눈이었다. 단정한 헤어스타일, 말끔한 교복 차림에 내가 먼저 앉을 것을 권하자 그제야 앉는 예의 바름과 세심함, 바른 자세, 우등생다웠다.

"요즘 공부가 더 바빠졌지? 고3 생활이랑 예전이랑 다른 점이 있는 것 같니?"

나는 그와 가벼운 대화를 시작했다.

"공부할 것이 조금 많아지긴 했지만 크게 다른 것 같지는 않아요."

목소리는 크지 않았고 감정 상태는 평온했다. 말 속도도 느린 편이었다. 그래서 나는 직접적으로 그가 나를 찾아온 이유를 물었다.

"나와 어떤 문제에 대해 이야기하고 싶니?"

청위는 잠시 망설이더니 물었다.

"선생님, 여름방학 때 진행되는 대학교 여름캠프 아세요?"

"알지. 매년 소수만 참가할 수 있어서 기회를 잡기가 쉽지 않은 걸로 알고 있어. 넌 당연히 참가했지?"

그는 고개를 끄덕이며 웃었지만, 나는 그가 약간 마지못해 웃는 듯한 느낌을 받았다.

　청위가 명문대 여름캠프를 언급했다는 것은 그의 문제가 분명 이와 관련이 있다는 뜻이고, 그의 표정 변화에서 이 활동이 그에게 그렇게 아름다운 기억을 남기지 못했음을 알 수 있었다. 나는 그의 눈을 바라보며 물었다.

　"너의 문제가 여름캠프와 관련이 있니?"

　그는 나를 보며 잠시 고민하더니 직접적으로 대답하지 않고 또 다른 질문을 꺼냈다.

　"선생님, 다들 이 여름캠프가 얻기 힘든 기회라고 생각하고 당연히 긍정적인 에너지를 가득 얻어 돌아와서 사람들에게 전달해줘야 한다고 생각하죠?"

　이번에는 내가 그를 바라보며 생각에 잠긴 듯 말했다.

　"왜 이런 의문이 생겼니? 여름캠프에서 돌아온 뒤에 무슨 일이 생겼니?"

　청위는 한숨을 쉬더니 꼿꼿하게 앉아 있던 몸이 무너지고 갑자기 매우 피곤한 모습이 드러났다. 그의 목소리는 더 작아졌고 말 속도도 더 느려졌다.

　"선생님이 3학년 대상으로 심리상담을 해주셨던 그날, 원래 학교에서 제게 연설을 하라고 했어요. 명문대 여름캠프에 다녀와 깨달은 것과 소감을 이야기하고 친구들에게 열심히 시험 준비를 하라고 격려하라는 거였죠. 하지만 저는 그런 긍정적인 느낌은 전혀 받지 못했고 마음에 없는 말은 하고 싶지 않아서 연설을 거절했고, 담임선생님, 학년주임 선생님, 부모님까지도 모두 언짢아하셨어요. 반 친구들 사이에도 말이 많았어요. 제가 뭔가를 감추고 억지를 부린다는 식으로요. 비록 금방 사람들도 이 일에 대해 언급하지 않았고, 벌써 2주나 지났지만 저는 여러 가지로 불편해서 선생님을 찾아온 거예요."

"네가 불편한 것은 네가 연설을 거절했다는 이유로 사람들이 불만스러워했기 때문이니?"

"네, 그런 것 같아요. 저는 조금 자책을 하게 됐어요. 선생님들도 제게 잘해주시고, 제가 좋은 성적을 받는 것도 많은 선생님의 도움을 받아 나온 결과이기 때문이에요. 특히 담임선생님은 2년 넘게 끊임없이 저를 격려해주시고 응원해주셨는데 이번에 연설을 거절한 것 때문에 언짢아지셔서 저와 별 이야기도 나누지 않으세요."

"좀 전에 부모님도 언짢아하셨다고 했지?"

"네. 제가 연설을 거절해서 담임선생님이 부모님에게 상의하셨어요. 학교에서 계획한 자리였기 때문에 담임선생님도 난감한 상황이었거든요. 엄마, 아빠도 제게 여러 번 이야기하셨어요. 연설 한 번 하는 거고 마음에 없는 말 조금 하는 게 뭐가 대수냐며, 일을 너무 진지하게 받아들인다고 뭐라고 하셨어요."

"하지만 너는 스스로를 속일 수 없었구나?"

그는 곧장 고개를 끄덕였다.

"맞아요. 저도 타협하고 아무 말이나 해야 한다고 생각도 했지만 아무래도 하고 싶지 않았고, 무슨 말을 해야 할지도 몰랐어요. 게다가 제 진짜 생각도 아닌데 더 말하고 싶지 않았고요. 이런 연설은 아무런 격려

효과가 없을 거라고 생각했고, 결국 거절했죠."

"그렇구나. 청위야, 넌 이전에 부모님이나 선생님이 네게 준 일을 거절한 적이 있었니?"

그는 천천히 고개를 저으며 말했다.

"저는 비교적 말을 잘 듣는 편이고 그렇게 개성이 센 편이 아니라서 보통은 부모님이나 선생님이 원하시는 건 다 했어요. 친구들 부탁도 거의 거절해본 적이 없어요."

"그럼 이번에 이렇게 확고한 모습에 대해 사람들이 이해하지 못하는 것도 매우 정상이네?"

"네. 게다가 작은 일도 아니고 사적인 일도 아니니까요. 저는 사람들이 모두 불만을 느끼고 있다고 생각해요."

"이 일이 겉보기에만 이미 지나간 일처럼 보일 뿐 사실 아직 여파가 남아 있다고 생각하니?"

"네네. 제 생각이 바로 그거예요. 차라리 직접 뭐라고 하는 게 나을 것 같아요."

원래 표정이 그렇게 많이 변하는 아이가 아니라서 괴로워하면서도 눈썹만 살짝 찌푸릴 뿐이었다.

"최근에 너에 대한 사람들의 태도를 많이 신경 쓰고 있니?"

그는 잠시 생각에 잠겼다가 말했다.

"그런 것 같아요. 저도 모르게 사람들의 기분을 신경 쓰고 있어요. 특히 담임선생님이요. 부모님도 그렇고요. 그래서 공부에도 완전히 집중할 수 없어서 선생님과 이야기를 나눠봐야겠다고 생각했어요."

"너는 담임선생님이나 부모님과 이야기를 나눠본 적이 있니?"

"아니요. 다시 이 이야기를 꺼내지 않으셔서 저도 아무 말도 하지 않았어요. 해결되지 않은 그대로 그냥 있는 것 같아요. 어쨌든 분명 매우 실망하셨을 거예요."

나는 청위의 말에서 '해야 한다', '다들'이라는 표현을 자주 들을 수 있었다. 그리고 이어지는 대화에서 나는 그에게 이런 '비이성적 개념'에 속하는 것들, 절대화하려는 것, 과도하게 요약하는 것 모두 잘못된 인지를 야기하고 부정적인 감정과 행동을 유발한다는 것을 인식하게 해주려 했다. 또한 자신의 의견을 고수하는 것 자체는 잘못된 행동이 아니며 타인의 요구에 대해 거절하는 것 역시 꼭 익혀야 할 중요한 능력이지만 아무런 설명 없이 간단하게 거절해버리면 오해와 충돌을 불러일으킬 수 있다는 사실도 알려주었다. 직접적인 소통이 문제를 밝히고 오해를 푸는 가장 좋은 방법이기 때문에 먼저 선생님과 부모님을 찾아가 분명하게 이야기하면 마음의 불편한 마음을 해결할 수 있을 것이라고 말했다. 청위는 지혜롭고 눈치도 빠르고 이해력도 매우 좋은 아이였다.

상담을 마칠 시간이 다 되자 그는 말했다.

"선생님, 선생님께 마음속에 담아놓은 이야기를 털어놓으니 마음이 많이 가벼워졌어요. 담임선생님과 부모님을 찾아가 이야기를 나누고 최대한 빨리 상황을 마무리 지을게요. 곧 고3 첫 번째 월말고사니까요."

황급히 뛰어나가는 뒷모습을 보며 나는 그가 여름캠프에서 도대체 어떤 일을 겪었길래 그토록 친구들에게 긍정적인 부분에 대해 이야기할 수 없게 된 건지 궁금해졌다.

혼이 나가버린 공부 천재

바쁜 일과 속에 시간은 흘러 어느덧 가을바람이 불기 시작했고 날이 추워졌다. 학기의 반이 지났다. 중간고사를 치르고 얼마 지나지 않아 청위의 담임선생님이 근심 가득한 얼굴로 나를 찾아왔다. 그녀는 내게 청위의 상태가 갈수록 안 좋아지고 있다고 말했다. 두 번의 시험에서 연속으로 성적이 떨어졌다고 했다. 청위 정도 수준의 아이들은 등수가 조금만 떨어져도 눈에 잘 띈다. 그는 이미 전교 10등 밖으로 밀려나 있었다. 그래서 원래 칭화대학교 수석을 목표로 하는 선수인데 지금은 위험해졌다. 학습 능력이 떨어진 것은 절대 아닐 테니 분명 심리적인 문제였다. 온종일 이런저런 걱정이 많아 보이는데 무슨 생각을 하고 있는지는 모르겠고, 이야기를 나눠보면 아무 일도 아니니 걱정하지 말라는 말뿐이다. 부모도 매우 조급해하고 있다. 그가 집에서 공부하는 태도도 확실히 안 좋아졌다. 책상 앞에 멍하니 앉아 있을 때가 많았다. 지금까지 한 번도 없었던 모습이었다.

나는 담임선생님에게 물었다.

"첫 번째 월말고사 전후로 청위가 선생님을 찾아갔었나요?"

"찾아왔었어요. 개학하고 학년회의에서 연설을 거절한 일 때문에요. 저도 당시엔 기분이 별로 안 좋았어요. 원래 그렇게 제멋대로 구는 아이가 아닌데 왜 갑자기 고집을 부리는지 몰랐어요. 하지만 큰일도 아니었고, 이야기해서 풀어서 괜찮아요."

"왜 여름캠프에 대해 좋게 말할 게 없는지에 대해선 이야기했나요?"

담임선생님은 잠시 돌이켜 생각해보더니 말했다.

"제가 물어봤더니 그냥 이야기할 만한 게 없다고만 말하고 자세히 말하지는 않았어요. 근데 지금 생각해보니 피하는 느낌이었던 것 같아요."

"보아하니 역시 여름캠프가 아이에게 심리적으로 어떤 충격을 줬을 가능성이 매우 높고, 그 트라우마가 상당해서 혼자 대처하기 힘든 것 같아요. 청위가 스스로 저를 찾아오지 않았으니 선생님이 기회를 봐서 저를 찾아가보라고 얘기해주세요. 아이의 의견을 존중해야 하니까요."

거의 일주일이 지나고 청위가 드디어 상담센터에 찾아왔다. 못 본 지 한 달쯤 되었는데 그새 확실히 많이 초췌해졌고, 예전에 반짝반짝 빛나던 눈도 많이 어두워져 있었다. 그는 내게 인사를 하고 곧장 창가 소파에 앉아 아무 말없이 창밖을 바라봤다.

"청위, 저번에 봤을 때보다 더 고민이 많아 보이네. 이번에는 어떤 문제가 있니?"

그는 말없이 창문을 바라보는 자세를 유지한 채 그저 가볍게 고개를 끄덕였다. 그리고 잠시 후 창밖에서 시선을 거둬들이고 몸을 돌리더니 안경을 치켜올리고 목청을 가다듬으며 말했다.

"선생님, 저는 너무 괴로워요. 하지만 그게 구체적으로 어떤 일 때문은 아니에요. 그래서 계속 혼잡한 생각들을 정리하고 있었어요. 아직 답을 찾지 못한 의문들도 있고요."

"네가 저번처럼 먼저 나를 찾아오지 않은 건 구체적인 문제를 모르기 때문이니?"

그가 말했다.

"네. 담임선생님이 제게 선생님을 찾아가보라고 말씀하시고 며칠 동안 망설였어요. 부모님도 고3 때 시간을 지체해서는 안 된다며 빨리 찾아가라고 재촉하셨고요. 그래서 상담을 예약했어요."

"네 고민이 여름캠프와 관련이 있니?"

그는 예상치 못했다는 듯 눈을 크게 뜨며 물었다.

"선생님 어떻게 아셨어요?"

"저번에 이야기를 나눌 때부터 네가 왜 그렇게 학년회의에서 연설하기를 꺼렸는지 의문이 들었고, 분명 네가 여름캠프로부터 안 좋은 느낌을 받았을 거라 생각했어. 근데 시간이 너무 촉박하기도 했고 당시 너의 주된 문제는 연설을 거절한 일의 부정적인 영향을 어떻게 해결하는지였기 때문에 이 문제에 대해 이야기하지 않았어. 원래 다시 기회를 봐서 이야기해보려고 했는데 네게 이렇게 영향을 클지 몰랐어."

청위는 거듭 한숨을 쉬며 말했다.

"선생님, 저는 정말 큰 충격을 받았어요. 자극을 받았다는 표현이 더 정확할 거예요. 제가 우물 안 개구리라는 사실을 제대로 깨달았어요. 좁은 우물 안에서 열심히 공부하고, 조금만 성과가 있으면 금방 안도하고 심지어 때로는 우쭐거리면서 기뻐했어요. 이번에 나가서 바깥세상도 보고 수많은 진짜 우수한 또래 친구들을 보자니 저의 미미함과 얕음과 비교가 됐어요."

"왜 '미미하다', '얕다'라고 말한 거니? 각각에 담긴 뜻에 대해 구체적으로 말해줄 수 있겠니?"

"'미미하다'는 느낌은 여름캠프에서 다양한 분야를 참관하고 체험하면서 느꼈어요. 최첨단 과학기술과 관련된 것들이 많았는데, 제가 이과 특기반인데도 대부분의 영역에서 하나도 아는 게 없어서 질문 자체를 할 수도 없었고, 심지어 지도하시는 분이 낸 질문이나 과학자들의 설명을 알아듣지도 못했어요. 마치 바보가 된 것 같았어요. 참관 체험이 끝나고 토론하고 의견을 나누는 시간에 저는 너무 긴장돼서 무슨 구실이라도 찾아 활동에 참가하고 싶지 않았어요. 이후 두 번 정도 너무 불편해서 몸이 안 좋다는 이유로 가지 않았어요. 이런 느낌에 대해서 한 번도 누군가에게 얘기해본 적이 없어요. 정말 너무 창피해서요."

청위의 눈가에 작은 눈물이 맺혔다.

"그럼 '얕다'는 말은? 좀 지나친 표현 아니니?"

"전혀 지나치다고 생각하지 않아요. 사실이니까요. 여름캠프에 참여한 사람들은 전국 각지에서 온 우수한 고등학생들이라 인재들이 매우 많았어요. 캠프 지도 선생님은 우리가 미래의 파트너이자 경쟁자라고 말씀하셨어요. 근데 다른 친구들 모두 실력이 너무 좋고, 성적이 우수한 정도도 따라가기 어려운 수준인데다 많은 학생들이 진작 대학교 지식 수준에 도달했고 비범한 창의력으로 각종 국제대회 대상을 받았더라고요. 제 시험 성적은 그 친구들이랑 비교하면 가망이 없는 수준인데 '얕다'고 말하지 않을 수 있을까요?"

청위의 말투엔 분노가 가득 찼다.

"넌 너 자신에게 화가 났니? 하지만 어린 엘리트들이 모이는 곳에서 압박을 받으리라는 것도 예상했던 일 아니니?"

나는 그가 감정을 누그러뜨리도록 도와주었다.

"우수한 친구들을 만나게 될 거라고 생각은 했어요. 하지만 그들은 성적이 훌륭한 건 둘째치고 재능도 많아서 노래도 잘 부르고 춤도 잘 춰요. 캠프에서는 친목행사가 많은데, 주최 측이 학생들에게 충분한 기구와 소품, 활동 장소를 제공하여 참가자들이 다양한 재능을 펼칠 충분한 기회를 제공했어요. 사람들이 발표를 신청할 때 저는 완전 멍해졌어요. 전에 학교에서 어떤 활동을 하면 아무 이야기나 해서 분위기를 띄우거나 우르르 모여서 노래나 부르는 건데 그게 어떻게 재능이라고 할 수 있겠어요. 공부 외의 제 취미는 독서인데 독서를 어떻게 보여주겠어요. 그래서 그냥 또 포기하고 관람만 했어요."

"청위, 지나치게 요약한 것 아니니? 네 말을 들으면 네가 최악의 참가자인 것 같아."

"선생님, 저는 제가 최악이라고 생각해요. 저와 같은 숙소를 쓴 세 친구는 모두 남부에서 왔는데 성격이 밝아 함께 지내기가 편했어요. 개인적인 이야기를 하다 보니 그들의 생활이 풍부하고 다양하다는 것을 알게 되었어요. 광범위한 취미가 있는 것은 물론 패션, 여행, 음식, 운동, 영화, 아이돌 스타 등에 대해서도 꽤 많이 알고 있고 지식이 풍부했어요. 그러니 그들은 모두 캠프에서 빠르게 그렇게 많은 새로운 친구들 사귀었겠죠. 쉬는 시간에는 여학생이 어떤지, 누가 더 매력이 있는지, 각자 맘에 드는 사람이 누구인지도 이야기했어요. 제게도 물어봤는데 제가 그저 웃기만 하고 말을 하지 않으니 여자를 좋아해본 적이 있냐고, 누군가가 저를 좋아한다고 한 적이 있냐고 물었어요. 그들은 제게 순진하기 그지없는 착한 아기 같다고 했고, 그들이 악의 없이 농담을 한다는 것을 알았지만 마음은 매우 불편했어요."

"보아하니 이번 여름캠프의 경험이 네게 매우 큰 충격을 준 것 같구나. 네가 학년회의 연설을 거절한 것도 기분이 너무 나빴기 때문이었겠구나."

"맞아요, 선생님. 하루가 일 년 같았던 캠프가 끝나고 돌아온 저한테 연설하고 경험을 공유하라고 하시는데, 그런 마음에 없는 감정을 어떻게 입 밖으로 뱉을 수 있겠어요."

"그런 충격들이 너를 자기 가치에 관한 수많은 생각들로 몰아넣은 거니?"

그는 깊게 고개를 끄덕이며 말했다.

"지금까지 이렇게 많이 생각해본 적도 없고 저는 늘 자신에 대해 자신감이 있었어요. 학교에 돌아오고 나서도 캠프에서의 장면이 머릿속을 떠나지 않고 모든 장면들이 절 고통스럽게 만들었어요. 저는 저도 모르게 제가 대체 뭘 잘하는지, 뭘 원하는지, 그것을 얻을 수 있는지, 미래의 목표는 무엇인지, 전력을 다해 가장 좋은 대학에 들어갔다고 해도 그중에서 제일 공부 못하는 학생이 되는 것은 아닌지 등에 대해서 생각했어요."

"그렇게 많은 생각들은 부정적인 감정이 생기게 하고 공부에도 영향을 줄 수 있어. 그래서 담임선생님과 부모님 모두 걱정하실 수밖에."

"맞아요. 그리고 시험 성적도 떨어졌고요. 예전엔 아무리 못 봐도 전교 3등이었으니까요. 담임선생님과 부모님께서는 제가 정신이 나가 있는 걸 보고 당연히 왜 그러냐고 물어보시고 매우 조급해하세요. 제가 담임선생님께는 아무 말도 하지 않았는데 부모님께는 제 생각들과 의문에 대해 얘기한 적이 있어요. 하지만 말을 꺼내자마자 저한테 쓸데없는 생각하지 말라고, 별거 아닌 일에 시간을 낭비하지 말라고 하셨어요. 하지만 저는 그게 잘 안 됐어요."

"청위, 네가 이런 생각을 떨쳐버릴 수 없는 건 매우 정상적인 거야. 이런 의문이 명확히 풀려야 공부든 시험이든 네게 의미가 생기고 할 힘도 생기지. 우리 함께 이 문제들을 정리해보자."

여름캠프에 참가한 청위는 자신과 다른 사람을 비교하기 시작하면서 자신이 얼마나 부족한지 깨닫게 되었다. 그리고 자신의 존재감과 존재 가치에 대해 깊은 고민에 빠지게 되었다. 자신을 더 많이 더 촘촘하게 추궁할수록 끊임없이 곤혹스러웠고 갈수록 압박감을 느꼈다. 특히 부모나 선생님들이 자신을 걱정하거나 화가 난 얼굴을 하면 더 견디기가 어려웠다.

구름이 걷혀도 곧장 해를 보긴 어렵다

청위는 초등학교 때부터 고등학교 때까지 줄곧 성적이 매우 좋았다. 그러나 17년 동안 청위의 시간은 대부분 교과목을 공부하는 데에 사용되었고, 다른 분야를 탐구하거나 지식을 확장할 시간이 없었다. 초등학교 때 2년 동안 그림과 서예를 배웠지만 초등학교 3학년이 되면서 이런 것들을 배울 시간이 없어졌다. 그는 교과와 관련된 각종 학원에 다녔다. 성적만을 평가 기준으로 삼다 보니 주위 사람들과 본인조차도 성장과 발전의 불균형을 깨닫기 어려웠고, 더욱이 이로 인해 유발될 심각한 문제를 생각지 못했다.

문제가 밝혀지는 과정 중에 나는 말했다.

"청위, 너는 공부라는 임무를 훌륭하게 해냈지만 지식과 능력의 '영양 불량' 상태에 빠졌어. 이렇게 오랫동안 공부만 하느라 자신의 내면세계를 바로 보고 정리할 겨를이 없었던 거지."

"선생님, 제가 혼자 계속 생각하고 또 생각해도 알 수 없었는데 사실 성장수업을 보충하고 있었던 걸까요?"

"맞아. 사춘기에 접어들면 자신에 대한 인식이 빠르게 발전해. '나는 누구인가? 나는 어떤 사람이 되고 싶은가?'에 대해 광범위하게 사고하고 탐구하게 되지. 특히 어려움과 좌절을 겪을 때 더 그래. 네가 예전에 이렇게 자신의 내면세계에 집중한 적이 없었던 것은 성적이 매우 좋고, 얌전하고 말 잘 듣는 아이로서 그럴 기회가 없었기 때문이다. 이런 측면에서 보면 이번 여름캠프를 참여한 것은 사실 매우 의미 있는 일이란다."

"하지만 선생님, 전 지금 고3이고 담임선생님과 부모님 모두 제가 공부에 집중하길 바라세요. 저도 대입시험이 얼마나 중요한지 알고요. 하지만 저는 생각을 멈출 수가 없어요."

청위는 큰 갈등에 빠져 있었다.

"자신이 어떤 사람인지, 무엇이 자신의 존재감을 결정하는지, 자신이 어떤 사람이 되어야 자신과 다른 사람에게 모두 인정을 받을 수 있을지, 이런 고민들은 그 자체로 특별한 가치가 있는 것들이지만 짧은 시간에 답을 찾기는 어려운 문제야. 의문을 가진 채로 공부에 집중할 수는 없는지 시도해봐. 그래야 공부에 대한 방해를 최소한으로 줄일 수 있을 거야.”

“하지만 저는 빨리 모든 걸 다 명확하게 정리하고 나서 공부에 제대로 집중하고 싶어요.”

“자신에 대한 탐구는 어렵고 긴 여정이야. 너무 조급해서는 안 돼. 지나치게 많은 생각들은 정상적인 생활과 공부에 영향을 줄 수 있고 심지어는 몸과 마음의 건강에도 영향을 끼칠 수 있어서 현명한 방법이 아니야. 천천히 해보는 건 어떨까? 그리고 무슨 일이든 양면성이 있는 법인데 너의 자아 탐구는 지나치게 비판과 부정에 편향되어 있어. 긍정적인 측면에서 사고하고 평가해야 균형을 맞출 수 있어.”

여기까지 정리하고 분석하자 청위는 말했다.

“선생님, 제 마음이 조금 편해졌어요. 최소한 제가 지금 생각하는 문제들이 공부보다 덜 의미 있는 일은 아니라는 사실을 확실히 알 수 있었어요. 비록 선생님들이나 가족들이 이해해줄지는 모르겠지만 저는 최대한 속도를 늦추고 공부를 병행하도록 노력할게요. 그러다 이해가 잘 안 되는 문제가 있을 때 바로 선생님을 찾아올게요.”

떠나는 청위의 뒷모습은 날아가듯 뛰쳐나가던 저번 모습과는 매우 달랐다. 짧은 기간에 아이가 많이 성장해 있었다. 다만 성장 속도가 너무 빨라 감당하기가 어려워 보였다. 하지만 이 성장 과정은 그가 반드시 거쳐야 하는 것이고 입구에서 출구까지 얼마나 멀지는 예측하기 어려웠다. 나는 그저 묵묵히 그가 너무 멀리 너무 오래 헤매지 않길 바랄 뿐이었다. 어쨌든 대입시험은 아이들의 인생에 큰 의미가 있는 일이기 때문이다.

　이후 청위의 학습 태도가 크게 바뀌지는 않았다. 추락세를 멈추기는 했지만 계속 예전의 수준을 회복하지 못하고 있었고, 그의 부모는 큰 근심에 빠졌다. 나는 상담을 잡고 아이의 문제에 대해 이야기를 나눴다. 그들은 아이에게 그렇게 생각이 많은 것을 매우 이상하게 여기고 있었다. 예를 들어 청위가 엄마가 어렸을 때 어떤 남학생을 좋아했었는지, 고등학생 때 아빠를 좋아하는 여학생은 없었는지 등을 물은 것에 대해서 말이다. 부모가 질문에 건성으로 대답하거나 뭐하러 그런 걸 묻느냐고 말하면 아이는 아무 말도 하지 않고 멍하니 책상 앞에 앉아 있었다. 예전에는 공부가 아무리 힘들어도 집에 돌아오면 자주 부모님과 이야기꽃을 피웠는데 이제는 아무 말도 하지 않아 집안의 분위기가 매우 답답했다.

　나는 청위의 부모님과 함께 아이의 성장 과정, 성격적 특징 및 여름캠프에서 경험한 여러 좌절감 등의 측면에서 종합적인 분석을 진행했고, 그들에게 아이가 지금 겪는 곤혹감의 합리성을 이해하고 아이에게 심리적 문제가 발생했다는 현실과 아무도 심리적 문제가 발생하는 시기를 선택할 수 없고 이는 언제 몸에 병이 생길지 선택할 수 없는 것과 같다는 점을 받아들이도록 도왔다. 엄마는 아이에게 여름캠프를 참가하게 한 것에 대해 크게 후회했다. 아이가 한 번도 집을 떠나본 적이 없어서 가기 전에도 매우 망설였기 때문이다. 아빠는 후회는 아무 소용이 없고 어차피 생길 일은 생기는 거라며 캠프에 보낸 걸 후회하긴 늦었다고 말했다.

문제가 이미 발생하였기 때문에 후회한들 별 소용이 없겠지만, 후회의 과정은 곧 반성이기도 해서 좋은 방향으로 유도하면 매우 의미 있는 일이다. 청위는 지금 스스로를 비판하는 심리적 과정을 지나고 있다. 여름캠프의 충격으로 그는 생각이 많아졌고 극단적이기도 했다. 그는 해결할 수 없는 문제에 끝까지 매달리고 있었고, 약간의 강박증이 있어서 이로 인해 과도한 걱정과 우울감까지 생겼다. 공부할 힘이 부족해지고 성적도 떨어졌다. 이는 모두 정상적인 반응이었다.

　청위의 부모는 그래도 사리에 밝은 사람들이라 모든 것을 터놓고 얘기한 뒤에 공통된 인식을 갖게 되었다. 바로 아이의 건강을 최우선 순위에 두고 부작용이 생기지 않게 아이가 반드시 어떤 생각을 하고 어떤 행동을 해야만 하도록 강요하지 않고 그의 생각대로 하게 해주는 것이었다. 또한 그가 먼저 어떤 질문을 던졌을 때는 반드시 최대한 그가 하고 싶은 말을 모두 할 수 있게 해주는 것이었다. 잘 들어주고, 공감해주며, 평가는 적게 하고, 쓸모가 있는지 없는지 옳은지 그른지와 같은 얘기를 하지 않는 것이었다. 선생님과 부모가 함께 노력해 아이가 최대한 빨리 성장 과정의 늪에서 벗어나도록 돕기로 했다.

　그 후 평균 열흘에 한 번씩 청위는 심리상담을 받았다. 그는 살아 있음의 의미, 삶과 죽음 등의 문제에서부터 사랑과 성에 대한 문제까지 자신이 이해되지 않는 질문들을 가져와 나와 이야기를 나눴다. 이 아이의 내면세계는 매우 광활했지만 오랜 기간 봉쇄되어 있다가 갑자기 문이 열리면서 너무 강한 빛이 내리쬐고 바람도 거세게 불어서 잠시 그가 혼란스럽고 어찌할 바를 모르게 만들었다.

어느 날 점심에 그는 나를 찾아와 계속해서 자신이 실패한 사람이라고 말했다. 가장 확실한 증거는 바로 지금까지 어떤 여학생도 자신을 좋아한 적이 없었던 점이라고 말했다. 그는 최근에 늘 친구들을 관찰한다고 했다. 모두 편안해 보이고 정말 평범한 남학생에게도 여자친구가 있다고 말하며, 이와 비교하면 자신이 아무 매력이 없는 사람이라고 말할 수 있다고 했다.

그는 주위에 친한 친구들에게 자신에 대해 어떻게 생각하는지 물었고, 그들은 그가 공부 천재라는 점 외에는 별다른 평가를 내리지 못하는 것 같았는데 우스운 것은 이제 자신은 공부 천재도 더이상 아니라고 했다. 예전의 몇몇 라이벌들은 동정 어린 눈빛으로 그를 바라보며 매번 시험을 치르고 나면 그를 피하거나 무미건조하게 곧 나아질 거라는 말로 위로했다. 한번은 그가 씩씩거리며 어떻게 내가 좋아질 거라는 걸 아는지, 지금 뭐가 그렇게 나쁜지 반문해 분위기를 어색하게 만들기도 했다. 그 일 이후 그는 친구들이 자신을 환자처럼 생각하고 부딪히지 않기 위해 길을 걷다가도 피해간다고 말했다.

겨울방학 때 청위의 상태는 매우 심각해서 선생님들과 부모님이 상의 끝에 그의 의견을 구해 학원에 다니거나 시험을 보게 하지 않고 남부로 떠나 휴가를 보내고 심신을 추스르게 했다. 청위가 떠나기 전에 우리는 간단하게 이야기를 나눴는데 나는 그에게 지금까지는 어떤 사람이 되고 싶지 않은지 생각했으니 이번 여행에서는 어떤 사람이 되고 싶은지 생각해보라고 말했다. 자신이 스스로 인정할 수 있는 상태를 정해 지금과 비교하고 차이점을 찾은 뒤 조정할 측면과 방법에 대해 생각해보라

고 했다. 이 과정에서 적합한 사람과 교류해도 되고 스스로 생각해도
되며 책을 읽거나 운동을 해도 된다고, 이 많은 시간을 완전히 스스로
배치하라고 말했다.

인생은 계속된다

한 달 뒤, 눈이 많이 내리던 날 새 학기가 시작되었다. 아이들은 생기
발랄하게 교문으로 들어섰다. 선생님들은 모두 교정에 쌓인 눈을 쓸고
있었고 아이들도 삼삼오오 합류해 선생님들을 도우면서 장난을 치고
있었다. 순간 빗자루를 쥔 손목이 가벼워졌고 한 남학생이 빗자루를 가
져가며 말했다. "선생님 제가 할게요!"

나는 웃으며 "착하네. 고마워!"라고 말하며 고개를 돌려 그 아이를 바
라봤다. 그는 마스크를 쓰고 있어서 얼굴이 잘 보이지 않았지만 그 큰
안경, 그리고 빛나는 검은 눈동자는 매우 익숙했다. 아! 청위였다. 나는
정말 너무 기뻤다! 그리고 두 팔을 벌려 그를 꼭 안아주지 않을 수 없었
다. 나는 큰 소리로 웃으며 말했다.

"청위야, 새해 복 많이 받아!"

우리는 눈밭에 서서 잠시 이야기를 나눴다. 그는 말했다.

"선생님, 지난 한 달은 제게 변화의 마지막 정거장이었고, 어리석은 소
년시절과의 송별회였어요. 아직 답이 없는 문제도 많지만, 앞으로 살아
가면서 천천히 찾으려고요. 뭐가 어찌 됐든 열심히 공부한 12년을 마지
막 순간에 멈춘다면 저는 영원히 저를 용서할 수 없을 거예요. 그래서
저는 최대한 공부 상태를 최대한 회복하려고 노력할 거예요. 여행을 하

려면 계속 배낭을 메고 있어야 하는 것처럼 문제는 문제대로 짊어진 채로 앞으로 나아갈 거예요."

이 이야기를 듣고서야 나는 마음을 드디어 내려놓을 수 있었다. 청위의 남부 여행에서 어떤 경험을 했는지 나는 묻지 않았고 그 역시 내게 자세히 말하지 않았다. 나는 말했다.

"무슨 일이든 최선을 다하고 순리에 맡기면 이런 일이 생기지 않아도 학습 상태에는 변화가 생길 거야. 구체적인 점수나 특정 대학교에 집착할 필요가 없어."

"알겠어요! 선생님 걱정하지 마세요."

그는 여전히 여리여리했지만 힘이 많이 생긴 듯한 느낌이었다.

3개월이 넘는 시간 동안 긴장하며 시험을 준비하느라 고3 학생들은 특히 바빴고, 압박도 갈수록 커졌다. 상담 예약 목록에는 대부분 고3 아이들의 이름이 적혔지만 그 안에 청위는 없었다. 학교에서 우연히 그를 만나도 우리는 그저 간단하게 가벼운 이야기를 나누고 유쾌하게 인사를 나눌 뿐이었다. 담임선생님에게 그가 많이 회복되어 평온한 상태라는 말을 전해 들었다. 대입시험에 가까워질수록 경쟁이 치열해졌지만 청위의 심리상태가 매우 좋아 보인다고 했다. 대입시험이 끝나고 그는 자원봉사를 하러 떠났고, 성적이 나온 뒤엔 내게 문자를 보냈다. 비록 1등은 아니지만 그는 역시나 자신이 가장 가고 싶었던 대학에 붙었고, 선생님들과 가족들을 볼 면목이 생기고 스스로에게도 아쉬움이 생기지 않았다고 말했다.

사춘기 심리 코칭

성적이 사람을 판단하는 유일한 기준은 아니다

가정, 학교, 사회가 성장 중인 아이를 대할 때 학교 성적이라는 단일의 평가 기준을 과도하게 활용하면 성적이 좋지 않은 아이에게 쉽게 상처를 줄 뿐만 아니라 성적이 우수한 아이에게도 보이지 않는 위기를 초래할 수 있다.

성적이 우수한 아이는 공부라는 임무를 잘 완수하고 있기 때문에 좌절을 경험할 기회가 매우 적어서 '심리적 질'을 점검할 기회가 없다. 그러면 아이가 좌절을 겪게 되었을 때 스스로 회복하는 능력이 어떠한지 예측할 방법이 없다. 청위로 예를 들면, 원래 그는 그가 생활하는 무리 중에 특출난 인재였지만 진정한 고수들이 즐비한 곳에 들어갔다가 갑자기 존재감을 잃고 당황해 어쩔 줄을 모르게 되었고, 이로 인해 심리적 방어기제가 발동되어 모든 문제를 소극적으로 대처하게 되었다. 이때 다른 사람의 격려와 긍정은 아무런 소용이 없어진다.

다행히 청위에게는 그를 지지해줄 외부적 시스템이 존재했다. 선생님, 부모님이 그에게 숨을 고르고 회복할 기회를 주었다. 만약 그렇지 못했다면 결과는 감히 상상하기 어렵다. 인생의 수레바퀴가 대입시험이라는 문턱 앞에 멈춰선 아이들을 흔히 볼 수 있는데 이는 모두 가슴 아픈 교훈이다.

성장이 공부보다 중요하다

사춘기 아이들에게는 어떻게 잘 성장하는지가 공부보다 훨씬 중요한 의미를 지니며, 그 영향력도 공부보다 훨씬 크고 좋은 영향과 나쁜 영향을 모두 줄 수 있다. 부모든 선생님이든 이 사실을 반드시 깨달아야 한다. 이 외에도 아이들에게 풍부한 성장 양분을 제공하는 것은 장기적인 과정으로, 부모는 아이의 흥미와 취향을 존중하고 예술적, 창조적 잠재능력을 발견하고 발굴하도록 도와야 한다. 이런 방면을 개발하고 키우는 것과 우수한 성적을 얻는 것이 서로 모순되는 개념은 아니다. 오히려 뇌의 운용 상태와 정서적 시스템을 조절할 수 있는 효과적인 방법이다.

  아이들이 열심히 공부하는데 아무 성과도 나지 않는 것은 어떤 부모도 원치 않는 상황이다. 따라서 우리가 도대체 어떻게 아이들을 견인하고 아이들이 자신을 인정하는 발전 방향으로 나아가도록 도울 수 있을지 더욱 신중하게 생각해봐야 한다. 전인적 발달은 심신 건강의 기초가 될 뿐만 아니라 다른 사람과 좋은 관계를 맺는 연결 고리이자 다리이다. 그리고 좋은 관계는 다시 자기 인정을 낳고 존재감과 성취감, 행복감을 얻는 전제 조건이 된다.

3장

자신에게
잘해주는 법을 배워라

자신의 정서나 감정을 제대로 표현하지 못하면 사람의 공격성은 안으로 향할 수밖에 없다. 한번 자신을 공격하기 시작하면 수많은 문제가 생겨난다. 모든 정서와 감정을 적절한 곳에 합리적으로 분출할 수 있을 때, 우리의 내적인, 외적인 공격성을 낮출 수 있고, 진정한 감정의 자유를 얻을 수 있다.

09

사랑은 처음이라

눈을 밟으며 찾아온 아이

첫눈이 잠시 멈춘 어느 날 점심, 나는 1층에 서서 잉쉐라는 여자아이를 기다리고 있었다. 그녀는 한 중학교에서 나를 찾아온 아이라 상담센터 위치를 잘 몰랐기 때문에 마중을 나가야 했다.

나는 약간 호기심이 생겼다. 어떤 아이길래 이렇게 아름다운 이름을 가지고 있을까 하고 말이다. 이윽고 작은 형체가 시야에 들어왔고, 멀리 교문 앞에서 배회하고 있었다. 시간으로 미루어보아 잉쉐가 도착한 것 같았고, 나는 그녀를 데리러 갔다.

"네가 잉쉐니?"

"네, 맞아요. 선생님 안녕하세요!"

그녀는 고개를 끄덕이며 대답하는 동시에 허리를 숙였다. 매우 예의 바른 아이였다. 창백한 얼굴, 아름다운 눈썹과 맑은 눈, 긴 포니테일, 짧은 앞머리, 오밀조밀한 이목구비 모두 이름에 걸맞은 모습이었다. 외투도 입지 않고 목도리와 모자도 착용하지 않은 그녀의 마른 몸은 헐렁한 교복 안에서 미세하게 떨리고 있었고, 마치 바람에 날아갈 것만 같아 보였다.

"이렇게 추운데 왜 외투를 입지 않았니?"

나는 급히 아이를 끌어안았고, 건물 입구로 발걸음을 재촉했다. 우리는 상담실에 들어와 숨을 가쁘게 내쉬다가 서로를 마주 보고 서서 웃음을 터뜨렸다. 다소 독특한 첫 만남 방식 덕에 서로 많이 가까워진 느낌이었다.

나는 따뜻한 물을 두 잔 따르고 그녀와 함께 자리에 앉아 손을 녹이며 물었다.

"잉쉐, 왜 이렇게 얇게 입었니?"

"급하게 나오느라 외투를 챙기는 걸 깜빡했어요. 근데 제가 눈이 오는 걸 좋아해서 괜찮아요. 쌀쌀한 느낌도 꽤 좋았어요."

말을 하면서 잉쉐의 얼굴에 피어난 웃음이 점점 옅어져갔다. 일시적인 흥분이 가라앉자 그녀의 얼굴은 다시 창백해졌다.

잉쉐는 그녀의 담임선생님이 추천해 내게 온 아이였다. 그녀는 원래 여러 방면으로 매우 우수한 아이였는데, 연애가 공부에 영향을 끼쳐 학습 태도가 계속 안 좋아지고 있다고 했다. 담임선생님이 말하길, 잉쉐가 반장인데다가 똑똑하고, 예쁘고, 가정환경도 좋아서인지 중학교 3학년이 시작될 즈음 한 남학생에게 고백편지를 받았는데, 부모가 이를 알게 된 뒤 아이의 공부에 영향을 줄까 걱정해 학교에 찾아와 선생님에게 지도를 부탁했고, 담임선생님은 그 남학생과 이야기를 나눴다. 하지만 뜻밖에도 잉쉐의 부모님은 직접 다시 그 남학생을 찾아갔고, 나중에는 그 학생의 부모님과도 만남을 가졌다. 문제가 갈수록 복잡해진 것이다. 잉쉐는 너무 큰 스트레스를 받았고, 성적이 떨어졌으며, 몸도 안 좋아졌다. 부모님은 마음이 너무 조급해 하루가 멀다고 학교로 선생님을 찾아왔고, 담임선생님은 이를 도저히 감당할 수 없어 심리상담을 추천하게 되었다.

"잉쉐, 날 찾아온 이유가 단지 담임선생님이 그렇게 하라고 하셨기 때문이니? 아니면 네가 원해서 온 거니?"

"음, 제가 원해서 왔다고 봐야죠." 그녀는 잠시 망설이더니 대답했다. "전에 담임선생님께서 제게 선생님을 찾아가보라고 했을 때는 그럴 필요까진 없다는 생각이 들었어요. 제가 스스로 조절할 수 있을 거라고 생각했거든요. 그런데 최근에 상태가 갈수록 심각해졌고, 저도 어떻게 해야 할지 몰라서 다시 담임선생님에게 찾아가 심리상담을 신청했어요."

"문제가 생겼을 때 문제를 직시하고, 해결하기 어려울 때 기꺼이 도움을 받는 것, 둘 다 쉽지 않은 용기야. 나는 널 꼭 도와주고 싶어. 네가 말한 '심각해졌다'라는 건 뭘 말하는 거니?"

그녀는 깊게 한숨을 내쉬었다. 작은 얼굴 위로 드러난 걱정스러운 표정은 그녀의 나이에 맞지 않아 보였다.

"예전 생활이 천국이었다면 요 몇 달은 지옥 같다고 말할 수 있을 것 같아요. 근데 제가 어쩌다 천국에서 지옥으로 떨어졌는지 지금까지도 잘 모르겠어요. 마음속이 온통 혼란스러워요."

나는 구체적인 문제를 언급하기 시작했고, 그녀가 생각을 정리할 수 있도록 도왔다. 일의 자초지종이 명확해질수록, 나는 이것이 정말 최악의 성장 스토리가 아닐 수 없다고 생각했다. 잉쉐가 좀 전에 사용한 "지옥에 떨어졌다"라는 표현이 딱 맞았다.

고백편지가 몰고 온 참사

"막 중3이 되었을 때부터 지금까지가 꼭 악몽 같아요. 그전까지는 모든 게 좋았고, 고민도 없었어요. 매일 학교 가고, 학원 가고, 방학에는 부모님과 놀러 가고, 꽤 순조로웠어요. 근데 중3이 되고 모든 게 다 끝나버렸어요. 지금은 사람들 모두 절 싫어하고, 성적도 많이 떨어졌고, 공부하고 싶어도 아무것도 머릿속에 들어오지 않아요. 학교도 가고 싶지 않아졌어요. 담임선생님은 자주 절 불러내 이야기 나누자고 하시고, 친구들도 절 싫어해요. 가족들의 인내심도 거의 다 바닥난 것 같아요. 그래서인지 자주 제게 화를 내세요. 아마 제게 아무런 희망도 발견하지 못하신 것 같아요."

잉쉐는 눈물을 흘리며 하소연했다. 나는 그녀에게 휴지를 건네며 말했다.

"너무 조급해하지 마. 진정하고 천천히 말하렴."

잠시 울고 나니 그녀는 마음이 조금 가라앉은 듯했다.

"이렇게 큰 변화가 생겨서 너무 혼란스럽고 무섭지 않았니?"

아이는 힘줘 고개를 끄덕였다. 그녀의 앞머리는 젖어 있었고, 눈빛은 놀란 사슴 같았다. 매번 이렇게 어찌할 바를 모르는 아이들을 볼 때마다 나는 마음이 아팠다.

나는 손을 뻗어 그녀의 머리카락을 정리해주었다.

"너무 걱정하지 마. 문제가 있으면 해결할 방법도 있어. 우리 같이 처음부터 훑어보면서 가능한 한 일어난 모든 일을 되돌아보고 정리해보자."

잉쉐는 어려서부터 지금까지 줄곧 학급 임원을 맡아왔고, 선생님, 친구들과의 관계가 좋은 편이었다. 늘 뭐든 잘했기 때문에 혼난 경험도 거의 없고, 모든 사람이 그녀에 대해 늘 매우 만족해했다. 중학교에 들어간 뒤 잉쉐는 반장이 되었고, 초반에 그녀가 학급 관리에 너무 소홀해지자 친구들과 충돌이나 마찰이 생겼지만 담임선생님의 도움을 받아 빠르게 해결했다.

아이들이 성장하면서 연애를 하는 경우가 종종 생겼는데, 담임선생님이 이를 알게 되면 즉각적으로 조치가 취해졌다. 또한 담임선생님은 중학생이 연애로 인해 공부에 영향을 받기가 가장 쉽다며 자주 학급 임원들에게 이를 경계하고 아이들이 멋대로 행동하게 내버려두지 말라고 말했다. 잉쉐의 엄마 역시 중학교 선생님으로 딸의 연애를 매우 반대했고 항상 그녀를 주의시켰다. 때로는 그녀의 핸드폰을 검사하고 SNS 대화 기록을 살펴보기도 했다.

잉쉐는 친구들과 관계가 매우 좋았고, 친구들도 그녀가 하는 일에 잘 협조했지만, 그녀에게는 특별히 친한 친구가 없었다. 초등학교 때 같은 반이었던 여학생 두 명이 가끔 그녀와 말을 몇 마디 더 섞는 게 다였다. 그게 그녀가 반의 '내막'을 알게 되는 유일한 통로였다. 많은 학생에게 몰래 좋아하는 아이돌이나 이성친구가 있었고, 잉쉐를 좋아하는 남학생도 있었다. 하지만 그녀는 반장이었기 때문에 항상 담임선생님의 지시에 잘 따랐고, 친구들은 자연스럽게 그녀에게 마음에 벽을 쳤다. 그래서 잉쉐가 아는 일은 많지 않았다.

사고는 늘 예기치 못하게 발생한다고 했던가. 중학교 3학년이 된 지 얼마 지나지 않은 저녁, 잉쉐의 책상에 놓인 분홍색 편지와 주위 친구들의 흥분된 시선, 이는 '악몽'의 문을 연 열쇠였다.

그날 학교를 마치고 잉쉐가 담임선생님에게 다녀온 뒤 교실에는 아직 몇몇 학생들이 남아 있었다. 잉쉐는 그들이 지나치게 열정적으로 자신에게 인사를 건네는 것이 이상하다는 생각이 들었다. 그녀는 자리에 돌아가 책가방을 들다가 아기자기한 분홍색 편지봉투가 자신의 책상에 놓인 것을 발견했고, 호기심에 이를 열어보았다. 깔끔한 글씨체로 두 장을 꼬박 채운 편지는 그냥 대충 훑어봐도 같은 반 남학생이 쓴 고백편지라는 것을 알 수 있었다. 잉쉐는 매우 혼란스러웠고, 다급히 편지를 챙겨 주위를 둘러보았다. 한쪽에서 이야기하는 척을 하는 아이들이 분명 내막을 알고 있음을 느낄 수 있었다.

잉쉐는 고백을 처음 받아본 터라 마음이 매우 복잡하고 긴장되고 두려웠다. 심지어 조금 화가 나기도 했다. 막 편지를 열어봤을 때, 그녀는 매우 놀랐고, 곧장 선생님과 부모님이 알면 어떡할까 하는 걱정이 들었다. 이런 걱정은 괜한 걱정이 아니었다. 반 아이들이 그녀가 고백편지를 받았다는 것을 알고 있고, 선생님이 연애를 특히 반대한다는 것도 알고 있는데다가 그녀가 반장이기까지 하니 모두가 자신을 비웃을 거라는 생각이 들었다. 그래서 그녀는 갈수록 더 화가 났고, 이 남학생이 너무 경솔하게 행동한 것에 짜증이 났다. 왜 하필 편지를 써서 굳이 사람들이 알게 했을까 하고 말이다. 그녀는 감정을 잘 못 숨기는 아이였고, 고민이 가득한 얼굴 그대로 그녀를 데리러 온 엄마의 차에 올랐다.

엄마는 잉쉐에 대한 모든 것을 너무나도 잘 아는 사람이었다. 잉쉐는 이것이 그녀가 속마음을 숨기지 못하는 이유 중 하나라고 말했다. 늘 엄마에게 들켰기 때문에 진작부터 무슨 비밀을 만드는 것을 포기했다. 그녀의 표정을 본 엄마는 곧장 왜 그러는지, 이제 막 개학했는데 무슨 일이 있는지를 물었다. 잉쉐는 처음에는 엄마의 질문에 대답하지 않고 몸이 안 좋다는 핑계를 댔지만, 엄마는 당연히 믿지 않았고 가는 길 내내 이유를 캐물었다. 집에 돌아온 뒤, 엄마는 저녁을 준비하고 잉쉐는 평소처럼 샤워한 뒤 잠시 쉬었다가 저녁을 먹었다. 식탁에서도 엄마는 계속 그녀에게 무슨 일인지 물었다. 담임선생님께 전화해 물어보겠다고까지 말했다. 잉쉐는 어차피 이번 일은 자신도 해결할 수 없으니 그냥 엄마에게 말해버리자고 생각했다. 잉쉐는 이것이 자신이 평생을 후회할 결정이었다고 말했다.

당시 엄마는 조금 놀란 듯 잠시 멈칫했지만 이런 일은 어른에게 이야기하는 것이 맞다며 그녀를 칭찬했다. 엄마는 더이상 별말을 하지 않았지만 잉쉐가 한눈을 팔까 걱정되니 편지를 대신 보관하겠다고 말한 뒤

가지고 갔다. 다음 날, 뜻밖에도 이 편지는 엄마의 손에서 담임선생님에게 전달되었고, 수업 도중에 편지를 쓴 남학생이 담임선생님께 불려 나갔다. 잉쉐는 뭔가 불길한 예감이 들었다. 쉬는 시간에 남학생이 돌아왔고, 그녀 곁을 지나치면서 몇 초 동안 그녀를 뚫어지게 쳐다봤다. 잉쉐는 자기도 모르게 고개를 들어 처음으로 남자아이의 얼굴을 집중해서 보았는데 그의 팽팽해진 입술, 찌푸린 짙은 눈썹, 날카로운 시선을 발견하고는 조금 걱정이 됐다. 그는 순간 고개를 돌렸고, 잉쉐는 쉽게 알아차릴 수 없을 만큼 작은 한숨소리를 들었다.

그날 이후 잉쉐는 친구들 모두가 자신을 이상한 눈빛으로 바라보는 것을 느꼈다. 수업이 끝나면 친구들이 삼삼오오 모여 뭔가에 관해 이야기하다가 그녀가 가까이 오면 말을 멈추고 다양한 눈빛을 쏘아댔다. 이후 학급회의 시간에 담임선생님은 한 시간 내내 학생시절의 연애가 왜 나쁜지에 대해 이야기했다. 중3이 얼마나 중요한 시긴데 연애에 대해 생각할 겨를이 어딨냐며, 자신의 앞날은 망치더라도 다른 사람의 앞날은 방해하지 말라는 등의 이야기를 늘어놓으셨다. 비록 직접적으로 이름을 말씀하시진 않았지만 다들 선생님이 누구 얘기를 하는 것인지 알고 있었다.

반 분위기는 더욱 긴장 상태에 빠졌다. 어떤 학생은 그녀를 피하지 않고 일부러 들으라는 듯 험한 말을 쏘아댔다. 순수한 척한다느니, 아부한다느니, 심지어 가식을 떤다고 말하기도 했다.

가족에 대한 사랑은 종종 상처를 남긴다

잉쉐의 말에 따르면, 고백편지를 쓴 남학생은 반에서 인기가 꽤 많은 아이였다. 운동을 좋아하고 밝고 활달하며 매우 잘생긴 아이라서 같은 반뿐만 아니라 다른 반에도 친구가 많고 그를 좋아하는 여학생도 많다고 했다. 담임선생님은 그가 노는 것을 좋아하는 점을 탐탁지 않게 생각했지만, 그는 매우 똑똑해서 그렇게까지 열심히 공부하지 않아도 성적이 나쁘지 않았다. 이에 반해, 잉쉐는 공부하고 학급 일을 처리하는 것 외에 친구들과 왕래가 잦지 않았고, 부모님이 매우 엄격하게 관리하는 탓에 친구들과 사적인 활동을 함께할 기회가 없었다. 그 남학생과 잉쉐는 같은 학원에 다닌 적이 있어서 어쩌다 한 번씩 말을 섞은 적이 있었고, 잉쉐는 그가 뭔가 특별하다고 생각하진 않았지만 그렇다고 그를 싫어하진 않았다.

엄마가 편지를 가져간 것은 대신 보관하기 위해서가 아니라 담임선생님에게 가져가기 위함이었다는 사실을 그녀는 알지 못했다. 게다가 담임선생님이 그렇게 심하게 얘기할 거라곤 생각지 못했다. 마음속으로는 그 남학생에게 매우 미안했지만, 이를 설명하고 상처를 해결해줄 방법이 없었다. 친구들의 냉소적인 이야기를 듣다 못한 잉쉐는 도저히 참을 수 없어서 처음으로 엄마에게 크게 화를 냈고, 자신과 아무런 상의도 하지 않은 채 편지를 선생님께 전달해서 모든 사람이 자신을 떠나가게 했다고 원망했다. 당시 외할머니, 외할아버지가 함께 계셨는데 그들은 잉쉐가 예의가 없다고 꾸짖기도 했다. 그녀는 한바탕 대성통곡을 하고 처음으로 숙제를 하지 않았고, 다음 날 학교에도 가지 않았다. 하지만 잉쉐는 이 반항이 더 끔찍한 결과를 낳으리라는 것을 알지 못했다.

잉쉐가 학교에 가지 않은 날이었다. 엄마는 하교시간에 맞춰 학교에 찾아가 교문 앞에서 그 남학생을 기다렸다가 왜 친구들이 잉쉐를 냉대하고 심지어는 비아냥거리기까지 하는지, 이것이 그가 꾸민 일은 아닌지 등에 대해서 물었다. 구체적인 대화 내용은 확실히 알 수 없지만 대략 남학생이 고백편지를 쓴 것은 잘못된 행동이고, 이렇게 보복하는 것은 더 잘못된 행동이라는 내용이었다.

그 남학생과 함께 하교하던 친구가 이 모습을 목격했고, 이 소식은 매우 빠르게 학생들 사이에 퍼졌다. 잉쉐는 다음 날 학교에 갔다가 상황이 더 악화되었음을 알 수 있었다. 반 친구의 대부분이 그녀를 본체만체했다. 그녀는 기회를 보다가 자신의 초등학교 동창을 억지로 잡아끌어 무슨 일이 있었는지 물었고, 그제야 엄마가 전날 학교에 찾아와 그 남학생과 이야기를 나눴다는 사실을 알게 되었다.

개학한 지 2주도 채 되기 전에 그녀의 세계는 형체를 알아볼 수 없을 정도로 무너졌다. 잉쉐는 더이상 어떤 말도 할 용기가 나지 않았고, 뭘 해야 할지도 몰랐다. 침묵만이 이토록 끔찍한 상황에 맞설 유일한 방법인 것 같았다. 선생님과 가족들은 잉쉐의 기분이 침체되어 있다는 것을 알아차렸고, 그녀에 대한 관심은 갈수록 커졌다. 잉쉐는 모든 것을 얼렁뚱땅 넘기며 1년 같은 하루하루를 보내고 있었다.

엄마는 자신이 남학생을 만나러 갔다는 사실을 숨기지 않았고, 그 학생이 예의가 바르고 나쁜 아이인 것 같지는 않았지만 자기 생각이 너무 강하고 매우 똑똑하고 말도 잘해서 여자아이들의 환심을 살 만한 아이라고 말했다. 또 그날 그 학생과 함께 교문을 나서던 남녀학생들이 여럿 있었다면서 이런 아이는 더더욱 가까이해서는 안 된다고 말하기도 했다. 잉쉐는 그저 듣기만 할 뿐 아무런 말도 할 수 없었다. 엄마가 또 무슨 일을 벌일까 두려웠기 때문이다. 금방 중3 첫 번째 월말고사가 다가왔고, 잉쉐의 성적이 눈에 띄게 떨어졌다. 성적표를 본 엄마의 눈썹이 팽팽하게 뒤틀렸다. 엄마는 아무런 말도 하지 않았지만 잉쉐는 폭풍 전야와 같은 느낌을 느꼈다. 그녀는 이러한 결과는 자신의 상태가 좋지 않았기 때문이지 다른 사람과는 관련이 없고 다음번에는 꼭 다시 성적을 회복하겠다고 다급히 말했다. 하지만 학부모회의를 마치고 엄마는 또 그 남학생의 부모님을 찾아가 다시는 잉쉐를 방해하지 말고 잉쉐의 친구 관계를 되돌릴 수 있게 도우라고 말했다.

  잉쉐는 학교나 집에서 사람들이 경멸하는 눈빛을 보내고 수군거려도 무시했다. 또한 부모님과 선생님의 지도 및 질책, 위로, 격려에 대해 잉쉐는 모두 침묵으로 일관했다. 생각은 점점 허공을 떠돌았고 수업시간이나 숙제를 할 때도 자주 멍하니 있게 되었다. 그녀는 자기도 모르게 자주 그 남학생의 그림자를 찾게 되었고, 그에 대해 미안하기도 하고, 괴롭기도 하고, 원망과 분노를 느끼기도 하는 등 복잡한 감정을 가지게 되었다.

좋아하지 않는 사람을 좋아하다

  잉쉐가 관심을 갖고 보면 볼수록 그 남학생에게는 독특한 매력이 있었다. 어떤 문제 앞에서도 그는 대범하고 빛나고 자신감이 넘쳤다. 그녀와 그녀의 엄마가 고백편지를 처리하는 방식이 그를 많이 불편하게 했지만 그는 이에 대해 한 번도 나쁘게 말한 적이 없었고 가끔은 생각에 잠긴 듯 그녀를 바라보기도 했다. 뭔가를 말하고 싶어 하는 것 같았지만 잉쉐는 항상 그를 피했다.

　그의 분노에 찬 아름다운 얼굴이 눈앞에 아른거렸고, 그녀는 자신이 갈수록 그 남학생을 좋아하고 있다는 것을 깨달았다. 이런 감정 변화는 정말 무슨 농담 같았다. 그녀는 자신이 그 편지를 한 번이라도 진지하게 읽어보지 못해서 그가 대체 자신의 어떤 부분을 좋아하고, 언제부터 자신을 좋아했는지 알 수 없는 것을 후회했고, 이 모든 것들은 영원히 풀리지 않을 수수께끼로 남을 것이라고 생각했다.

　'고백편지 사건'은 점점 잊히고 있었지만 잉쉐의 상태는 쉽게 회복되지 않았다. 그녀는 멍하고 침울한 상태로 또 한 달을 보냈고, 성적은 그 전보다도 더 많이 떨어졌다. 선생님도 예전처럼 그렇게 계속 그녀를 붙잡고 이야기하지 않았고, 학급 일도 자주 다른 임원에게 맡겨 처리하게 하였으며, 그녀를 바라보는 눈빛에서 점차 어찌할 바를 모르겠고 걱정되는 마음이 드러났다.

　가족들도 점점 인내심을 잃어갔다. 앞서 그녀에게 건네던 위로와 격려는 서서히 책망과 비난으로 변해갔다. 심지어는 늘 자신을 예뻐하던 아빠도 굳은 표정이 되어 발전하기 위해 애쓰지 않고 중요한 순간에 뒤로 물러서는 것은 바보 같은 짓이라고 말했다. 잉쉐는 거의 대꾸하지 않고 듣기만 했다.

　잉쉐의 상황은 점점 나빠져 잠을 잘 자지 못하고 음식도 멀리하게 되었다. 아침에 잘 일어나지도 못했다. 때로는 숙제도 하지 않고 학교 가는 것도 거부했다. 한번은 엄마가 급하게 그녀를 침대에서 일으키려 하자 그녀는 심하게 화를 내면서 온종일 방 안에서 나오지 않아 집안이 발칵 뒤집혔다. 나중에 할머니, 할아버지가 와서 엄마를 설득해 출근을 시키고 나서야 잉쉐는 방문을 열고 나왔다.

고등학교 선생님이셨던 할머니는 반나절 동안 잉쉐와 이야기를 나눴다. 어린 여자아이는 사랑과 관련된 일이 생기면 비교적 쉽게 큰 영향을 받는데, 특히 잉쉐처럼 단순하고 착한 아이의 경우 그 정도가 더 심하기 때문에 엄마가 저렇게 긴장하는 것이고, 요 몇 달 엄마도 몸이 좋지 않아 심하게 말랐다고 말씀 하셨다. 할머니는 자신이 가르쳤던 수많은 아이의 예를 들어 교훈으로 삼게 했다. 할머니의 말씀은 매우 일리가 있었다. 비록 잉쉐는 문제의 시작이 연애가 아니었다는 것을 알고 있었지만, 지금은 분명 그 남학생을 좋아하고 있으니 또 그런 셈이라고 생각했다.

빠르게 반 학기가 지나갔고, 그녀가 예전에 꼭 가고 싶었던 중점 고등학교와 좋은 과는 이미 물 건너간 것 같았지만, 계속 이렇게 행동하는 것은 분명 좋은 방법이 아니었다. 그래서 그녀는 변하기로 결심했고 예전 모습으로 돌아가려고 했다. 하지만 공부에 집중하려고 노력할수록 그 남학생의 얼굴이 자꾸만 눈앞에 아른거렸고, 자기도 모르게 그의 그림자를 찾고 있었다.

한번은 잉쉐가 자기도 모르게 그 남학생을 훔쳐보다 친구들에게 들켰고, 곧 새로운 유언비어가 점차 떠돌기 시작했다. 친구들은 그녀에게 문제가 있다고 생각했고, 예전에는 순수한 척하더니 이번에는 신경과민에 '금사빠'가 됐다고 말했다. 그녀는 정말 창피했다. 자기 자신이 너무 가증스럽고 싫었다. 그래서 필사적으로 자신의 잡다한 근심들을 억눌렀고 때로는 자기 몸을 얼얼하게 꼬집기까지 했지만 소용이 없었다.

잉쉐는 이러다가는 정말 무서운 일이 생길 거라고 생각했다. 수년간 열심히 공부한 것이 무용지물이 될 뿐 아니라 심지어는 정상적인 사람으로 사는 것조차 힘들어질 것 같았고, 그럼 정말 끝장이라는 생각이 들었다. 혼란과 공포가 극에 달한 그녀는 담임선생님을 통해 심리상담을 신청하게 되었다.

마음의 병에는 마음의 약이 필요하다

여기까지 듣고 나니 이렇게까지 된 원인과 결과가 비교적 선명해졌다. 나는 잉쉐에게 종이와 펜을 건네고 전체 사건 중 중요한 부분과 이로 인한 결과를 고리 모양의 그림으로 그려달라고 말했다. 그리고 각각의 사건과 결과 사이에서 자신의 감정과 대처 방식을 찾아보라고 했다.

이 방법을 사용하면 현재의 상태에 빠진 각종 원인을 이성적으로 분석할 수 있다. 이를 통해 사건 간의 연관성과 부정적인 순환 관계, 효과적인 접점을 찾아 적절한 방법으로 순환의 고리를 끊어야 회복 가능성이 있는 것이다.

나는 잉쉐가 문제에 집중하게 하는 동시에 이성적으로 분석하게 했고, 그녀의 태도와 생각을 조정하는 것이 문제 해결의 핵심이자 가장 신속하게 자신을 돕는 방법임을 인식하게 했다.

문제는 잉쉐가 지나치게 말을 잘 듣는다는 데서 비롯되었다. 그리고 내가 이끄는 대로 잘 따라온 것도 역시 그녀가 순종적이기 때문이었다. 모든 일에는 양면성이 있기 때문에 잘 사용하면 장점이 되는 것이다. 그녀는 나의 지시와 제시에 따라 빠르게 자신이 독립적인 판단과 능동적인 대처가 부족했다는 주요 원인을 찾아낼 수 있었고, 이런 일이 생긴 것이 자기 내면의 성장에 대한 대가라는 점도 이해할 수 있었다.

　이 외에도 지나치게 감성적인 것, 완벽주의, 내면의 연약함 등 그녀는 현재의 엉망인 상태와 밀접한 관련이 있는 내부적 원인을 찾아냈다. 문제의 원인을 찾았으니 어떻게 대처할지만 분석하면 훨씬 순조롭게 일을 해결할 수 있었다.

　잉쉐가 우선 해결해야 하는 부분은 자신의 감정 변화를 정확하게 바라보는 것이었다. 각종 사건으로 인해 생긴 그 남학생에 대해 과도한 관심과 사춘기 성 심리의 정상적인 발전 욕구로 인해 생긴 감정은 정상적인 것이니 억지로 억누를 필요는 없고 행동을 잘 조절해 반응하기만 하면 됐다.

　이전에 일어난 일들의 대부분은 오해에서 비롯된 것이었다. 예를 들어, 엄마는 줄곧 남자아이가 고백에 실패하자 친구들과 함께 잉쉐를 따돌리고 있다고 오해했고, 친구들은 잉쉐가 감정을 존중할 줄 모르고 부모님을 끌고 와 자신을 좋아하는 아이를 비난했다고 오해해 그녀를 배척했으며, 선생님과 가족들은 그녀의 애정 문제가 공부에 영향을 끼치고, 나아가 부정적인 정서와 무책임한 행동을 유발한다고 오해했다.

　많은 오해 속에서 잉쉐는 한 번도 적극적으로 나서서 오해를 풀려고 노력하지 않았다. 감정이 격해져 해명하려던 목적을 달성하지 못하거나 침묵을 유지한 채 소극적으로 받아들이기만 했다. 이는 모두 부적절한 대응 방법이었다. 그녀는 그 남학생에게 줄곧 마음의 짐이 있었으나 먼저 다가갈 수 없어 도망쳤다. 하지만 이렇게 해서는 영원히 문제를 해결할 수 없었다.

나는 잉쉐에게 두 가지 숙제를 주었다. 하나는 기회를 봐서 그 남학생과 이야기를 나누면서 이전 일에 대한 오해를 풀고 부적절한 대처에 대해 양해를 구하는 것이었다. 이 일은 혼자서 해내야 했다. 또 하나는 자신의 정서와 감정을 정리하는 동시에 해야 할 공부를 해내기 위해 최선을 다하고, 마음대로 숙제를 하지 않거나 학교에 가지 않는 행동을 삼가는 것이다. 그리고 2주 뒤 같은 시간에 다시 나와 만나 진행된 일들을 평가해보기로 했다.

상담실을 떠나는 잉쉐의 얼굴은 여전히 창백했지만, 나는 그녀의 눈빛에 굳건함과 확신이 늘어난 것을 분명히 느낄 수 있었다.

아이들의 생각을 바꾸는 것은 비교적 쉽고, 아이들은 실행력도 강하다. 하지만 어른을 바꾸는 것은 대단히 어렵다. 나는 잉쉐의 담임선생님에게 아이에게 명확한 정서적 장애가 있으니 부모님에게 많은 관심과 보살핌이 필요하다는 내용을 알려주게 하였다. 아이의 스트레스가 가중되지 않도록, 특히 엄마는 지적하고 비난하는 것을 줄여야 하고 자주 학교에 오는 것도 삼가야 한다고 말했다. 만약 아이가 더 심각해지면 정신과 상담을 받게 해야 하니 부모님이 이에 협조하길 바라며 최대한 아이가 스스로 장애를 이겨내도록 돕고 응원해야 한다고 말했다. 내가 다소 심각한 투로 이야기한 이유는 어른들이 아이를 도울 수는 없더라도 방해는 하지 않길 바랐기 때문이다.

2주 후 다시 잉쉐를 만났을 때, 그녀는 확실히 평온하고 여유가 있어 보였고, 작은 얼굴에 혈색이 돌고 있었다. 그녀는 함께 다니는 학원에서 기회를 잡아 그 남학생에게 이전 일에 대해 이야기하고 진심으로 사과했다.

남학생은 자신은 크게 신경 쓰지 않으며 고백편지를 쓴 것도 별생각 없이 몇몇 친구들이 대담하게 고백하라고 부추겨서 충동적으로 한 것이라고 말했다. 그는 잉쉐가 똑똑하고 착하며 예쁘면서도 제멋대로 굴지 않아서 좋아했는데 그녀에게 이렇게 큰 어려움을 주게 될지 몰랐다고 말했고, 그녀에게 얼른 다시 열심히 공부해서 성적을 회복하라고 격려했다.

말을 하고 나니 마음이 한결 편안해졌고, 두 사람은 함께 노력해서 중점 고등학교에 들어가자고 약속했다. 잉쉐의 학습 태도와 정서가 모두 회복되자 집안 분위기도 많이 좋아졌고, 그 남학생이 학교에서 잉쉐와 종종 이야기를 하자 다른 친구들도 점점 잉쉐를 상대해주기 시작했다. 모든 것이 좋은 방향으로 발전하고 있었다.

사춘기 심리 코칭
엄격한 교육과 관용은 서로 모순되지 않는다
잉쉐의 상담이 끝나고 얼마 지나지 않아 그녀의 엄마가 학교로 날 찾아왔다. 나는 잉쉐가 외국계 기업 임원인 아빠를 제외하면 할아버지와 할머니, 외할아버지와 외할머니 그리고 엄마까지 모두 교사이고, 이 중에 초등학교 선생님부터 대학교수까지 다 있다는 것을 알고 매우 신기하게 생각했다.

잉쉐의 부모는 모두 외동으로, 잉쉐는 정말 그들이 애지중지하는 딸이었다. 그녀는 줄곧 가족들의 세심한 돌봄 속에 자랐고, 교육자 집안이라 잉쉐의 교육에 대해서는 조금의 빈틈도 없었다. 정성스럽게 키우고 엄하게 가르쳤다 할 수 있었다.

아이를 엄격하게 가르치는 것은 옳은 것이다. 경제적인 조건이 좋은 집에서도 그럴 필요가 있다. 하지만 엄격하게 가르치는 것은 과정이어야지 결과여서는 안 된다. 잉쉐의 부모는 아이의 학업 성적에 대해 과도하게 관심을 쏟으면서 그 뒤에 숨어 진정으로 아이를 방해하는 원인을 간과했고, 하마터면 아이에게 심리적 장애가 생길 뻔했다.

스트레스를 이겨내는 능력이 약한 경우가 종종 있다

잉쉐의 엄마는 감사를 표하는 동시에 지금까지 마음속에 품어왔던 수많은 의문을 쏟아냈다. 어렸을 때부터 정성으로 양육한 아이고, 줄곧 매우 독립적이고 능력도 많은 아이였는데 어떻게 이토록 짧은 시간에 그렇게 큰 문제들이 발생하고 하마터면 심리적 질병이 생길 뻔한 건지 이해하지 못했다.

지금은 아이가 거의 정상적인 모습으로 회복됐지만, 예전처럼 엄마에게 모든 걸 이야기하지는 않는 것 같다고 했다. 잉쉐의 엄마는 자신감이 없었고 자신의 어떤 부분이 틀린 것인지 알지 못했다.

잉쉐는 갑자기 발생한 '광범위한 불만'을 직면하고 어찌할 바를 모르고 매우 혼란스러웠다. 지금까지 그녀의 성장 과정은 지나치게 순조로웠고 이와 비슷한 경험이 전혀 없었기 때문에 자연스럽게 강렬한 반응이 나왔고 심리적 방어기제가 작동되었다.

'도망'은 사람들에게서 흔히 볼 수 있는 심리적 방어기제지만, 너무 오래 사용하게 되면 많은 문제를 유발한다. 인간관계로부터 도망친 사람은 갈수록 자기 자신을 가두게 되고, 공부에서 도망친 사람의 성적은 반드시 떨어지게 된다.

순조롭게 성장한 아이일수록 사춘기에 쉽게 문제가 생기기 때문에 이 점을 부모가 반드시 명심해야 한다.

사춘기의 연애는 정상적인 일이다

예쁘고, 성격도 시원시원하고, 품행도 바르고, 우아한 기질을 가진 아이가 성적도 우수하면 당연히 아이들 사이에서 큰 환영을 받을 것이다. 그런 아이를 이성적으로 좋아하는 아이가 생기는 것도 지극히 정상적인 일이다.

십대 소녀에게 자신을 좋아하는 남학생이 있는 것은 더할 나위 없이 정상적인 일이다. 청소년기의 연애에 많은 단점이 있긴 하지만 막기만 하는 방법은 통하지 않는다. 잉쉐는 분명 사랑 때문에 상처받은 아이지만, 그녀에게 상처를 준 것은 이른 연애가 아니라 그녀를 과도하게 보호한 엄마의 사랑과 교사의 사랑이었다.

부모와 교사가 이유를 불문하고 개입하면 그 결과 아이는 친구들과의 관계에서 전에 없던 위기를 맞닥뜨리게 된다. 과도한 좌절은 상처가 되고, 아무리 잘 훈련된 아이라고 해도 대처하기 어려운 상황에 놓이면 자연스럽게 반항하거나 소극적으로 대처할 수 있다.

아이가 가족이라는 두꺼운 울타리 속에서 손발조차 밖으로 뻗지 못한 채로 있다가 사춘기에 들어섰을 때 곁에 아무도 남지 않아 투명한 상태라면 독립정신과 자주적인 능력은 어디서 키워야 할까?

이 연약한 작은 생명은 보호받아야 하기도 하지만 바람과 비, 심지어는 서리나 눈을 맞게도 해야 한다. 어른은 이를 피할 도구를 제공할 수 있지만, 그들에게 잘 사용하는 법도 가르쳐야 한다.

10

사랑의 도피

죽마고우

칭위안과 하이얼은 모두 내가 가르쳤던 학생이었다. 고등학교에 올라
간 뒤 두 사람은 모두 심리센터의 동아리에 참가해서 자주 볼 수 있게
되었다. 둘은 늘 붙어 다녔기 때문에 마치 연인 같았고 늘 아이들에게 놀
림을 당했다.

처음에는 나도 조금 의문이 들었다. 요즘 아이들이 이성교제나 애정
문제에 있어 갈수록 개방적으로 변하고 있다고는 하나 학교 내에서는
비교적 언행을 조심하고 드러내지 않는 편이기 때문이다.

한번은 조별활동을 하는데 두 사람이 각각 바쁘길래 나는 호기심에
옆에 서서 몇 번 쳐다보다가 칭위안에게 들키고 말았다. 그는 웃으며

말했다.

"선생님 뭐 보세요? 선생님도 오해하신 건 아니죠? 얘 제 여자친구 아니에요. 그냥 '껌딱지'예요!"

메이얼이 고개를 돌리더니 똑같이 예쁜 눈을 반짝였다. 그러고는 칭위안을 흘겨보면서 힘껏 고개를 끄덕이며 말했다.

"맞아요, 선생님. 얘가 바로 '껌딱지'예요!"

아이들의 사랑스러운 얼굴, 진실하고 맑은 눈을 보니 나는 마음이 즐거워져서 하하 웃었고 의문은 완전히 가셨다. 나는 웃긴다는 듯이 물었다.

"어? 내가 뭐라고 했니?"

같은 조의 다른 아이들도 모두 웃음이 터졌다.

나중에 알고 보니 칭위안과 메이얼은 진정한 죽마고우로 그들의 아빠들은 같은 대학을 나와 차례로 결혼하여 아이를 낳았다. 사는 곳도 가까워서 아이들은 어릴 적부터 함께 놀았고, 두 집이 공유하는 '서로에게 맞춰진' 아들딸이었다. 유치원 때부터 고등학교까지 두 사람은 항상 같은 학교에 다녔고 초등학교 때는 같은 반이었다. 칭위안은 활발하고 활동적이라 항상 오빠처럼 메이얼을 보호했고, 메이얼은 똑똑하고 영리하며 진중해서 매사에 칭위안을 돌봤다. 그들에 대해 잘 아는 아이들은 모두 두 사람이 쌍둥이 남매 같은 절친이라는 사실을 알고 있고, 많은 아이들이 그들의 인연을 부러워할 뿐만 아니라 선생님들도 만약 누군가에게 이런 아들과 딸이 있다면 성공한 인생이라 할 수 있다고 생각할 정도였다.

고등학생 동아리는 주로 동아리장이 모든 것을 이끌고 자율적으로 관리하면서 지도교사는 거의 개입하지 않고 동아리 아이들을 만날 기회도 적다.

그해 2학기가 되어 동아리 회의에서 동아리장이 내게 물었다.

"선생님, 칭위안이랑 메이얼 기억하시죠?"

나는 고개를 끄덕였다.

"두 사람이 겨울방학 때 '사랑의 도피'를 했대요. 알고 계셨어요?"

나는 그 말을 듣고 깜짝 놀랐다. 머릿속에 떠오른 사랑스러운 두 얼굴과 귀에 거슬리는 '사랑의 도피'라는 단어가 뒤섞여 불편한 느낌이 들었다. 아마도 내 표정이 너무 굳어서인지 회장은 약간 긴장한 듯 물었다.

"선생님 괜찮으세요? 선생님도 너무 놀라셨죠?"

나는 잠시 멈췄다가 말했다.

"나한테 구체적으로 이야기해줄 수 있니? 무슨 일이길래 '사랑의 도피'라고 한 거니?"

"구체적인 건 저도 잘 몰라요. 동아리에 고1 학생이 말한 거예요. 칭위안이랑 메이얼이 겨울방학 때 함께 집을 나가서 남쪽 어느 지역으로 떠났고, 부모님들이 정말 힘겹게 다시 데리고 돌아왔다고 해요. 무슨 이유 때문인지, 나중에 어떻게 됐는지는 잘 모르겠어요."

두 아이보다 한 학년 선배인 동아리 회장이 이렇게 많이 알고 있다는 건 분명 작은 일이 아니었다는 뜻이다.

"분명 무슨 일이 생겼으니 두 사람이 함께 갔을 거야. 하지만 '사랑의 도피'라는 표현을 사용해선 안 돼. 문제아 같은 느낌을 줄 수 있으니 다들 단어 선택을 잘해서 헛소문이 퍼지지 않게 해야 해. 아이들이 집을 나가는 데에는 아주 큰 용기가 필요한데 두 사람은 그렇게 개성이 특별하게 세거나 자기 마음대로 행동하는 아이들이 아니니 분명 무슨 일이 생겼을 거야. 두 사람 모두 심리 동아리 회원이니 관심을 가질 필요가 있어. 현재 상황이 어떤지 도움이 필요하진 않은지 알아보자.”

회장과 몇몇 핵심 회원들이 고개를 끄덕이며 말했다.

“지금까지는 별생각을 하지 않았는데 주의해야겠어요. 모두 말하는 방식도 고치고요. 두 사람이 정말 도움이 필요할지도 모르니까요.”

오래 억압된 감정

마음속에 두 아이의 일을 담은 채 개학 후 첫 동아리 활동에 참여했는데 나는 칭위안밖에 만날 수 없었다. 회장은 메이얼이 동아리 위원회 선생님의 결정으로 다른 동아리로 옮겼다고 말했다. 표면적으로는 칭위안에게 별다른 모습을 발견할 수 없었다. 아이들과도 잘 지내고 있었다. 다만 미소도 줄고 외로워 보였다.

동아리 활동이 끝난 뒤 나는 그에게 솔직하게 물었다.

“너와 메이얼에 대한 이야기를 들었는데 내가 어떻게 된 일인지 잘 몰라서 네가 대처할 수 있는지 도움이 필요하진 않은지 물어보고 싶었어.”

칭위안은 키가 빨리 자라서 내가 올려다보아야 각진 얼굴을 볼 수 있었다. 자세히 보니 혈기 왕성한 다 큰 남자아이의 얼굴이었다.

그는 짙은 눈썹을 찌푸리더니 잠시 생각하고는 말했다.

“선생님, 제 마음이 너무 복잡해서 무슨 말을 해야 할지 잘 모르겠어요. 하지만 제게 관심을 가져주셔서 감사해요.”

잠시 쉬었다가 그는 말을 이어갔다.

"아마 메이얼이 도움이 필요할 거예요. 선생님 시간 있으세요?"

이틀 뒤 점심시간, 메이얼이 상담실로 찾아왔다. 한동안 못 봐서 그런지 그녀 역시 많이 컸다는 생각이 들었다. 키도 컸고 더 말랐으며 기억 속 동글동글한 얼굴도 아주 날렵해졌다. 피부도 하얘지고 짧게 묶어 올린 머리가 이목구비를 더욱 오밀조밀해 보이게 했다. 하지만 칭위안처럼 미소가 사라져 있었다.

"지난 며칠 동안 활동 중에 널 보지 못했는데, 왜 동아리를 바꿨니?"

동아리는 실습형 수업에 속해서 아주 특수한 이유가 있지 않은 한 절대 바꿀 수 없다.

메이얼은 입술을 잘근 깨물더니 한숨을 내쉬었다. 눈엔 눈물이 반짝였다. 그녀가 말했다.

"부모님이 할 수 없는 일이 있을까요?"

목소리는 크지 않았지만 분노가 가득했다.

"아, 부모님이 바꾸신 거구나."

"만약 제가 동의하지 않았다면, 전학까지 갈 뻔했어요."

"설마 그게 칭위안과 같은 동아리이기 때문이니? 대체 무슨 일이 있었던 거니? 심각한 일이었던 것 같은데."

메이얼은 더이상 참을 수 없는 듯 눈물을 줄줄 흘렸고 이를 멈추지 못했다. 아이가 꽤 오래 억눌려 있었던 것이 분명했다. 거의 휴지 반 통을 다 쓰고 나서야 그녀는 서서히 눈물을 멈췄다. 마음이 너무 힘들 때는 시원하게 한바탕 울어버리는 게 제일 좋은 방법이다.

"마음이 조금 풀렸니?"

그녀는 고개를 끄덕였다.

"무슨 일이 있었는지 나한테 알려줄 수 있겠니? 내가 혹시 도울 게 있는지 보자."

"선생님, 어른들은 다 권위적이고 이기적인가요?"

메이얼은 목을 가다듬으며 내게 물었다.

"어? 왜 그런 의문이 들었니? 어쩌다가 그런 결론을 내게 되었니?"

"예전에는 엄마 아빠가 정말 좋고, 칭위안의 엄마 아빠도 정말 좋았어요. 마치 제게 엄마 아빠가 두 분씩 계신 느낌이라 정말 행복했어요. 하지만 지금은 차라리 아무도 없는 게 나을 것 같아요. 예전엔 그분들의 진짜 모습을 제대로 몰랐던 거죠!"

아이는 또 화가 났다. 나는 재빨리 그녀를 달래며 말했다.

"메이얼, 우선 너무 화부터 내지 말고 뭐가 어떻게 된 건지 처음부터 말해줄 수 있겠니?"

메이얼은 말을 잘 듣는 아이라 심호흡을 몇 번 하더니 감정을 가라앉히고 자초지종을 이야기해주기 시작했다.

이게 다 성적 때문이에요

메이얼과 칭위안은 함께 자라 친남매처럼 가까운 사이다. 두 사람의 부모님은 모두 이 지역 출신이 아니고 어른들은 모두 멀리 사셔서 아이를 키우는 것을 도와주실 수 없었다. 그래서 칭위안과 메이얼의 부모님은 서로 협력해 아이들을 키웠다. 유치원을 시작으로 그들은 학교도 같이 다니게 되었고 짝꿍이 되어 서로 도왔다. 부모들도 번갈아가며 아이들을 픽업하고 돌보면서 시간을 절약했다. 그래서 두 아이는 함께하는 시간이 친남매만큼 많았다.

칭위안은 똑똑한 아이였지만 매우 짓궂어서 시도 때도 없이 사고를 쳤고, 메이얼은 세심하고 얌전했고 성적도 매우 좋아서 어디에서나 그를 돌봤다. 칭위안은 자주 메이얼이 선생님 같아서 짜증난다고 말했지만 그녀의 말이라면 모두 따랐다. 두 아이는 이렇게 서로의 곁을 지키며 자라났다. 중학교를 졸업할 때까지 아무 일 없이 평화롭고 즐거운 나날들이었다.

문제는 중학교 졸업시험에서 발생하였다. 메이얼은 시험을 잘 보지 못해 몇 점 차이로 중점 고등학교에 들어가지 못했고, 오히려 항상 뒤처지던 칭위안은 중점 고등학교 입학 최소 점수를 한참 넘겼다. 메이얼은 너무나 속상했고, 칭위안은 그녀에게 괜찮다고 격려해주면서 메이얼 선생님에게 보답해야겠다고 농담을 했다. 그녀를 혼자 있게 하지 않을 거라고도 말했고, 그녀에게 같은 교정에 있는 일반 고등학교에 응시하면 같은 학교에 다니는 것과 다를 바가 없다고 말했다. 칭위안과 헤어지지 않는다고 생각하니 메이얼은 마음이 많이 안정되었고, 자신도 반드시 칭위안을 따라잡을 수 있고 좋은 대학에 들어갈 수 있다고 믿었다.

하지만 어른들은 전혀 그렇게 생각하지 않았다. 메이얼의 시험 점수를 들은 뒤로 엄마의 얼굴빛이 좋아진 적이 없었고 운 적도 몇 번 있었다. 엄마는 그녀를 변변치 못하다며 나무라면서 칭위안에게 문제 풀이까지 해주더니 정작 자기는 떨어졌다면서 창피하다느니, 손해를 봤다느니 말했다. 메이얼은 화가 났지만 자신이 시험을 잘 못 본 것이 분명한 사실이기 때문에 아무 말도 하지 않았다.

원래 두 가족은 매주 함께 모여 식사를 하는데 그 당시에는 분위기가 좋지 않아서 갖가지 핑계를 대고 중단했다. 예전에는 두 아이가 양쪽 집을 자유롭게 오가며 두 집 모두 자기 집이나 마찬가지였지만 엄마가 기분이 좋지 않으니 칭위안을 봐도 아는 체를 잘 하지 않았고, 아빠는 부자연스러운 분위기를 풀어보려 노력했다. 칭위안은 점점 메이얼의 집으로 가는 횟수가 줄었다. 하지만 메이얼이 칭위안의 집에 가는 것은 아무런 문제가 없었다. 칭위안의 부모님은 그녀를 기쁘게 맞아주었고, 늘 메이얼이 칭위안에게 많은 도움을 주었다고 말했다. 사실 메이얼은 이런 이야기를 듣고 싶지 않았다. 왜 부모님들이 고등학교에 입학하는 일을 이렇게 중요하게 생각하는지 알 수 없었다.

엄마는 그녀에게 다 큰 여자애가 어딜 그렇게 돌아다니냐며 집에서 서둘러 고등학교 공부를 예습하라고 말했다. 이미 한 걸음 뒤쳐졌으니 더 나빠져서는 안 된다며 학원도 보내주셨다. 예전에는 학원도 항상 칭위안과 함께 다녔는데 이번에는 엄마가 메이얼만 학원에 등록시켰고, 선생님 수준도 높고 인원 제한이 있다고 말했다. 메이얼은 반대하고 싶었지만 엄마의 어두운 얼굴을 보며 감히 아무 말도 할 수 없었다. 이 일을 칭위안에게 설명하자 그는 오히려 학원에 다니지 않아도 된다고 즐거워하며 온종일 밖에서 축구, 농구 등을 했다.

드디어 개학하고 두 아이는 다시 자유롭게 함께 등교할 수 있었다. 메이얼은 매우 기뻐하며 긴 한숨을 돌렸다. 고등학교 입시의 풍파가 잠잠해지고 나서 두 아빠는 번갈아가며 아이들의 등하교를 맡았다. 비록 서로 다른 학교에 있지만 칭위안이 말한 것처럼 같은 학교에 다니는 것과 별 차이가 없었고, 모든 학교 활동을 함께 참여할 수 있었다. 고등학교에 들어간 뒤 칭위안과 메이얼의 역할도 서로 바뀌었다. 메이얼은 칭위안의 말을 잘 들었고, 공부를 중요하게 생각하는 동시에 많은 활동에 참여했다. 어쨌든 칭위안이 뭘 하든 상황만 허락한다면 메이얼은 함께 했다. 그래서 학교에는 한시도 떨어지지 않는 '이란성 쌍둥이'가 생겨났다.

　고등학교 공부는 갑자기 많이 어려워졌다. 특히 이과가 그랬다. 메이얼은 늘 열심히 공부하는 아이였지만 첫 월말고사를 심각하게 못 봤고 세 개의 이과 과목 모두 커트라인을 넘지 못해 한 방에 전교 몇백 등까지 성적이 떨어졌다. 하지만 칭위안은 오히려 전교 100등 안에 들었다. 메이얼이 죽을 만큼 괴로워하자 칭위안은 괜찮다면서 커트라인을 넘지 못한 학생들은 아주 많고 고등학교에 막 들어와 아직 적응이 안 돼서 그런 거라고 그녀를 위로했다. 메이얼은 그에게 화를 내며 이제 곧 '공부의 신'이 되실 분이라 쉽게 말한다며 '공부 못하는 애'는 뭐하러 아는 체하냐고 쏘아붙였다. 칭위안은 그녀가 화를 내는 모습을 웃으며 바라봤다. 메이얼이 정말로 화가 난 것이 아니라는 걸 알았기 때문이다. 오랫동안 함께해온 사이라 서로에 대해 너무 잘 알았기 때문이다. 나중에 칭위안은 메이얼이 문과 성적이 좋으니 이과 성적이 조금 못 나와도 괜찮고, 고 2 때 문과와 이과를 분리하면 강점을 발전시켜 좋은 대학에 들어갈 수 있으니 괜찮다고 말했다. 게다가 칭위안은 메이얼에게 보충수업을 해주고 꼭 그녀의 성적을 올려주리라 장담했다.

월말고사가 끝나고 학교에서 첫 신입생 학부모회의가 열렸다. 이번에는 엄마뿐만 아니라 아빠도 많이 불만스러워했다. 그녀에게 대체 공부를 어떻게 한 건지, 공부가 어렵다고 쳐도 그렇게 망칠 수는 없는 거라고 말했다. 아빠가 거드니 엄마는 더 끝까지 가서 듣기 싫은 말도 많이 했다. 생각 없이 놀 줄만 안다느니 우쭐댔다느니 하고 말이다. 메이얼이 받아들이기 힘든 말도 들었다. 그녀와 칭위안의 관계가 비정상적이라고 말했던 것이다. 중3 때부터 딴마음을 품어서 중점 고등학교에 들어가지 못하고 성적이 갈수록 떨어졌다며, 심지어는 여자가 자중하지 않으면 불행을 자초하게 되지만 남자에게는 아무 일도 생기지 않는다고도 말했다.

메이얼은 너무 화가 나서 무슨 말을 해야 할지 몰랐고, 엄마를 바라보며 처음으로 엄마가 막돼먹었다고 생각했다. 메이얼은 결국 문을 박차고 나갔다. 그게 첫 가출이었다. 메이얼은 혼자 자주 가던 작은 공원에 자정까지 있었고, 너무 울어서 힘이 없었지만 집에 돌아가고 싶지 않았다. 그래도 칭위안만은 메이얼이 어디로 갈지 알았기 때문에 그녀를 찾아냈다. 메이얼의 부모는 아이를 찾지 못하자 매우 걱정되고 두려운 마음에 칭위안 가족에게 도움을 청했고, 메이얼이 또 이런 극단적인 행동을 할까 두려워 아무 말도 하지 않았다.

칭위안이 어떻게 된 일인지 물었을 때 메이얼은 부모님이 성적에 불만을 표현해 싸웠다고만 말할 뿐 다른 이야기는 할 수 없었다. 그날 이후 메이얼은 학교를 마치고 집으로 돌아오면 많이 과묵해졌고, 거의 아무 말도 하지 않았다. 휴일에는 평소처럼 학원에 가거나 마땅한 장소를 찾아 칭위안에게 문제 풀이를 들었고, 두 집을 오가는 경우가 거의 없었다. 아이들은 어른들의 관계도 예전만큼 좋지 않고, 특히 두 엄마가 만나서 이야기를 나누는 경우가 거의 없다는 것을 알게 되었다.

고등학교 시험은 비교적 간격이 짧아서 거의 매달 시험이 있었다. 시험의 주된 목적은 최근 공부한 것이 효과가 있는지, 문제를 이해하는지다. 하지만 학부모들은 그렇게 생각하지 않고 대부분 점수와 등수에 집중했다. 고1 1학기에 치렀던 몇 차례의 시험에서 메이얼의 성적은 모두 좋지 않았다. 제일 최악이었던 건 첫 번째 시험이었고, 그 후로 계속 발전이 있었지만 그다지 뚜렷한 발전은 아니었다. 칭위안은 첫 번째 시험을 가장 잘 봤고 그 후로 계속 조금씩 떨어졌다. 메이얼은 칭위안의 성적이 떨어졌으니 그의 엄마도 그를 나무랄 거라고 추측했지만, 칭위안은 대수롭지 않다는 듯 전혀 신경을 쓰지 않았고 메이얼에게 이야기도 하지 않았다.

메이얼은 칭위안과 함께 있을 때 매우 즐겁고 편안한 것처럼 행동했지만, 칭위안은 세심하지 못해서 메이얼의 고민이 갈수록 많아지고 있다는 것을 느끼지 못했다.

손잡고 집을 떠나다

가장 격렬한 충돌은 연휴 기간에 발생했다. 두 가족이 오랫동안 함께 식사하지 않았고, 두 아빠는 오랜 세월 가족처럼 지내왔는데 이렇게 멀어지는 것이 너무 안타깝다고 생각했다. 결국, 밥상 앞에서 두 엄마는 저마다 한마디씩 했고 화약냄새는 점점 짙어졌다. 공부와 곧 다가올 기말고사에 관해 이야기할 때 칭위안의 엄마는 아들의 성적이 계속 떨어지고 있는데 이는 너무 노는 것만 좋아하기 때문이라며 반드시 마음을 다 잡고 공부해야 한다고 말했다. 전국 중점 고등학교 연합고사로 그의 실력이 과연 어떤지 확인할 수 있을 거라면서 말이다. 이 말은 메이얼 엄마의 아픈 곳을 찔렀고, 그녀는 불쾌한 기색으로 칭위안의 실력은 이미 너무 좋고 특별히 확인해보지 않아도 알 수 있으며, 어디 바보같이 어렸을 때부터 자신을 위할 줄 모르고, 심지어 중점 고등학교에도 들어가지 못하고 결국 성적도 떨어지고 있는 메이얼 같겠냐고 말했다.

분위기가 심상치 않음을 느낀 아빠들은 재빨리 식사를 끝마쳤다. 그리고 모두 불쾌한 기분으로 헤어졌다. 집에 돌아온 뒤 메이얼의 엄마는 끊임없이 잔소리를 늘어놓았다. 앞으로 문제 풀이를 명목으로 칭위안을 만나지 말라며 둘이 만나서 뭘 하는지 알게 뭐냐고 말했다. 차라리 개인과외를 받는 게 낫다며 돈은 얼마가 들어도 상관없다고 말했다. 메이얼은 속상해 죽을 지경이었다. 엄마의 근거 없는 추측 때문이기도 하고, 칭위안 엄마의 말투 때문이기도 했다. 분명 말에 뼈가 있었다.

원래 칭위안과 메이얼은 연휴 때 만나 공부를 하기로 했지만, 그는 그녀에게 연락을 하지 않았다. 아마도 집에 돌아가 부모님께 혼났거나 딴 마음을 품고 메이얼에게 문제 풀이를 해주지 말라고 했을지도 모른다. 차라리 잘됐다고 생각했다. 어차피 공부할 기분도 아니고 문제 풀이만 한들 무슨 소용일까 싶었다. 휴가가 끝나고 아이들은 각자 아빠의 차를 타고 등교했다. 두 아빠는 두 가정의 관계 변화에 묵묵히 발맞추고 있었다. 학교에서 칭위안을 만났을 때, 그가 억지로 지어낸 미소는 우는 모습만 못해 보였다. 메이얼은 잠시 그를 주시하다가 말없이 자리를 떠났고 칭위안도 쫓아와 말을 걸지 않았다. 금방 기말고사가 끝났고, 시험 결과는 짐작한 대로였다. 메이얼은 앞으로 또 무슨 일이 일어날지 모른 채 폭풍우를 기다렸다.

기말 학부모회의가 끝나고 엄마는 오히려 예전처럼 그렇게 흥분하지 않고 차분하게 메이얼에게 세 가지 규칙을 제시했다. 첫 번째, 방학 동안에는 학원을 제외하고 외출할 수 없고 핸드폰과 컴퓨터를 사용할 수 없다. 두 번째, 2학기부터는 학교에서 공부와 관련 없는 어떤 활동도 참여할 수 없다. 세 번째, 칭위안과 따로 만나선 안 된다. 그리고 엄마는 아빠에게 메이얼이 자기 생각이 너무 확고하고 집에서는 말이 없는데 학교에서는 미쳐 날뛴다면서 그냥 내버려두면 다시는 통제할 수 없을 것이라고 말했다. 아빠는 아무 말도 하지 않았고 결정권도 없었다.

메이얼은 무슨 말을 해도 소용이 없고 그럴 가치도 없다고 생각했다. 그저 오랫동안 침실 창문 앞에 앉아 어린 시절 두 가족이 함께 즐거운 시간을 보내던 모습을 떠올렸다. 그때는 다들 할 얘기가 많았다. 이런저런 생각을 하다가 갑자기 근심이 드리운 엄마의 얼굴과 우쭐함을 숨기지 못하던 칭위안 엄마의 표정이 머릿속을 파고들었다. 너무 상반되는 모습이었다. 어른들의 세계는 대체 어떻게 생겨먹은 걸까? 신뢰란 무엇일까? 진실한 감정이 있긴 할까? 자신의 이익을 장담할 수 없을 때 모든 걸 버릴 수 있는 사람들이 아닐까? 메이얼의 작은 머리가 빠르게 돌아갔고, 분노에 차 폭발할 지경이었다.

메이얼은 자신이 우울증에 걸렸다고 생각했다. 어떤 것에도 흥미를 느끼지 못하고, 말하기도, 아침에 일어나기도, 숙제하기도 모두 귀찮아졌다. 핸드폰과 컴퓨터 사용이 금지되기도 했지만 그렇지 않았어도 아무것도 하지 않았을 것이다. 그녀는 자신이 사라지고 아무에게도 발견되지 않았으면 좋겠다고 생각했다. 며칠을 내리 집 안에 처박혀 있으면서잘 먹지도 않고 잠도 거의 자지 않았다. 엄마는 그녀가 소극적으로 반항하고 있다고 생각할 뿐 신경 쓰지 않았다. 몇 차례 갑자기 집에 돌아와기습으로 검사를 했지만 메이얼이 얌전히 집에 있는 것을 보고 학년말이라 바쁘다고 생각했다. 최근에는 기습 검사도 하지 않았다.

　어느 날 오전, 누군가 문을 두드리는 소리가 났다. 메이얼은 못 들은 척했지만, 문을 두드리는 소리는 계속 커져 문짝이 떨어져나갈 지경이었다. 생각하지 않아도 누가 왔는지 알 수 있었다. 메이얼은 결국 문을 열었고, 칭위안은 화가 나 집 안으로 들어와서는 무슨 일이 있는지, 살아는있었는지 물었다. 핸드폰은 계속 꺼진 상태고 메시지함이 넘치도록 메시지를 보냈지만 답이 없었다고 나무랐다. 메이얼은 그가 난리 치는 모습을 보며 아무 말도 하지 않았고 너무 정신이 없고 피곤할 뿐이었다. 칭위안은 갑자기 멈추더니 멍하니 메이얼을 바라봤고 드디어 그녀의상태가 안 좋다는 것을 알아챘다. 메이얼은 오랜 기간의 억압과 며칠간의 정신적, 신체적 소모로 당시 자신이 귀신같아 보였을 거라고 말했다.메이얼은 처음으로 칭위안의 눈에서 눈물을 발견했다. 어릴 적부터 겁낼 게 없는 칭위안이었다.

　그 뒤 칭위안은 메이얼에게 어떻게 하는 것이 좋을지, 어떻게 해야 그녀를 도울 수 있을지 물었다. 메이얼은 밖에 나가서 바람을 좀 쐬고 싶다고, 그렇지 않으면 죽을 것 같다고 말했다. 칭위안은 그렇게 하자면서 자신이 그동안 어른들이 준 용돈을 모아두어서 적잖이 있으니 가고 싶은 곳에 어디든지 데려가겠다고 말했다. 그래서 두 아이는 간단하게 짐을 챙겨 떠났다. 그들은 기차역에 가서 남쪽이기만 하면 어느 지역이든 상관이 없었기 때문에 남아 있는 티켓을 샀다. 사람들이 이상하게 생각하면 여동생을 데리고 방학 기간에 현장 체험학습을 떠난다고 말했다. 이렇게 가다 쉬기를 반복하다 보니 자신들도 모르게 집에서 아주 멀리 떨어진 곳까지 가게 되었다.

집이 얼마나 난장판이 됐을지 알 것 같았지만, 칭위안은 자신이 이미 부모님께 메이얼을 데리고 기분전환을 하러 간 것이지 가출을 한 것이 아니니 며칠 뒤 돌아가겠다며 걱정할 필요가 없다고 메시지를 남겼다고 했다. 그리고 어떤 지역에 도착할 때마다 그는 여러 방식으로 집에 잘 있다는 소식을 전했다. 자유롭게 여행하는 동안 칭위안은 줄곧 메이얼을 기쁘게 해줄 방법을 생각했고, 이럴 줄 알았으면 공부를 열심히 하는 게 아니었다면서 직업학교에 갔으면 얼마나 좋았겠냐고도 말했다. 메이얼은 그게 핵심이 아니라면서 천천히 반년 동안 자신과 엄마 사이에 맺힌 응어리들에 대해 칭위안에게 모두 말했다.

칭위안은 사실 자신 역시 엄마에게 계속 잔소리를 듣고 있고, 메이얼의 엄마가 하는 얘기와 별반 다를 것 없는 내용이지만 자신이 신경 쓰지 않을 뿐이라고 했다. 그들은 부모님들이 왜 그렇게 두 사람이 함께 있는 것을 싫어하는지 함께 분석했다. 연애를 할까봐 걱정돼서? 그것이라면 정말 우스운 일이었다. 어른들의 우정이란 정말 그렇게 약한 걸까 하고 생각했다.

칭위안은 두 엄마가 원래도 사이가 그렇게 좋은 것은 아닌데 아빠들이 사이가 좋으니 가까이 지낸 것 같다고 생각했다. 고등학교 입학시험 이후 가끔 그의 엄마가 아빠에게 '그 여자'는 아직도 우쭐대느냐며, 중요한 시기에 그래도 아들이 체면을 살려주었다고 말했고, 칭위안이 그게 누구냐고 묻자 가르쳐주지 않았다. 이제 와 생각해보니 메이얼의 엄마를 말하는 것 같았다.

합리적인 이유를 찾고 나니 메이얼은 조금 개운해졌다. 두 아이는 서서히 지금까지의 고민들을 잊고 신나게 여기저기를 여행했다. 어느 날 칭위안이 집에 전화를 걸었고, 매번 전화를 걸 때마다 그는 빠르게 몇 마디만 말하고는 전화를 끊었는데, 이번에는 그가 말을 하기도 전에 칭위안의 엄마가 날카로운 목소리로 더 있다가는 사람이 죽게 생겼다며 메이얼의 엄마가 응급실에 실려 갔다고 말했다. 칭위안은 멍해져서는 메이얼에게 전화기를 넘겼다.

열심히 공부하는 게 유일한 방법이다

메이얼의 엄마는 원래 심장이 별로 좋지 않았는데 너무 화가 난 나머지 병이 나 입원을 하게 되었다. 두 아이는 비행기를 타고 돌아왔다. 아빠는 메이얼에게 엄마가 무슨 말을 해도 가만히 듣고 다시는 절대 충동적인 행동을 해선 안 된다고 당부했다. 고작 일주일이 조금 넘는 기간 동안 아빠는 갑자기 나이가 든 것 같았다. 근심 어린 얼굴에 주름이 자글자글했다. 메이얼은 고개를 끄덕였다. 방학 동안 메이얼은 거의 대부분 병원에서 공부하고 숙제를 하면서 엄마를 돌봤다. 엄마는 처음에는 그녀를 본체만체했지만 서서히 말도 몇 마디 섞게 되었다. 하지만 메이얼이 칭위안과 집을 나갔던 일에 대해서는 한마디도 하지 않았고 칭위안과 그의 부모님의 병문안도 거절했다.

  곧 새 학기가 시작되었고, 엄마도 퇴원해서 집에서 요양했다. 그녀는 담임선생님에게 전화를 걸어 메이얼의 동아리를 바꿔달라고 요구했다. 그리고 메이얼에게는 어떤 활동도 참여해서는 안 되며 이를 어기면 전학을 보내겠다고 했다. 대부분의 학생들이 두 사람의 가출을 알게 되었기 때문에 개학 후 사방에서 그들을 탐구하는 눈빛을 찾아볼 수 있었다. 메이얼은 이를 신경 쓰기엔 너무 귀찮았고, 원래 친구들과 떠들고 웃던 그녀는 고독한 모습으로 변했다. 가끔 칭위안을 만나도 고개만 끄덕일 뿐 거의 아무 말도 하지 않았다.

  칭위안도 메이얼의 상태가 매우 걱정되었지만 지난번에 메이얼을 데리고 바람을 쐬고 온 일로 아빠가 했던 꾸지람이 마음에 걸렸다. 아빠는 매우 화가 나서 그에게 그렇게 하는 것이 옳은 일이라고 생각했겠지만 사실 전혀 남자답지 않은 행동이다, 그렇게 하는 게 정말 메이얼을 돕는 일인지 오히려 힘들게 하는 일은 아닌지 생각해보지 않았느냐, 여자아이는 평판이 매우 중요한데 아무리 서로 남매처럼 생각한다고 해도 사실 둘은 아무런 혈연관계도 아니라고 말했다. 칭위안은 앞으로 어떻게 하는 것이 옳을지 알 수 없었고, 그래서 아무것도 감히 시도할 수 없었다. 메이얼에게 다시 무슨 일이 생길까 두려웠기 때문이다. 그래서 메이얼에게 나를 찾아가라고 건의한 것이다.

메이얼은 말했다.

"선생님, 제 마음 상태는 다시 방학하기 전으로 돌아가 있어요. 아무것도 하고 싶지 않고, 아무도 상대하고 싶지 않아요. 하지만 엄마가 요양 중이셔서 지난 학기와는 달리 집에서 최대한 이야기를 많이 하고 기분이 좋은 척을 하고 열심히 공부하는 척하는데, 학교에만 오면 정반대가 돼서 잠도 잘 못 자고 음식도 잘 못 먹어요."

"메이얼, 그게 모두 우울증 증상이야. 칭위안이 지나치게 걱정한 게 아니었네. 사람이 스트레스와 부정적인 감정을 감당하는 능력에는 한계가 있어. 자신이 감당할 수 있는 한계를 초과하면 불가피하게 병이 날 테고 감히 상상할 수 없는 결과를 초래하게 될 거야. 비록 고등학교에 들어와서 네가 겪고 싶지 않은 많은 일들이 생겼지만 이렇게 소극적으로 질질 끌면 마음의 병을 얻게 될 수도 있어. 그런 걸 바라는 건 아니잖니?"

"당연히 병을 얻고 싶진 않아요. 하지만 어떻게 해야 좋을지 잘 모르겠어요."

"너는 현재 상황을 받아들이는 소극적인 방법을 사용하고 있는데, 이 외에 다른 방법을 찾을 수 있겠니?"

메이얼은 멍한 얼굴이었다.

"네가 바꾸고 싶은 마음만 있다면 반드시 방법을 찾을 수 있어."

나는 그녀에게 숙제를 내주고 최근 반년 동안 일어난 주된 갈등은 무엇인지, 이 갈등 사이에는 어떤 관련이 있는지, 자신과 엄마뿐만 아니라 칭위안의 가족들까지 모두 포함해서 생각해보고 정리한 뒤에 일주일 뒤에 다시 만나 이야기를 나누기로 했다.

메이얼은 숙제를 아주 열심히 해왔다. 지금까지 발생한 갈등을 하나의 그림으로 그려와 나와 이야기를 나눴고, 금세 가장 큰 문제점을 찾을 수 있었다. 바로 학교 성적이었다. 성적을 올리는 방법만이 갈등을 약화할 수 있는 유일한 방법 같아 보였다.

엄마의 생각이 합리적인지 아닌지를 따지지 않고 '갈등을 완화하는' 목표만 생각한다면 학습 태도를 조정해 성적을 올리는 것이 가장 좋은 방법이었다. 이외에 나는 메이얼에게 그녀와 칭위안이 남매처럼 가까운 절친이라는 것을 믿지만 사실 어느 순간 가족의 정이나 우정이 애정이 된다 해도 이상한 일은 아니라고 했다. 다만 고등학교 때는 학업이 매우 중요하다고 말했고 이 부분에 대해서는 그들도 같은 생각이었다.

갈등을 수습하기 위해서 칭위안과 잘 상의하고, 부모님이 허락하는 적당한 방식으로 관계를 유지하면서 서로를 응원하고 격려해서 목표하는 대학교에 들어가 함께 더 높은 하늘을 나는 것이라는 게 그들의 공통된 바람이었다.

이외에 두 가정의 관계에 대한 어른들의 결정도 존중해야 했다. 우정은 강요할 수 없기 때문이다. 지금까지는 객관적으로 두 집 모두 서로의 도움이 필요해 밀접한 관계를 유지했으나 이렇게 많은 일이 발생한 이상 예전으로 돌아갈 수는 없었다. 순리에 따르는 편이 좋았다. 두 아빠가 그래도 회복의 물꼬를 틀 수 있는 열쇠이기 때문에 메이얼의 성적이 좋아지고 아빠들의 노력이 더해지면 두 집의 관계가 분명 개선될 것이다.

어떻게 대처해야 하는지 확실해지자 메이얼은 말했다.

"선생님, 제 마음이 많이 차분해졌어요. 그렇게 오래 억눌려 있던 마음에 조금이나마 여유가 생긴 것 같아요."

며칠 뒤 칭위안이 나를 찾아왔다. 아이는 생기를 되찾았고 늠름한 모습이었다. 그는 말했다.

"감사합니다, 선생님. 메이얼의 상태가 많이 좋아졌어요."

나는 그와 다시 학습 계획에 관해 이야기를 나눴고 그에게 임무를 주었다. 두 사람에게 기본적으로 각자의 공부는 각자가 관리해야 하고 반드시 좋은 성적을 얻기 위해서 다른 일들은 잠시 제쳐두라고 말했다.

명확한 목표가 있어야 동력이 생기고, 시간도 충분히 활용할 수 있으며, 더 적극적으로 몰입할 수 있다. 칭위안과 메이얼은 공동의 목표를 위해 노력했고 날이 갈수록 발전하는 모습이 눈에 띄었다. 메이얼은 문과 과목을 더 잘해서 고2 때 문과와 이과를 분리할 때 그녀의 성적은 이미 문과 실습반에 들어갈 수 있는 수준이었다. 학교에서 우연히 만날 때면 자주 그녀는 웃음을 보여주었다.

사춘기 심리 코칭

고독감이 주는 부정적인 영향을 극복하라

현대인의 심리적 문제를 일으키는 원인 중에 가장 중요한 것으로 고독감이 있다. 지혜로운 부모는 홀로 자란 아이의 외로움과 쓸쓸함을 보상하고 안정적인 친구 관계를 형성할 수 있도록 모든 방법을 동원한다. 자신을 스스로 치유할 수 있는 사람 역시 자신을 고독감에서 해방할 방법을 찾은 사람이다.

친구 관계는 부모님이나 다른 가족과의 좋은 관계로 대신할 수 있는 것이 아니다. 우정은 청소년 성장 과정에서 매우 중요한 영양소이다. 칭 위안과 메이얼은 외동딸, 외동아들로 형제자매의 정이 부족한 상황에서 두 사람 사이의 우정으로 이를 대신했다. 하지만 칭위안의 아빠가 말한 것처럼 혈연관계가 아니기 때문에 좌절이나 외부의 공격을 받으면 그 관계는 쉽게 깨질 수 있다. 그러므로 부모는 아이가 우정을 소중히 여기 도록 지도하고 너그러운 마음을 배우게 해야 한다.

자녀를 다른 아이와 비교하지 마라

비교는 사물을 인식하는 객관적인 방법이다. 많은 부모가 아이를 평가 할 때 자주 상향 비교 방식을 사용하는데 이는 건강하지 못한 심리상태 이고, 이로 인한 결과는 당연히 매우 끔찍할 것이다. 자신의 아이를 자주 친척이나 친구 아이와 같은 다른 아이와 비교하는 것은 일반적이지만 매우 어리석은 짓이다. 다른 아이의 장점을 배우게 지도할 수 있다면 그 나마 낫지만 많은 경우 부모들은 결과만 볼 뿐 과정엔 관심을 주지 않고 개개인의 차이는 아예 생각지도 않는다. 아이들에게 '다른 집 아이'는 일 종의 저주와 같고, 더욱이 그 아이가 자신이 잘 아는 아이라면 재난이 발 생한 것과 다름없다.

행복감의 기초는 사랑받고, 자신이 필요한 존재임을 느끼고, 다른 사람 과 우호적인 관계를 유지하는 능력을 갖추고, 완전히 신뢰할 수 있는 친 밀한 관계를 맺는 것이다. 세속에 지나치게 물든 어른들에게 친구를 진 심으로 대하는 아이들이야말로 사실상 가장 가치 있는 배움의 표본일 것이다.

11
여섯 개의 방

어린 왕자가 졸부가 되다

일찍 찾아온 무더위 속에 아이들이 마지막 수업을 들으러 왔다. 5층 교실까지 돌진해 온 아이들은 얼굴이 땀범벅이 되어 있었다. 낮은 실내 온도 때문에 아이들이 감기에 걸리까봐 나는 에어컨을 세게 틀지 않았다. 날아온 것처럼 가장 일찍 도착한 한 남자아이가 온도를 더 내려달라고 애원했다. 매번 이런 생기 넘치는 모습을 볼 때마다 나도 모르게 얼굴에 웃음꽃이 핀다.

내가 웃으면서도 온도를 조절해주지 않자 짓궂어 보이는 아이가 갑자기 무엇인가 생각났는지 비밀을 이야기해주는 듯 소곤거리며 말했다.

"선생님, 교실을 더 시원하게 해두셔야 해요. 안 그러면 졸부가 납셨을 때 기분이 안 좋으실 거예요.”

　주위 몇몇 아이들은 무슨 말인지 알아들었다는 듯 연이어 맞장구를 치면서 말했다.

“서로 다른 온도의 교실 여섯 개를 준비해야 해요.”

　아이들은 계속 알 수 없는 말을 했는데 이는 분명 최근 화제가 된 사건과 관련이 있을 것이나 어떤 내용인지는 알 수 없었다. 아이들이 이러쿵저러쿵 농담하는 것을 들으며 나는 질문을 할 필요가 없었다. 누군가가 알아서 설명해줄 것이기 때문이다.

　그리고 곧 나는 그 반에서 가장 마르고 키가 작은 남자아이 펑허가 멍하니 교실 문 앞에 서 있는 것을 발견했다. 보아하니 한동안 서 있었던 것 같은데 고민이 많은 표정이었고 진퇴양난인 듯한 모습이었다. 나는 문득 이 새로운 이야기의 핵심 인물이 바로 그라는 것을 알았다.

“보세요, 제가 말씀드렸잖아요. 졸부가 기분이 상해서 들어오려고 하지도 않잖아요!”

　짓궂은 아이는 비꼬듯 말했다.

　펑허가 무안해했기 때문에 그게 무슨 일이든 나는 우선 펑허가 그 곤경에서 벗어나게 해줘야 했다. 그래서 나는 아이들에게 앉아서 수업 준비를 하라고 말했다.

“계속 쓸데없는 말 하면 에어컨 아예 꺼버릴 거야!”

　위협이 잘 먹혀들었는지 교실은 곧바로 조용해졌다.

　펑허는 마른 체형에 예쁘장한 얼굴이어서 막 개학했을 때는 여자아이인 줄 알았다. 반에는 그를 놀리는 몇몇 남학생들이 있었다. 이 아이는 전형적인 '유약한 책벌레'였고, '전투력'이 확실히 낮아서 자주 할 말을 잃었다. 그래서 성격이 시원시원하고 바른 소리를 잘하는 여자아이들이 그를 대신하여 반격해주었고 나도 가끔 도와주었다.

비록 펑허가 말이 적고 소심하고 연약해 보이기는 했지만 지금까지 모든 활동 수업에 편하고 자유롭게 임했는데 그날 수업에서는 한마디도 하지 않고 고개를 숙인 채 책장을 넘기거나 연필을 만지작거리기만 했다. 원래도 눈처럼 하얀 피부를 지녔지만 그때는 더욱 창백해 보였다.

수업을 마친 아이들이 교실 밖으로 나가면서 다양한 방식으로 내게 인사를 했다. 나는 한편으로는 인사를 받아주면서 한편으로는 교실 한편에 멍하니 앉아 꼼짝하지 않는 펑허를 주시했다. 과목 반장인 여자아이가 마침 그와 같은 조라서 그를 불렀고, 그는 고개를 들어 주위를 살핀 뒤 무표정에 멍한 눈빛으로 몸을 돌려 교실 후문으로 나갔다.

나는 과목 반장에게 이쪽으로 오라고 손짓한 뒤 물었다.

"펑허에게 무슨 일이 있니?"

"펑허가 이런 지 좀 됐어요. 선생님이 출장 가시느라 한동안 활동 수업을 못 하셔서 모르셨을 거예요."

약 3주 전 월말고사가 끝나고 반에서 어떻게 하면 공부 효율을 높일 수 있을지 토론을 했는데 사회자가 성적이 좋은 펑허에게 발표를 시켰다. 그는 좋은 공부 방법이란 사람마다 다를 것이며 자신의 경우에는 '고정된 공부 장소'가 자신과 잘 맞지 않는다고 했다. 고정된 장소에서는 공부가 잘 안 된다는 것이었다. 친구들은 농담으로 그에게 공부방이 몇 개나 있는지 물었고, 그는 진지하게 여섯 개가 있으며 각각의 과목 숙제를 할 때마다 특정한 방에 가서 해야지 그러지 않으면 잘할 수가 없다고 말했다.

비록 펑허가 "좋은 공부 방법이란 사람마다 다르다"라고 말한 것은 옳은 말이었으나 아이들은 그에게 공부방이 여섯 개나 있다는 사실에만 집중했다. 반은 난리가 났고 아이들이 너무 흥분해서 담임선생님도 제어할 수가 없는 지경이었다. 원래 펑허의 별명은 "어린 왕자"였는데 바로 "졸부"로 바뀌었다. 이 소식이 그렇게 흥미로운 일이었는지 매우 빠르게 학교 전체로 퍼졌고, 어떤 학생은 "졸부 타도"라는 인터넷 게시판을 만들기도 했다. 어쨌든 학교를 시끌벅적하게 만든 것이다.

다른 반 학생들, 심지어 다른 학교 학생들까지도 굳이 찾아와 펑허에게 이것이 사실인지를 묻곤 했다. 펑허는 처음에는 어찌할 바를 몰라 하다가 나중에는 점점 화가 나서 어느 날 반 친구가 그를 "졸부"라고 부르자 매우 크게 화를 냈다. 그러나 그런 행동을 억제하기는커녕 그에게 돈 있는 사람은 성격이 세다는 둥 비난하며 갈등은 더 심해졌다. 그날 이후 펑허는 갈수록 더 침묵했고 아무도 아는 체하지 않았다. 심지어 선생님이 그에게 수업을 제대로 들으라고 말해도 못 들은 체했다.

이런 이야기들은 듣고 나니 펑허의 상태가 내가 먼저 개입해야 하는 수준이라는 생각이 들었다. 다만 먼저 그가 나를 만나고 싶어 하는지 확인해야 해서 쪽지를 써서 과목 반장 편에 그에게 보냈다. 대략적인 내용은 그가 즐겁지 않아 보여서 걱정이 되니 나를 찾아와 이야기를 나눠봤으면 좋겠다는 것이었고, 내게 연락할 방법을 함께 보냈다. 그날 밤

나는 펑허에게 상담을 예약하고 싶다는 문자를 받았다.

"졸부"라는 별명과 옛 상처

펑허가 온 그날은 기온이 여전히 높아서 아이의 콧등은 땀으로 살짝 덮여 있었다. 커 보이는 교복을 입고 있었지만 머리부터 발끝까지 단정하게 다려져 있었고 시원한 기운이 뿜어져 나오는데다가 입과 눈썹꼬리에서 억압과 우울함이 확연히 느껴졌다. 그는 정말 우울한 어린 왕자 같았다.

나는 그에게 땀을 닦을 휴지를 건넨 뒤 말했다.

"펑허, 내가 출장을 다녀오느라 오랜만에 보네."

그는 휴지를 건네받으며 낮은 목소리로 말했다.

"감사합니다, 선생님."

"저번 수업시간에 네가 기분이 좋지 않아 보여서 수업이 끝나고 무슨 일인지 물어보려고 했는데, 네가 너무 급하게 가는 바람에 과목 반장에게 부탁해 너를 초대하게 되었어."

펑허는 원래 나와 잘 아는 사이였고 이전부터 만날 때마다 항상 웃으며 안부를 묻곤 했기 때문에 나는 그에게 비교적 직접적으로 이야기할 수 있었다.

"사실 며칠 전에 제가 찾아왔었는데 선생님을 만나지 못했어요. 수업이 끝나고 나서도 선생님과 이야기를 하고 싶었지만, 친구들이 또 쓸데없는 말을 만들어낼까봐 가버렸어요. 선생님이 주신 쪽지를 보고 저는 정말 기뻤어요. 감사합니다, 선생님."

"대체 무슨 일이 생긴 거니? 너에게 많은 영향을 끼친 것 같던데."

펑허는 나에게 지난번 토론 수업에 대해 설명해주었다. 과목 반장이 이야기한 것과 거의 일치했다.

"부유함을 과시하려고 그렇게 말한 건 아니었어요. 그냥 사실대로 말한 거예요. 근데 친구들이 그렇게 크게 놀랄 줄 몰랐어요. 게다가 그 일을 끝도 없이 계속 물고 늘어져서 정말 짜증나요."

그는 말을 하면서 점점 더 화가 나는 듯했다.

"나중에는 다른 루머도 돌더라고요. 공부방이 여섯 개가 있는데 각 방에 선생님이 한 명씩 있어서 제 성적이 좋다는 거였어요. 학교 게시판에는 졸부를 타도하자는 글도 있고 별의별 이야기가 다 있어요. 각종 이미지도 있고, 저를 데리러 온 기사님과 자동차, 축구화, 가방, 문구류 등의 사진도 있어요. 원래 저는 게시판에 잘 들어가지 않아서 무슨 일이 있는지 잘 몰랐는데, 보면 화가 날 거라는 걸 알면서도 저도 모르게 들어가 봤어요."

인터넷 시대에는 정보 전달 속도가 너무 빨라서 키보드 워리어들이 이목을 끌기 위해 함부로 정보를 덧붙이고 악랄한 단어를 사용한다. 악의들이 겹쳐 쌓이면서 언론의 중심에 있는 사람들은 갈수록 큰 압박을 받는다.

"그렇구나. 그럼 스트레스를 너무 많이 받고 있겠네. 혼자 감당하기 어렵지? 무슨 방법을 생각해본 적이 있니?"

그는 깊게 한숨을 쉬더니 눈썹을 비틀어 모으며 말했다.

"저번 토론 수업부터 지금까지 마음 편히 공부한 적이 없어요. 소문이나 도발을 무시하고 싶었지만 그럴 수 없었어요. 그렇게 점점 숙제를 다 하지 못하게 됐고 수업을 듣는 데에도 영향을 받게 됐죠. 담임선생님이 저를 불러 이야기하시더라고요. 다른 사람이 하는 쓸데없는 말은 신경 쓸 필요도 없고, 앞으로 말을 할 때 자신을 곤란엔 빠뜨리지 않도록 좀 더 조심하라고 하셨어요. 그날 이후 저는 다시는 담임선생님과 이야기하고 싶지 않았어요. 나중에는 기분이 갈수록 더 안 좋아지고 잠도 잘 못 자고 음식도 잘 못 먹게 됐어요. 우울증에 걸린 것 같아요.

"펑허, 이 일에서 네가 가장 반감을 느끼는 부분은 어떤 거니?"

그는 잠시 생각하더니 말했다.

"저는 지금처럼 관심의 대상이 되고 싶지 않아요. 게다가 비웃음의 대상이기도 하니까요."

말하는 그의 눈이 빨개지기 시작했다. 나는 그가 마음을 가라앉힐 때까지 기다렸다가 물었다.

"예전에 비웃음을 당해본 적이 있니?"

"당연히 있죠! 제가 기억이 있는 나이 때부터 있었어요! 정말 최악의 경험도 있고요."

그는 고개를 들고 어이가 없다는 듯이 말했다.

"저는 늘 조용히 지내고 무슨 일을 일으키려는 생각도 하지 않는데, 그런다고 해도 결국 문제가 생기더라고요."

"아, 나한테 이야기해줄 수 있니?"

그는 잠시 생각하더니 고개를 끄덕이며 말했다.

"사람들은 항상 저보고 남자아이처럼 생기지 않았다고 말했어요. 어렸을 때는 마르고 키가 작아서 자주 괴롭힘을 당했어요. 초등학교에 들어가서는 성적이 좋아서 선생님이 절 예뻐하시니까 상황이 나아졌어요. '기지배', '아가씨' 같은 말들을 늘 들었어요. '어린 왕자'라는 별명은 그나마 들을 만한 편이에요."

"'졸부'라는 말은 너의 외모나 성격적인 특징에 대한 표현은 아닌데 네가 정말 싫어하는 것 같아. 내 느낌이 맞는지 모르겠네?"

펑허는 가볍게 고개를 끄덕이더니 옛일을 회상하며 말했다.

펑허는 중학생 때 조건이 아주 좋은 기숙학교에 다녔다. 그곳 학생들은 대부분 가정 형편이 넉넉한 편이라 '졸부'라는 단어도 긍정적인 의미로 사용되고, 돈이 있고 씀씀이가 사치스러워야 오히려 체면이 섰다. 그곳에는 하는 일 없이 빈둥거리는 아이들도 많았고, 그들은 자주 규칙을 어기고 사고를 쳤다.

펑허는 책 읽기를 좋아하고 성적이 좋아서 무리와 잘 맞지 않았고, 짓궂은 아이들에게 놀림을 당했다. 시험 때가 되면 그의 인기는 크게 치솟았다. 공부하지 않은 아이들이 그를 돈으로 매수해 답을 알려고 했고, 이를 거절하면 곧바로 태도를 바꿔서 그를 위협했다. 펑허는 소심했지만 자기 뜻을 고수했고 선생님께 이를 알려 저지하도록 했다. 그 일이 있고 나서 몇몇 짓궂은 아이들은 끊임없이 펑허를 괴롭혔는데 방법도 다양했다. 이후 펑허는 이를 견디다 못해 공립학교로 전학을 갔고 비교적 평온하게 중학교를 마치고 중점 고등학교에 입학했다.

"기숙학교 시절이 네가 말한 '최악의 경험'이니?"

그는 고개를 끄덕였다.

"너에게 '졸부'라는 표현이 예전 일을 떠올리게 해서 너무 싫은 거구나?"

"맞아요, 선생님. 저는 제가 이미 다 잊은 줄 알았는데 아니었어요."

펑허가 기숙학교 생활을 이야기할 때는 자세한 내용은 설명하지 않았지만 그의 창백한 얼굴, 잔뜩 찌푸린 눈썹, 꽉 쥔 두 손과 불안한 말투에서 당시 그가 받은 상처가 매우 크리라는 것을 알 수 있었다.

이로써 왜 이번 '여섯 개의 방' 사건에서 아이들이 재미로 놀리기 위해 한 말에 펑허의 반응이 그렇게 격했는지 알 수 있었다. 그 표현이 오랫동안 밀봉해두었던 상처를 꺼내게 했기 때문이었다.

나는 펑허와 함께 두 사건 사이의 관련성을 분석하고 그가 '여섯 개의 방' 사건이 그렇게 대처하기 힘든 일은 아니라는 점을 알도록 지도했다. 중학교 시절의 상처가 훨씬 더 심각한데 적절하게 처리하지 못해 두 사건에서 받은 부정적인 감정이 중첩되어 그의 반응이 지나치게 격했던 것이다.

이런 소문들은 당사자가 격렬하게 반응할수록 더 강화되어 전파 범위가 넓어지고 끊임없이 새로운 흥분 포인트가 추가된다. 그래서 냉정하게 처리하는 것이 더 좋다. 기분이 다운되고 학습 태도가 나빠지는 것은 모두 정상적인 스트레스 반응일 뿐 우울증에 걸린 것은 아니다.

사건 뒤에 숨겨진 비밀

나는 한 가지 의문이 있었다. 펑허가 자신의 과거 생활과 어려움을 겪었을 당시의 이야기를 하면서 부모님에 대해 언급을 하지 않은 점이다.

나는 궁금하다는 듯 물었다.

"네게 정말 공부방이 여섯 개나 있니? 정말 큰 집에 사나 보구나."

"그렇게 크지도 않아요. 200제곱미터가 조금 넘는 3층 별장이에요. 일하는 아주머니 침실 빼고는 다른 방은 다 사용할 수 있어요."

"가족들 방도 네가 공부할 때 사용하니?"

"집에 저 혼자 있는 시간이 대부분이라 마음대로 사용할 수 있어요. 침실, 서재, 거실 등 딱 여섯 개예요."

나는 잠시 주저하다가 물었다.

"나는 네가 보살핌을 잘 받고 있다고 느꼈는데 어머님이 돌봐주시는 게 아니었니?"

그는 나를 바라보고는 코를 훌쩍거리며 고개를 저었다.

"집안일은 모두 이모님이 해주시고, 제 일은 다 제가 해요. 중학교 때 말고 초등학교 때도 잠깐 기숙학교에 다닌 적이 있어요. 그래서 저 스스로 돌볼 줄 알아요. 만약 제가 반대하지 않았다면 고등학교도 기숙학교에 갔을 거예요."

그의 말투는 평온했지만 얼굴에 쓸쓸한 표정은 숨기지 못했다.

"나한테 집에 대해서 한번 이야기해볼래?"

그는 잠시 망설이다 말했다.

"좋아요. 저는 다른 사람한테 이런 얘기를 한 번도 한 적이 없어요. 무슨 비밀이 있어서가 아니라 그냥 말하기 귀찮아서요."

펑허의 부모님은 장사 때문에 늘 바빴다. 그래서 어릴 때 그를 잠시 시골에 있는 할머니에게 맡기기도 했다. 그러나 엄마는 그가 시골 사투리를 쓰는 것이 못마땅하게 여겨 다시 데려왔지만 일이 너무 바빴기 때문에 그를 과외 선생님 집에 맡겨 키우거나 집에 사람을 불러 집안일을 돕게 했다.

어렸을 때, 엄마는 늘 그에게 말을 잘 들으면 집으로 데려가겠다거나 시간을 내어 놀아주겠다고 말했다. 비록 그 약속을 잘 지키지는 않았지만 펑허는 본래 얌전한 성격이라 엄마의 말을 잘 들었다. 아빠는 더 바빠서 얼굴 한번 보기도 힘들었다. 아빠는 종종 펑허에게 장난감을 한아름 안겨주었고, 펑허가 너무 말랐다며 비싼 축구공과 농구공을 사주었다. 하지만 아빠가 곁에 없으니 함께 놀 사람이 없었다.

이런 생활이 오래 지속되었다. 엄마는 언제나 조금만 더 하고서 그만두고 펑허와 함께 있어주겠다고 말했지만 지금까지도 바쁘게 일하고 있다. 엄마와 아빠가 어디서 뭘 하는지 펑허는 관심이 없었다. 펑허가 낮게 재잘거리는 소리를 들으며 나는 마음이 아팠다.

상담실에는 시계가 움직이는 소리만 작게 들릴 뿐이었다. 펑허는 소파에 앉아 고개를 떨구고 자신의 두 손을 뒤집어보고 있었다.

나는 정신을 차리고 가볍게 그의 부스스한 머리카락을 쓰다듬으며 물었다.

"이번과 같은 문제가 생기면 부모님께 말씀드릴 거니?"

그는 고개를 들고 빛나는 눈으로 날 바라보며 웃었다.

"선생님, 걱정하지 마세요. 진작에 습관이 됐으니까요. 예전에 억울한 일을 당했을 때도 부모님께 말씀드렸지만 두 분은 가볍게 몇 마디 격려해주셨을 뿐이에요. 아빠는 늘 남자라면 자신의 문제는 스스로 해결할 수 있어야 한다고 하세요."

펑허는 자신의 경험을 바탕으로 사고 치지 않고 최대한 말썽 없이 열심히 공부했다. 성적이 좋아야 선생님의 도움을 받을 수 있기 때문이다. 다만 기숙학교에서의 일은 너무 큰일이라 혼자 대처하기 어려웠기 때문에 엄마에게 여러 번 전학을 가겠다고 말했다. 부모님은 처음에는 그 학교의 조건이 너무 좋고, 무엇보다 펑허를 돌볼 사람이 없어 걱정하지 않아도 된다는 점 때문에 승낙하지 않았다. 하지만 나중에 펑허가 크게 아프고 나서 안 그래도 마른 아이가 더 마른 모습을 보고서야 그를 공립학교로 보내주었다. 이번 '졸부' 사건은 부모님에게 아예 말도 꺼내지 않았다.

펑허는 이야기를 할 때 자신도 모르게 자꾸 고개를 숙이고 손톱을 물어뜯었다. 내가 가까이 다가가 그의 손을 잡고 자세히 보니 손톱은 거의 없는 것이나 다름없었고 약간 변형도 되어 있었다. 나는 눈썹을 찌푸리고 고개를 들어 그를 바라봤다.

펑허는 입을 벌리고 가볍게 웃으며 하얀 치아를 드러냈다. 그리고 민망하다는 듯이 말했다.

"저도 나쁜 습관이라는 걸 알지만 못 고치겠어요."

뒤이어 그는 급하게 설명하듯 말했다.

"심각한 수준은 아니에요. 그냥 좀 편할 때 손톱을 물어뜯는 거예요."

내가 의심의 눈초리를 보내자 그는 덧붙여 말했다.

"좀 심심할 때나 편안할 때요."

당황한 얼굴을 보고 있자니 나도 모르게 웃음이 나왔다.

"널 지적하거나 나무랄 의도는 없어. 다만 손톱을 물어뜯는 모습은 네 이미지에 큰 영향을 주니까 최대한 자제하는 게 좋아. 가만히 있는 시간을 줄이기 위해서 의식적으로 다른 일을 해보는 것도 좋아. 넌 할 일이 없을 때 손톱을 물어뜯는 것 외에 뭘 하니?"

그는 잠시 생각하면서 눈알을 계속 굴렸다. 말할지 말지 고민하는 것 같았다. 결국 그는 마음을 먹고 말했다.

"선생님한테만 말씀드릴게요. 근데 제가 비정상이라고 생각하실 거예요."

"그래? 말해봐."

"제가 왜 방을 바꿔가면서 공부하는지 아세요? 저는 각각의 방에 함께 공부에 대해 토론할 수 있는 보이지 않는 사람이 있다고 생각해요. 저는 항상 숙제를 하면서 그 방에 있는 사람들과 토론을 해요. 그러면 집중하기가 쉬워져요. 이건 제가 아무한테도 이야기한 적이 없어요. 얘기했다간 제 별명이 '정신병자 졸부'가 되겠죠."

펑허는 비밀스럽게 이 신기한 일에 대해 이야기한 뒤 다시 다행이라는 듯한 표정과 말투를 사용했다. 나는 그가 비정상이라고 생각하지도 재밌다고 생각하지도 않았다. 그저 마음이 아팠다. 이 아이는 얼마나 외로웠을까.

"네 습관에 대해서 가족들도 알고 있니?"

"목소리가 컸던 적이 있었는데 그때 이모님이 들으셨나봐요. 이모님이 정말 귀신이라도 만난 것 같은 표정을 지으셨는데 진짜 웃겼어요. 이모님이 부모님에게 보고를 하신 건지 엄마가 금방 집으로 돌아오셔서 빙빙 돌려서 질문을 한 무더기나 하셨어요. 그럴 바에는 직접 물어보는 게 나은데 말이에요. 저는 설명하기 귀찮아서 아무렇게나 얼버무렸어요. 엄마가 한동안 집에 계셨고, 가끔 향냄새가 날 때가 있었어요. 뭘 하셨는지는 모르겠지만요. 그러고는 며칠이 지나고 회사 일 때문에 다시 출장을 가셨어요."

"엄마가 돌아와서 널 보러 오는 게 많이 기대되었겠구나?"

"네. 예전에는요. 이렇게 하면 엄마가 돌아온다는 걸 알게 되고는 한동안 그 방법을 사용했어요. 안타깝게도 지금은 이미 혼자 있는 게 습관이 돼서 부모님이 돌아오시면 오히려 불편해요."

아이의 눈에 단절과 외로움이 새겨져 있었다.

"너와 토론하는 그 사람들의 목소리가 네가 상상해낸 것이라는 걸 알고 있니?"

"알죠. 그 사람들은 다 제가 상상해낸 거예요. 하지만 너무 구체적으로 상상해서 얼굴, 나이, 성별, 목소리까지 모두 선명해요. 저조차도 가끔은 이 사람들이 실제로 존재하는지 헷갈릴 정도예요."

펑허의 문제는 간단해 보일지도 모른다. 그러나 실제로는 남들이 알지 못하는 걱정들이 많아서 대충 처리할 수 없었다.

가족의 정

펑허의 문제는 '여섯 개의 방' 사건을 어떻게 처리하느냐만이 아니었다. 아이의 현재 생활 상태에 대한 즉각적인 조정이 필요했다. 그냥 놔뒀다간 부정적인 감정이 갈수록 쌓여 진짜 심각한 심리적 장애를 초래할 것이다.

　갑자기 발생한 큰 스트레스 사건에 비해 오래된 낮은 수준의 스트레스 환경이 개인에게 더 깊은 상처를 남긴다. 펑허는 원래 성격이 예민하고 내향적이며 참는 경향이 있는데 부모의 보살핌이 심각하게 결여되었고 부재도 잦아 지금의 상태를 유지해온 것이 이미 쉽지 않은 과정이었을 것이다. 하지만 사춘기 후반에 심리성장 속도가 점점 더 빠르고 격렬히 변화하기 때문에 위험도도 더 높다.

　나는 펑허에게 '졸부'라는 소문에 대처하는 것은 어렵지 않지만 그에게 누적된 부정적인 정서가 너무 많다는 것이 더 걱정되고, 고등학교를 졸업하고 대학교에 들어가 성인으로서의 삶이 시작되면 이로 인한 어려움이 많이 발생할 것이라고 말했다. 부모님과 가족은 성장과 생활에 있어 항상 가장 믿을 만한 친구이기 때문에 이런 자원을 낭비해선 안 된다고 말했다. 그런 점에서 나는 펑허의 엄마나 아빠와 상담을 해보고 싶었고 그의 동의를 구했다.

　펑허의 동의하에 나는 그의 부모와 상담 약속을 잡았다. 일주일이 지나고 나는 펑허의 엄마를 만났다. 담임선생님의 전화를 받고 그녀는 타지에서 급히 돌아왔고 공항에서 바로 학교로 달려왔다. 신경 쓴 화장에도 불구하고 이곳저곳 돌아다니며 고생한 느낌, 초조함, 불안을 감출 수는 없었다. 펑허의 엄마는 체구가 작았고 아이가 엄마를 많이 닮은 듯했다. 수년간 이리저리 돌아다니면서 바쁘게 일하며 생긴 주름에 아이에 대한 걱정이 더해져 고단하고 피곤해 보였다.

　그녀는 앉기도 전에 긴장한 듯 물었다.

"선생님, 아이에게 무슨 문제가 있나요? 예전에 저도 이상하다고 느낀 부분이 있었는데 지켜보니 아이에게 별다른 영향을 주지는 않는 것 같길래 더이상 신경 쓰지 않았거든요. 담임선생님이 전화를 주셔서 정말 긴장했어요. 무슨 큰일이 생겼을까봐 너무 무서웠어요."

나는 잠시 그녀의 마음을 위로한 뒤 펑허의 현재 상황에 대해 이야기했다. 그녀의 아이에게 현재 명확한 심리적 장애가 나타난 것은 아니지만 만약 이에 대해 신경을 쓰지 않고 조정하거나 바꾸지 않으면 금방 문제가 생길 것이라고 말했다. 이번 '졸부' 사건이 매우 의미가 있고, 그렇지 않았다면 아이의 성장 과정 중에 누적된 상처가 얼마나 큰 부정적인 영향을 끼쳤을지 알 수 없었다고 말했다.

"확실히 제가 엄마로서 책임을 다하지 못한 것 같네요."

펑허 엄마의 눈가에서 눈물이 새어 나왔다. 부모에게 아이의 성장을 함께하는 것은 창조의 모든 과정이다.

펑허의 부모님은 먹고사는 것이 바빠 어쩔 수가 없었다. 아들을 너무나도 사랑했지만 몸을 나눌 수도 없을 지경이었다. 엄마는 늘 일을 그만두고 돌아와 아이와 함께하고 싶었지만, 집으로 돌아가려고 할 때마다 회사에 일이 생겼다. 그리고 이렇게 아이가 다 커버렸고, 그녀는 여전히 바쁘게 살고 있었다.

펑허는 어릴 때부터 얌전하고 어른스러운 아이여서 어디에 두든 항상 말을 잘 들었고 공부도 열심히 해서 부모님 속을 썩인 적이 거의 없었다. 그런 펑허였기에 부모님은 마음을 놓고 계속 집으로 돌아가는 것을 미루면서 먼 타지에서 아이를 지원했다. 하지만 지금 생각해보면 정말 이기적인 생각이었다.

"이번에 돌아오기 전에 펑허 아빠랑 이야기를 마쳤어요. 무슨 일이 있더라도 저는 집으로 돌아와 아이를 돌보기로요. 정 회사를 떠나지 못한다면 어딜 갈 때마다 아이를 데려갈 생각이에요. 더는 혼자 집에 내버려두지 않으려고요."

"어디든 데리고 다니신다고요. 하지만 열여섯이면 데리고 다니고 싶다고 데리고 다닐 수 있는 나이는 아닐 텐데요. 게다가 공부에도 단계가 있고 안정감이 매우 중요해요. 생활 환경이나 공부 환경을 자주 바꾸는 것은 현명한 선택이 아니에요. 더우기 사실 펑허는 적응력이 그렇게 강한 아이가 아니고, 자신을 억압하는 일에 익숙해져 있는 아이예요."

"아아, 네. 그럼 아이를 어떻게 대하는 게 좋을지 꼭 세심하게 생각해보고 그렇게 할게요."

펑허의 엄마는 진지하게 대답했다.

펑허의 엄마는 최소한 요 며칠은 아이의 곁에 있기로 약속했다. 비록 펑허가 혼자 지낸 지 오래돼서 돌아온 엄마를 반겨주고 새로운 상황에 잘 적응할 수 있을지 어떨지 모르지만 모성애의 힘은 매우 뛰어나기 때문에 계속 아이 곁에 있기만 해도 서서히 변화가 생길 것이다.

아이의 의견을 존중해서 이전처럼 각 방을 오가며 공부하고 싶을 때는 그렇게 하게 하고, 혼잣말을 할 때도 간섭하지 않기로 했다. 먹고 자는 것을 잘 돌보고 최대한 아이와 함께하는 시간을 늘리면 그 역시 서서히 상상 속 인물 대신 엄마와 교류할 것이다.

이 외에도 나는 펑허와 매주 한 번 상담을 진행하면서 주로 그가 '졸부'라는 소문을 잘 대처할 수 있도록 도왔고, 동시에 예전 성장 과정 중에 누적된 문제들을 해결했다.

펑허는 한 번도 이렇게 자주 다른 사람과 교류한 적이 없었기 때문에 누군가 인내심을 가지고 자신의 말을 들어주고 조언해주기를 간절히 원하고 있다는 것을 알 수 있었다. 과연 그가 엄마에 대해 언급하는 횟수도 점차 많아졌다.

어느 날 그가 내게 말했다.

"서재에서 엄마는 책을 읽으시고 저는 숙제를 했는데, 방을 바꾸는 것도 잊어버리고 그 자리에서 숙제를 다 끝낸 거 있죠!"

나는 그에게 물었다.

"서재에서 모든 공부를 하는 것과 과목별로 각각의 방에서 공부하는 것 중에 어떤 게 더 좋아?"

그는 머리를 긁적이더니 말했다.

"각각 장단점이 있는데, 방을 바꾸지 않는 게 시간은 더 절약되는 것 같아요!"

그는 말을 마치고 활짝 웃었다. 나는 그새를 참지 못하고 또 그의 머리를 쓰다듬었다.

"엄마가 해주시는 밥은 맛있니?"

"네, 괜찮은 것 같아요! 밥을 많이 안 해보셔서 이모님만큼 요리 솜씨가 좋진 않으시지만요."

"그래도 많이 먹으렴. 엄마가 해주는 밥을 먹어야 키도 크고 체격도 좋아지고 정말 멋진 훈남이 될 수 있어!"

나는 농담으로 한 말이었지만 그는 오히려 힘껏 고개를 끄덕였다. 이후 펑허의 엄마는 대부분의 시간을 집에서 보냈고, 일을 하면서도 아이를 돌보고 함께 시간을 보냈다. 그리고 펑허는 남부에 있는 아주 좋은 대학에 입학하게 되었고, 아빠 회사의 업무가 그쪽 지역으로 바뀌어서 이사를 가게 되었다.

펑허는 이사 가기 전날 나를 찾아왔다. 키가 많이 크지는 않았지만 체격은 훨씬 좋아져서 딱 봐도 준수한 청년의 느낌이 났다. 더이상 여자아이처럼 보일 일은 없어 보였다. 그는 장난치듯 말했다.

"선생님, 제 키가 많이 크지 않다고 실망하지 마세요. 엄마가 남부에 가서 살면 그렇게 작아 보이지 않을 거랬어요!"

이 말을 듣고 나는 대단히 기뻤다. 펑허가 이토록 편안하고 자유로운 상태를 유지하고 있고, 곁에 부모님까지 계시니 나는 더이상 그의 미래에 대해 걱정할 필요가 없었다.

사춘기 심리 코칭

함께 있어주는 것 이상의 최고의 사랑은 없다

사실 이는 많은 사람들이 알고 있는 이치이지만 실제로 실행하려면 오랜 세월을 견뎌야 하고 진정으로 해내기가 매우 어렵다.

많은 부모들이 일이 바빠서, 감정적·생활적 부담 때문에, 또는 자신에게 자유로운 생활공간이 필요하기 때문에 자신이 마땅히 져야 할 책임을 간과하고 있다. 물론 어른들의 세계에는 복잡하고 자기 마음대로 되지 않는 상황이 비일비재해서 도저히 아이를 돌볼 수 없어 조부모에게 맡겨 키우거나 기숙학교를 보내는 선택을 하기도 한다. 하지만 그렇다 하더라도 절대 완전히 손을 놓아서는 안 된다. 아이를 키우면서 곁에 있어주지 않고, 돌보지 않고, 가르치지 않는 것은 아주 심각한 직무 유기이다.

민감한 사람일수록 가족의 정이 뒷받침되어야 한다

펑허 같은 아이는 원래 예민하고 잘 참는 성격으로 다른 사람의 환심을 사야만 관심을 얻을 수 있다. 그래서 언뜻 보면 부모를 안심시켜주고 키우는 데 어려움이 없고 어디에 데려다 놔도 잘 자라는 것처럼 보인다.

아이가 누구의 곁에 있든, 어떤 유형의 학교에 다니든, 부모가 아이의 심신 상태와 공부, 생활 모두에 대해 반드시 꿰뚫고 있어야 한다. 아이가 해결하기 어려운 문제를 만났을 때 가장 먼저 부모님께 도움을 요청해야 한다는 생각이 든다는 것은 부모 자식 관계가 막힘없이 잘 연결되어 있다는 뜻이다. 만약 아이가 자신의 생활과 공부에 대해 부모와 교류하지 않는다면, 부모는 자신이 아이의 성장에 소홀한 것은 아닌지 경계해야 한다.

더 중요한 것은 정신적인 측면에서 곁에 있어주는 것이다

'부모가 곁에 있어주는 것'은 그저 형식적으로 함께 생활하는 것이 아니다. 마음과 정신적인 측면에서 곁에 있어주는 것이다. 나이가 어린 아이들은 부모에게 기대기만 해도 충분한 안전감을 느낄 수 있다. 하지만 아이들이 자랄수록 내면의 친밀한 연결과 서로에 대한 신뢰가 중요하다. 만약 이를 적절하게 형성했다면 아무리 멀리 떨어져 있다고 해도 아이는 똑같이 부모의 응원과 격려를 느낄 수 있다. 부모가 곁에 있어주지 못하는 아이들에게 용감하게 홀로 서라고 격려하는 것 외에 아이가 감당하기 어려운 일을 당했을 때 부모는 반드시 충분히 이해해주고 도와야 한다.

성장에는 반드시 대가가 필요하다. 하지만 상처는 제때 봉합하고 염증을 제거해야 더 빨리 아물고 치료된다. 그렇지 않으면 상처가 너무 많아져 자기 치유 능력이 크게 떨어질 수 있고, 이것이 성장 과정 중의 복병이 될 수 있다.

비틀거리며 걸음마를 배우는 아이에게 힘을 보태줄 팔을 내어주는 것은 아이가 넘어질까 걱정해서가 아니라 아이가 넘어진 뒤에 다시 일어날 수 있는 용기를 주는 것이다. 성장 과정 속에 있는 아이에게 귀를 기울이고 시선을 집중하는 것은 아이에게 닥쳐오는 고난과 상처를 막아주기 위해서가 아니라 그들의 앞길을 비춰주기 위해서다.

12

뒤늦게 찾아온 중2병

억지로 상담실에 끌려온 아이

샤오퉁이 상담센터에 방문한 방식은 다소 과격했다. 스스로 원해서가 아니라 엄마에게 억지로 끌려왔기 때문이다.

그날 점심에는 동아리 아이들과 5월 말에 있는 활동에 대해 토론해야 했기 때문에 개별 상담 약속이 없었다. 아이들이 한창 열심히 이야기를 나누고 있을 때 갑자기 계단 쪽에서 무슨 말인지 잘 들리지는 않지만 말다툼을 하는 소리가 들렸다. 나는 아이들에게 계속 토론을 이어가라고 말한 뒤 재빨리 나와 상황을 살폈다.

나는 1층으로 계단을 내려가다가 한 중년 여성이 남자아이를 죽어라 잡아당기며 위층으로 끌고 올라가려는 모습을 발견했다. 아이는 계속 버텼지만 팔을 뿌리치지는 못한 채 아프다고 소리를 지르고 있었고, 또 뭔가 말하는 것 같았는데 중얼중얼하는 통에 잘 듣지는 못했다.

내가 내려오는 걸 발견하자 아이는 더이상 버티지 않고 작은 목소리로 말했다.

"선생님!"

아이를 자세히 살펴보니 낯이 익었다. 어느 반 아이인지 정확하기 기억이 나지는 않았지만 교복으로 봐선 고1 학생이었다.

"무슨 일인가요?"

그러자 한쪽에서 멍하니 서 있던 여성분이 말했다.

"제가 이 아이 엄마인데요. 심리지도 선생님을 만나러 왔어요."

상황을 보아하니 분명 작은 문제는 아닌 것 같았다. 그들을 상담실로 안내한 뒤 회의 중인 아이들에게 남은 회의를 부탁하고 서둘러 상담실에 넘어가 도대체 무슨 일인지 알아보았다.

상담실 소파에 앉은 상태로도 아이가 도망갈까 두려운 듯 엄마는 아이의 손을 쥔 채로 절대 놓지 않았다. 빨개진 아이의 손목을 보고 나는 말했다.

"넌 오고 싶지 않았지만 엄마가 데리고 오신 것 같네. 그래도 이왕 왔으니까 도망가지 않고 잘 있어주겠다고 약속해줄 수 있겠니?"

그는 고개를 끄덕였고 나는 엄마에게 손을 풀어주도록 눈짓했다. 이렇게 비로소 두 사람은 조금 편하게 앉을 수 있었다.

엄마는 통통한 몸매에 말투를 들어보니 외지 분이었다. 나이가 적지 않은데 아이를 끌고 올라오느라 지친 상태였고 5월 초라 아직 기온이 높지 않은데도 땀을 흘리고 있었다. 나는 재빨리 엄마에게 휴지를 건넸고 물을 따라 드리면서 숨을 고르게 했다. 엄마는 긴장했는지 얼른 일어나 고맙다고 말하다가 실수로 물을 조금 흘렸고, 아이는 이 모습을 보더니 짜증과 분노가 섞인 표정을 지었다.

아이는 최대한 엄마와 멀리 떨어지려 소파 구석을 비집고 앉았다. 몸은 꼭 천덕꾸러기처럼 둥그렇게 말려 있어서 가여우면서도 웃겨 보였다.

나는 아이에게 물었다.

"너도 땀을 많이 흘리는데 물 마실래?"

그는 여전히 얼굴을 구긴 채 곧장 고개를 저었다. 나는 엄마에게 앉아 계시라고 말하고 간단히 정리한 뒤에 웃으며 말했다.

"괜찮아요. 매일 아이들이 찾아오고, 부모님들도 자주 오세요. 너무 어려워하지 마세요."

나는 아이에게 물었다.

"정말 미안한데 네가 어느 반인지 이름이 뭔지 잘 기억이 안 나네. 맞다, 생각났다! 실습반에 있었지?"

아이는 낮은 목소리로 말했다.

"네 1반 샤오퉁이요."

엄마는 재빨리 끼어들며 말했다.

"넌 왜 선생님 말씀에 제대로 대답을 안 하니? 목소리도 좀 크게 하고 이름도 성을 붙여서 제대로 말해야지!"

나는 "그래. 너는 샤오퉁이구나"라고 말한 뒤 곧바로 샤오퉁 엄마에게 고개를 돌려 말했다.

"괜찮아요. 학교에서 선생님이랑 아이들이 그렇게 불러요. 친근하게 요."

샤오퉁은 엄마를 한번 흘겨보더니 창밖을 향해 몸을 틀었다.

앞서 담임선생님이 내게 이 아이에 대해 이야기한 적이 있었다. 반에서 생일이 가장 늦어 '콩알'이라고 불리는 샤오퉁은 매우 똑똑한 남자아이로 비교적 내향적이고 말을 잘 들어 반 친구들도 모두 그를 남동생처럼 생각한다고 했다. 샤오퉁은 막 고등학교에 들어와서 처음 두 달간은 꽤 잘 지냈고 성적도 중간이었는데 이후 서서히 공부를 잘 안 하기 시작했다. 수업을 듣고 숙제를 해오는 데에도 문제가 있어서 선생님은 결국 아이를 불러 이야기를 나눴고, 이야기를 듣는 태도도 나쁘지 않고 말대답을 하지도 않았지만 별 효과는 없었다고 했다.

그는 나중에는 점심시간에 피시방으로 도망가 게임을 하다가 자주 수업에 늦었고, 학기가 끝날 때 성적은 크게 떨어져 있었다. 2학기가 개학하고 나서는 더 심해졌다. 매우 반항적이었고 수업시간에 잠을 잘 뿐만 아니라 무단으로 결석을 하고 시험도 치르지 않았으며 게임에 중독되었다. 마치 선생님이나 부모님이 하라고 하는 건 다 반대로 하는 느낌이었다. 그에게 나를 찾아가 심리상담을 받으라고 했지만 그는 철석같이 알겠다고 해놓고는 도중에 도망을 쳐서 놀러가버렸다. 그래서 이번 학기 활동 수업에서 한 번도 그를 만날 수 없었던 것이었다. 이번에는 엄마에 의해 억지로 끌려온 것이었다.

확실히 두 모자의 관계가 매우 긴장되어 있다는 느낌이 들었다. 특히 샤오퉁은 엄마와 많이 부딪히는 것 같았고, 귀찮음과 분노가 그대로 얼굴에서 드러났다. 그래서 나는 샤오통에게 먼저 물었다.

"샤오통, 무슨 일이 있었는지 알려줄 수 있니?"

그는 고개를 돌려 나를 보다가 불쾌하다는 듯 다시 창밖으로 몸을 돌리며 아무 말도 하지 않았다. 이 모습을 본 엄마는 다시 답답하다는 듯 말했다.

"선생님이 물어보시는데 버릇없이 대답도 안 하니?"

샤오통은 고개도 돌리지 않고 대들며 말했다.

"애초에 내가 원해서 온 것도 아닌데, 오고 싶었던 사람이 말해야지!"

엄마는 화가 나면서도 어찌할 바를 모르겠다는 듯한 표정으로 자리에서 벌떡 일어나기까지 했다. 나는 다급히 엄마에게 앉으시라는 눈짓을 한 뒤 계속 샤오통에게 물었다.

"그럼 엄마한테 이야기를 들어봐도 되겠니?"

그는 콧방귀를 뀌며 투덜거렸다.

"말하고 싶으면 하는 거지."

엄마가 먼저 말하는 것에 동의한 것을 보고 나는 엄마에게 고개를 돌려 물었다.

"조급해하지 마시고, 물 한 모금 마시고 천천히 얘기해주세요."

엄마는 그제야 시선을 아들에게서 돌려 나를 바라보고 깊게 한숨을 쉬며 말했다.

"조급하지 않을 수가 있나요. 보셨겠지만 아이가 너무 말을 안 들어요."

"우선 대략 주요한 상황에 대해 설명해주세요."

나는 웃으며 엄마에게 말했다.

우리 아이가 정신병에 걸린 걸까요?

엄마가 상황에 대해 설명하기 시작했다. 샤오퉁의 고향은 산시인데 중학교 2학년 때 톈진으로 전학을 왔고, 원래 학교도 1년 일찍 갔는데 초등학교에서도 월반하는 바람에 나이가 어린 편이라고 했다. 그녀는 샤오퉁이 어렸을 때는 매우 얌전하고 말도 잘 들었고 얼굴도 아주 귀여웠다고 말했다. 말을 하면서 나와 엄마는 약속이라도 한 듯 아이를 바라봤다.

자세히 살펴보니 붉은 입술에 하얀 치아, 밝고 깨끗한 피부, 살짝 곱슬인 숱 많은 머리카락, 곧은 콧등, 크고 까맣게 빛나는 눈, 불만스러운 듯 삐죽이는 입가에 솜털처럼 희미하게 자란 수염이 보였다. 지금의 모습도 매우 사랑스러워서 어렸을 때는 분명 더 귀여웠을 거라 생각했다. 나는 웃으면서 고개를 끄덕이며 엄마의 말에 동의했다.

엄마는 웃음기를 가득 담은 눈빛으로 아들을 바라봤다. 엄마만이 가질 수 있는 눈빛이었다. 하지만 아이는 꼼짝도 하지 않고 거들떠보지도 않았다. 그저 입을 삐죽거리고 눈썹을 찌푸리고 턱을 치켜들며 고집스러운 표정을 지었다. 엄마의 얼굴은 금방 어두워졌고 한숨을 쉬며 말했다.

"하지만 지금은 이런 상태예요. 말도 하나도 안 듣고, 무슨 귀신이라도 쌘 것처럼 너무 변해서 모르는 사람 같은 지경이에요."

엄마의 말투에는 분함과 답답함이 가득했다. 엄마의 원망을 들은 샤오퉁은 갑자기 자리에서 일어나며 큰 소리로 말했다.

"난 원래 이렇다고! 엄마는 잔소리만 할 줄 알지? 어차피 엄마가 말하는 예전으로 못 돌아가. 엄마는 지금 누나 모습이 좋아 보이겠지만 난 그렇게 못해. 그러니까 나 좀 내버려 둬!"

샤오통의 말은 마치 분노한 작은 야수와 같이 과격했다. 엄마는 다급히 일어나 아이가 도망갈까봐 상담실 문으로 뛰쳐나가 섰다. 이런 상황은 예상했던 일이었지만 두 사람이 너무 세게 부딪히기 때문에 우선 분리해서 해결할 필요가 있었다. 이번이 모자가 분리되어 이야기할 수 있는 가장 좋은 기회라고 생각했다. 그래서 나는 두 사람 사이로 걸어가 중간에 서서 잠시 고민하다가 샤오통에게 물었다.

"너는 먼저 가서 수업하고 일단 내가 엄마랑 이야기 나누는 건 어떨까?"

그는 힘줘 고개를 끄덕였다.

"하지만 반드시 교실로 돌아가야 해. 그리고 매일 점심에 나를 찾아와야 해."

나는 그의 어깨를 잡으며 눈을 바라보고 말했고 진지하게 그의 답을 기다렸다. 샤오통은 조금 안정되더니 나를 보고 말했다.

"네. 저희 엄마는 진짜 상담을 좀 받아야 해요."

엄마는 안심할 수 없다는 듯 말했다.

"보내주면 어디로 도망갈지 몰라요. 다시 올지 안 올지도 알 수 없고요."

나는 두 사람 모두에게 말했다.

"샤오통도 다 큰 남자아이니까 한 말을 꼭 지킬 거예요."

나는 말을 하면서 샤오통의 의견을 구하는 듯 그를 바라봤고, 그는 무시하는 눈빛으로 엄마를 바라본 뒤 내게 고개를 끄덕였다. 샤오통이 나가자 엄마는 무의식적으로 몇 걸음 아이를 따라갔다. 나는 그녀에게 다시 와서 소파에 앉길 권하면서 말했다.

"아이가 매우 반항적이에요. 특히 어머님에게요. 그래서 어머님이 다시 오지 않을 거라고 말했기 때문에 꼭 다시 올 거예요."

내 말을 듣더니 엄마는 일리가 있다고 느끼는 듯 확실히 조금 차분해졌다. 앞선 한바탕 실랑이 때문에 엄마는 더 피곤해 보였고 귀밑머리의 백발이 뺨 위로 흩어져 있었다. 그녀는 가볍게 헛기침을 몇 번 하더니 낮은 목소리로 말했다.

"아이가 너무 걱정돼요……."

말을 마치기도 전에 눈물이 흘러내렸다. 나는 휴지를 건네며 말했다.

"아이가 성장하는 과정에는 문제가 생기게 마련이에요. 부모로서 항상 긴장하고 있어야 하죠. 어머님 나이가 있으신 것 같은데 샤오통이 조금 늦게 태어났나 봐요. 제가 잘 봤는지 모르겠네요."

엄마는 눈물을 닦고는 고개를 끄덕이며 말했다.

"맞아요. 제가 늦게 낳았죠. 큰딸은 이미 대학생이고요."

샤오통의 엄마 말로는 자신이 고향에서 수년간 초등학교 선생님이었고, 아이들이 차례로 전학을 오게 되면서 자신도 어쩔 수 없이 장기 휴가를 내고 전업주부가 되었다고 했다. 딸은 일찍이 전학을 왔고 일찍 철든 아이라서 친척 집에 맡겨 키웠고 이 학교에서 순조롭게 학업을 마치고 졸업해 유명한 대학교에 입학했다. 샤오통은 늦게 태어나 조금은 응석받이로 자랐다. 그가 전학 오던 해가 마침 누나가 고3이었기 때문에 가족들, 특히 큰 어른들이 샤오통 엄마가 와서 아이들을 돌봐야 한다느니 하는 말이 많았다.

샤오통은 태어날 때부터 귀엽고 잘생기고 똑똑했지만 몸이 좀 약했다. 그래서 엄마는 한 번도 샤오통과 떨어진 적이 없었고, 학교에도 데리고 출근을 할 정도였다. 학교에서 샤오통은 말도 잘 듣고 예의 있어서 학교 동료들이 모두 예뻐했다. 늘 교실에 있다 보니 남들보다 빨리 글쓰기와 산수를 익혔고 그래서 1년 일찍 학교에 들어갔다. 나중에는 갈수록 공부를 잘해서 다시 한 학년을 월반했다. 주위 사람들은 모두 샤오통이 신동이라면서 가족들의 체면을 세워준다고 말했다.

아빠는 줄곧 원양어선에서 일했는데, 아이들은 호적이 모두 아빠를 따라 직할시에 등록되어 있어서 초등학교는 고향에서 다니고 중학교부터는 전학을 와서 이후 대입시험을 준비해야 했다. 샤오통이 막 전학을 왔을 때 변두리의 한 중학교에 다녔는데 공부 환경이 별로 좋지 않아 처음부터 잘 적응하지 못했고, 집에 와서 늘 엄마에게 고향에 돌아가고 싶다고 떼를 썼다. 엄마는 계속 아이를 달랬고, 누나도 자기 자신과 싸워보라고 격려했다. 나쁜 환경에서도 좋은 성적을 유지하는 게 진짜 실력이라고 말이다. 샤오통은 어릴 적부터 누나의 말을 잘 들었고, 공부에만 집중해 성적이 다른 아이들과 큰 차이로 앞서나갔다.

중학교 시절 샤오통이 힘든 일을 겪지는 않았는지 묻자 엄마는 잠시 생각하더니 없을 것이라고 말했다. 아들은 어릴 적부터 밝고, 엄마와 매우 친했으며, 매일 자신의 곁에서 쉴 새 없이 재잘거렸다고 했다. 중학교에 들어가고 나서는 예전처럼 활발하지는 않지만 아이가 커서 그런 것으로 생각해 특별히 신경을 쓰지는 않았다고 했다. 어쨌든 샤오통은 고등학교 입학시험에서 중점 고등학교에 붙었고 우수반에도 들어갔다. 그는 그가 다닌 중학교 역사상 고등학교 입학시험을 가장 잘 본 아이였고, 덕분에 표창도 받았다. 이런 옛날 일들을 이야기하며 엄마의 말과 얼굴에는 자부심이 가득했다.

샤오통이 중점 고등학교에 입학하자 온 가족이 모두 기뻐했고, 마침 그의 담임선생님은 이전에 그의 누나를 가르쳤던 선생님이라 가족들은 더욱 안심했다. 하지만 뜻밖에도 공부 환경이 좋아지니까 샤오통은 오히려 공부를 열심히 하지 않게 되었다. 1학기 중간고사 이후 수업을 제대로 듣지 않고 숙제를 열심히 하지 않고 지각하는 등의 이유로 담임선생님은 부모님을 학교로 불렀다. 두 아이가 이렇게 클 동안 학교에 불려 가본 적이 없었던 엄마는 이를 매우 창피하게 생각했고 화가 나서 집에 돌아와 샤오통에게 매를 들었다.

그때까지 한 번도 부모로부터 매를 맞아본 적이 없던 샤오통은 울면서 집을 나갔고, 다행히 아빠가 집에서 휴가를 보내고 있었던 터라 재빨리 가서 아이를 데리고 돌아왔다. 샤오통은 이 일로 오랫동안 엄마를 상대하지 않았다. 이후 감정이 갈수록 쉽게 요동치고 성격이 이상하게 변하더니 말만 했다 하면 집을 뛰쳐나가고 아빠가 따라가 다시 데려오는 식이었다. 하루가 멀다고 학교에 가지 않았고 성적도 당연히 갈수록 떨어졌으며 기말고사 때는 아예 시험을 치르러 가지도 않았다. 그 어떤 방법도 통하지 않았다.

눈 깜짝할 사이에 겨울방학이 됐고, 누나가 돌아와 샤오통과 이야기를 해보려 했지만 그는 아무 말도 하지 않았다. 예전엔 두 사람이 매우 친했지만 지금은 무슨 이유에서인지 누나도 상대하지 않으려 했다. 샤오통은 폭탄을 가득 싣고 있는 사람처럼 되어 어떤 말이 귀에 거슬려 폭탄이 터질지 알 수 없었다. 원래 방학 동안 학원에 다니게 하려고 했지만 이 지경이라 가족들은 상의 끝에 그를 고향으로 데리고 갔고 환경을 바꿔보면 좀 나아질지 지켜보기로 했다.

고향에 돌아가자 샤오통은 늘 혼자 여기저기를 어슬렁거렸다. 하루는 외삼촌이 달려와 엄마에게 샤오통이 이상한 것 같다고 말했다. 들판에서 멋대로 돌아다니며 큰 소리로 뭐라고 하는데 너무 이상하다고 병원에 가봐야 하는 게 아니냐고 말했다. 이 이야기를 들은 샤오통의 엄마는 너무 긴장되었다. 예전에도 아이가 무슨 병이 있는 게 아닌가 생각했었기 때문이다. 그래서 다급히 아이를 데리고 정신병원으로 향했다.

여기까지 듣고 나는 조금 놀라 샤오통 엄마에게 물었다.

"정신병원이요? 아이가 동의했나요?"

그러자 그녀는 말했다.

"어쨌든 가라고 하니까 간 거죠. 의사가 이것저것 질문도 하고 검사도 하더니 샤오통에게 정신적인 문제가 있을 가능성이 크다며, 때로 지나치게 흥분할 수 있다며 약을 지어줬어요. 샤오통은 약을 먹고 나서 잠이 늘었고, 그 약을 다 먹고 나서 저희는 고향에서 돌아왔고 다시 병원에 가지는 않았어요."

엄마는 여기까지 말하며 걱정되고 혼란스러운 모습으로 말했다.

"아이가 혹시나 차별을 당할까봐 제가 이 이야기를 담임선생님께는 한 적이 없어요. 샤오통에게 정말 정신병이 생긴 걸까요?"

"아이가 정신병인지 아닌지는 그렇게 쉽게 결론지을 수 있는 게 아니에요. 우선 아이랑 이야기를 나누면서 상황을 알아보고 만약 문제가 심각하다고 생각되면 정신과 의사에게 보내서 검사와 진단을 받아보게 할 거예요."

샤오통은 같은 반 아이들보다 두 살이 어렸고 현재의 정서나 행동 문제는 어쩌면 사춘기 성장 발육과 관련이 있을 수도 있었다. 그래서 조금씩 샤오통의 내면으로 들어가볼 필요가 있었다.

"자꾸 아이를 나무라지 마세요. 아이가 어머님의 말을 배척하고 있으니 아예 말을 아끼시는 게 좋아요. 구체적인 상황이 파악되면 제가 다시 조언해드릴게요."

샤오통의 엄마는 소통이 잘 되는 편이라 인내심을 발휘하면서 한동안 조용히 지켜보겠다고 말했다.

제게 진짜 병이 있는 건가요?

다음 날 점심, 샤오통은 일찍이 상담센터에 도착했다. 그는 내 책상 옆에 서서 까만 눈으로 나를 똑바로 바라보면서 아무 말도 하지 않았다.

샤오통은 키가 작진 않았지만 골격이 아직 다 크지 않아서 얼굴엔 여전히 어린아이 티가 났다. 마치 내가 칭찬해주길 기다리고 있는 것처럼 보였다. 나는 몸을 일으켜 그의 어깨를 가볍게 두드리며 웃음기 가득한 얼굴과 유쾌한 목소리로 말했다.

"이렇게 일찍 오다니 역시 뱉은 말은 꼭 지키는구나!"

그의 검은 눈동자에 한 줄기 만족감이 스쳤고 얼굴에는 우쭐함이 엿보였다. 아직 약속한 시각까지는 시간이 조금 남아서 나는 그에게 잠시 기다리라고 말했다. 처리해야 할 일이 남아 있었기 때문이다.

상담실에 들어갔을 때 나는 샤오통이 잡지를 몇 권 들고 집중해서 보고 있는 것을 발견했다. 그래서 나는 그에게 물었다.

"어떤 유형의 글이나 책을 좋아하니?"

"아무 책이나 다 잘 봐요. 특히 과학 관련 잡지나 SF소설 좋아하고요."

"그럼 네가 하는 게임도 독서 취향이랑 비슷하니?"

"그럼요. 저는 아무거나 하고 놀지 않아요. 담임선생님이나 부모님이 말하는 것처럼 중독도 아니고요. 저는 지식, 능력, 창의력이 잘 융합된 게임은 예술작품처럼 매력적이라고 생각해요. 나중에 제가 게임을 만들 수 있으면 좋을 것 같아요!"

"게임에 대해 많이 연구했구나. 연구한 지 얼마나 됐니?"

"그렇게 오래된 건 아니에요. 중학교 때는 책만 읽었어요. 반 애들을 별로 안 좋아해서 걔들이 하는 얘기엔 전혀 관심이 없었거든요. 고등학교 들어가서는 반에 게임에 대해서 잘 아는 친구들이 너무 많아서 제가 바보 같다고 느껴졌어요. 하지만 한동안 연구하고 연습하고 나니까 저도 꽤 실력이 좋아졌어요!"

우쭐함에 눈과 눈썹꼬리가 들썩였고 얇은 다리는 신나게 떨고 있었다. 나는 웃으며 그의 어깨를 토닥이면서 고개를 끄덕여 긍정을 나타냈다. 샤오통의 말을 이어 나는 말했다.

"그럼 네가 항상 지각하고 결석하는 것도 게임을 연습하러 갔기 때문이니?"

내 말을 듣더니 그는 더이상 웃지도 다리를 떨지도 않았다. 고개를 들어 처음과 똑같이 온화한 표정을 짓고 있는 내 얼굴을 본 샤오퉁은 굳어진 몸을 다시 풀고 머리를 문지르며 말했다.

"저는 또 혼내시려는 줄 알았어요."

"자주 혼이 나니?"

"네. 어렸을 때부터 한 번도 혼나본 적이 없는데 고등학교에 올라오자마자 다 몰아서 혼나고 있어요."

"왜 혼나는데? 누가 널 혼내니?"

그는 눈썹을 찌푸리면서 의아한 표정으로 말했다.

"정말 모르세요? 엄마가 말 안 했어요?"

"어제 어머님은 너의 어린 시절에 대해 이야기해주셨어. 중학교 때는 매우 성실했고 늘 가족의 자랑이었다는 이야기랑 최근 한동안은 네 기분이 좋지 않고 엄마가 널 도와줄 수 없을 것 같아 선생님한테 부탁한다는 말씀을 하셨어."

샤오퉁은 눈을 깜빡거리고 몸을 비틀며 이따금 나를 봤다가 다시 고개를 돌리고 생각하며 의심이 가득한 표정을 지었다. 그 모습을 보고 있자니 나는 웃음을 참을 수 없었다.

"거짓말 아니야. 어머님이 정말 그렇게 말씀하셨어."

그가 차분해지자 나는 웃음을 거두고 말했다.

"나는 너와 진지하게 몇 가지에 관해 이야기해보고 싶은데 괜찮겠니?"

그는 내 말을 듣고는 꼿꼿이 앉더니 매우 정중하게 고개를 끄덕였다.

나는 말했다.

"먼저 나는 네가 고등학교에 올라오고 나서 학교 성적의 중요성에 대한 생각이 바뀌었는지 물어보고 싶어."

그는 약간 의외라는 듯 눈을 크게 뜨고 멍하게 나를 잠시 바라보다 말했다.

"선생님 정말 신기하네요. 어떻게 제가 학교 성적을 그렇게 중요하게 생각하지 않는다는 걸 아셨죠?"

샤오퉁은 줄곧 열심히 공부하던 아이였는데 갑자기 열심히 하지 않는다는 것은 객관적인 이유 외에 분명 주관적인 이유가 있으리라 생각했다. 그래서 이 점은 쉽게 예측하기 어려웠다. 그는 말했다.

"고등학교에 올라오기 전에 저는 늘 높은 점수를 받는 게 가장 중요하다고 생각했어요. 어릴 땐 시험을 잘 보면 저도 좋고 어른들도 기뻐하셨어요. 중학교 땐 시험을 잘 보면 제가 싫어하는 반 애들이 기분이 안 좋아졌고요. 고등학교에 올라온 뒤엔 더이상 공부할 이유가 없는 것 같아요. 친구들도 다 좋고 공부를 잘하는 것도 그냥 평범한 일인 것 같고요. 그런데 꼭 그렇게 성적을 경쟁해야 할까요?"

"샤오퉁, 넌 역시 똑똑한 아이구나. 너무 간결하고 정확하게 정리했네."

그는 칭찬받는 것을 좋아해서 내가 진심으로 긍정해주고 칭찬해주니 얼굴에 순식간에 빛이 피어났다. 나는 그에게 물었다.

"그렇다고 해도 사람들 사이에서 존재감이 필요하지 않을까? 넌 지금 반에서 무엇으로 존재감을 얻고 있니?"

샤오퉁은 머리를 긁적이며 말했다.

"이게 사실 제 고민이에요. 이과 실습반에 들어갔는데 친구들이 성적이 좋을 뿐만 아니라 박학다식하고 다재다능해서 제가 너무 바보 같았어요. 특히 남학생들이 제일 많이 이야기하는 건 게임인데 전 아예 말을 섞을 수조차 없었어요. 친구들은 제가 게임에 대해서 모른다는 걸 잘 믿지도 않았고, 나중에 친구들을 따라 피시방에 두 번 정도 갔는데 꽤 재밌었고 어렵지도 않아서 더 많이 해보고 싶고 더 많이 알고 싶었어요. 생각지도 못하게 때로는 놀다 보면 시간을 잊어버려서 지각하게 된 거예요."

"게임을 하다가 지각하는 건 분명 선생님께 혼날 일인데."

"맞아요. 저도 제가 잘못했다는 걸 알아요. 원래는 말대답하지 않고 잘못을 인정하면 된다고 생각했는데 선생님들이 자꾸만 누나와 절 비교하니까 너무 짜증이 났어요."

"선생님들이라고? 여러 명이니?"

"저희 누나가 매우 우수해서 누나를 아는 선생들이 아주 많아요. 그 선생님이 다들 한마디씩 가르치려 하시니 정말 귀찮아요. 집에 와도 마찬가지예요. 다들 저보고 누나처럼 하라고 해요. 저도 저희 누나를 정말 좋아하지만 제가 왜 꼭 누나와 똑같이 해야 하나요? 그래서 아예 수업도 안 듣고 숙제도 안 하는 거예요!"

샤오통의 말투는 매서웠고 금방이라도 정면으로 들이받을 기세였다.

"그럼 네가 누나와 비교당하기 싫어한다는 걸 선생님께 말씀드린 적이 있니?"

그는 고개를 저으며 말했다.

"그렇게 말할 순 없죠. 말하지 않아도 부모님을 모시고 오라고 하지만 말하면 더 끔찍할 거예요. 엄마가 학교에 불려오면 선생님이 뭐라고 하시는지 모르겠지만 집에 가면 마치 미친 사람 같아요. 절 때리기도 한다니까요."

한 번에 이렇게 많은 이야기를 털어놓고 나서 샤오통은 가슴을 쓸어내렸다. 비록 얼굴은 아직 구겨져 있었지만 기분은 좀 나아진 듯했다.

"공부 외에 너와 가족 사이에 다른 문제가 있니?"

"당연히 있죠. 특히 엄마가 진짜 싫어요. 자꾸 절 어린애 취급하고 제 의견은 아예 물어보지도 않고 계속 거창한 이치만 얘기하고 제가 말을 안 들으면 조급해해요. 예전엔 늘 엄마 성격이 좋다고 생각했는데 알고 보니 다 허상이었어요. 어쨌든 전 절대 말을 듣지 않아요. 갈수록 더요. 그러니 엄마도 별수가 없더라고요."

그는 매우 화가 나서 말했다.

"그럼 아빠는?"

"아빠는 이야기하는 걸 싫어하세요. 집에선 엄마만 이야기하고, 가끔 제가 엄마한테 대들고 저희가 싸우면 아빠도 답답해서 몇 마디 하시죠."

"부모님이 모두 네게 뭐라고 하시니 더 화가 나겠네?"

"당연하죠! 누가 혼나는 걸 좋아하겠어요. 흥, 말하다가 급하면 저는 집을 나가버려요. 어쨌든 안 들어요!"

"나간다고? 가출하는 거니?"

나는 눈을 크게 뜨고 그를 바라봤지만 편한 말투로 물었다.

"그건 아니에요. 최근에나 자주 나가는 거고, 매번 제가 나갈 때마다 항상 아빠가 아무 말도 하지 않고 그냥 뒤따라오시기만 하세요."

"아빠가 많이 걱정되시나보다."

"네. 어렸을 때는 다 엄마가 관리하고, 아빠는 휴가 때 집에 돌아와서도 일을 하셨어요. 가끔 절 데리고 나가서 놀거나 바다에 나가셨던 이야기를 해주셨어요. 아빠는 정말 좋아요. 화가 나면 말을 잘 하지 않고 때리지도 않아요. 엄마만 너무 말이 많은 거예요."

이렇게 말하는 샤오퉁의 생동감 넘치는 표정과 들썩거리는 몸을 보고 있자니 영락없는 중학교 1~2학년 학생이었다. 사실 그의 나이도 원래대로라면 많아봤자 중학교 3학년이었다. 너무 일찍 학교에 들어오고 월반까지 하는 바람에 정상적인 고등학생과 성장 수준이 많이 차이가 났다.

"맞다. 샤오퉁, 엄마가 말씀하시길 겨울방학에 고향에 갔다가 널 정신과로 데려가셨다던데 어떻게 된 일인지 이야기해줄 수 있니?"

그는 잠시 멍하게 있다가 말했다.

"아, 엄마가 선생님한테 그 얘기를 했어요? 사실 별거 없어요."

"왜 널 데리고 정신과에 가신 거니?"

그는 눈썹을 찌푸리며 말했다.

"고향에 가니 사람도 너무 많고, 늘 누군가 절 지켜보고 있었고, 인터넷도 할 수 없었어요. 저는 너무 답답하고 아무도 상대하고 싶지 않고 공부도 더 하기 싫어서 여기저기 막 돌아다녔어요. 때로 게임 속 장면들이 떠올랐어요. 그래서 소곤거리면서 흉내를 냈는데 그걸 외삼촌이 보고 제가 무슨 병에 걸렸다고 생각하신 것 같아요. 그리고 엄마가 절 병원으로 데려간 거예요."

"그래서 따라갔니? 엄마한테 해명하지 않았니?"

"어차피 처음 가보는 곳인데 그냥 한번 구경하러 가봤어요. 의사가 물어보는 것도 별로 진지하게 생각하지 않고 아무렇게나 말했어요. 약 처방해준 것도 그냥 먹었어요. 의사에게 다녀오고 나서는 엄마가 저한테 뭐라고 안 하더라고요. 그것도 꽤 좋았어요."

그는 히죽거리며 이를 전혀 아무렇지도 않게 생각하는 듯 보였다. 이 아이는 정말 독특했다.

"근데 고향에서 돌아와 개학하고 나서 제가 다시 게임을 하러 가는 걸 엄마한테 들키고 나서는 다시 1학기 때와 똑같아졌어요. 끝도 없이 잔소리하는 거요. 어쨌든 다들 저한테 불만이 많아요."

샤오퉁의 정서 변화는 매우 빨라서 방금까지 생동감 넘치던 사람 같지 않게 그 순간은 근심에 가득 찬 얼굴이었다.

"다들 너에게 불만이 많은 이런 상황은 너도 원하지 않는 상황 아니니?"

그는 길게 한숨을 쉰 뒤 말했다.

"확실히 늘 기분이 안 좋고 이유 없이 화를 내고 싶고, 여기저기 할 일 없이 돌아다녀도 기분이 나아지지 않고, 저도 제가 좀 이상한 것 같긴 해요. 제가 진짜 정신병에 걸린 걸까요? 원래 진작 선생님께 물어보러 오고 싶었는데, 담임선생님이랑 엄마가 가보라고 하니까 오고 싶지 않았어요."

아이의 반항심은 꽤 심했다.

"네게 정말 심리적인 장애가 있을까봐 걱정되는구나?"

"사실 두 가지 마음이 있어요. 때로는 제게 병이 있어도 좋을 것 같아요. 아무도 절 간섭하지 않을 테니까요."

그는 코를 문지르고는 말했다.

"그래서 가끔은 네가 화를 내는 건 일부러 그러는 거네?"

그는 깜짝 놀란 듯 나를 한번 쳐다보더니 고개를 숙이고 웃었다.

고등학생도 중2병에 걸릴 수 있다

여기까지 이야기하자 샤오통의 문제가 어떤 장애가 아니라 성장과 적응의 문제라는 것을 확신할 수 있었다. 그는 사실 '중2병'에 걸린 고등학생이었던 것이다. '중2병'은 중2 전후로 사춘기에 급격하게 성장하는 몸과 마음으로 인해 생겨나는 자기중심적, 감정적 성향과 지나친 반항 행동 등의 종합적인 증상이 나타나고 아이의 공부와 인간관계에 직접적인 영향을 끼친다. 샤오통은 이미 중점 고등학교의 학생이고 고등학생에게 이런 모습이 나타나는 경우는 매우 드물어서 비정상처럼 보인 것이다.

"너는 네가 왜 지금처럼 변했는지에 대해 생각해본 적이 있니?"

그는 습관적으로 머리를 문지르고 눈을 굴리며 한동안 우물쭈물하다가 말했다.

"딱히 생각해본 적은 없어요. 근데 수업을 잘 안 듣고 숙제도 안 하고 학교에도 안 가고 시험도 안 치르는 건 게임에 빠져서만이 아니라 화가 나기 때문이에요. 저는 다른 사람이 절 혼내는 걸 원하지 않아요. 그래서 일부러 더 정면으로 부딪치는 거예요. 이게 반항심이죠? 반 친구들이 그렇게 말한 적이 있어요."

나는 가볍게 고개를 끄덕인 뒤 다시 물었다.

"반항할 때 기분이 어때? 너는 계속 그렇게 하고 싶니?"

그는 고개를 숙여 맞댄 발끝을 바라보더니 잠시 후 말했다.

"사실 이번 학기 개학을 할 때만 해도 저번 학기처럼 하고 싶지 않았어요. 하지만 결국 참지 못했죠. 저는 게임도 하면서 열심히 공부하고 더이상 학교에 지각하고 싶지 않았어요. 하지만 엄마에게 게임하는 걸 들킨 뒤에는 모든 게 원래대로 돌아갔어요."

"넌 이것도 반항심이라고 생각하니? 엄마가 또 널 혼내셨기 때문이라고?"

"저도 정말 반항심인지 확신할 수는 없어요. 제가 정말로 공부가 싫어진 걸 수도 있죠. 담임선생님도 자꾸 게임만 하면 공부가 싫어진다고 하셨어요. 예전이라면 그 말을 믿지 않았을 테지만 지금은 좀 믿게 됐어요."

샤오퉁의 말투에서 나는 혼란스러운 감정을 알아차릴 수 있었다. 그는 변화하고 싶어 했다. 이는 좋은 일이었다.

"너도 계속 이러고 싶지 않고, 네게 공부는 여전히 중요한 일이구나. 너는 부모님이나 선생님들에게 혼나는 게 싫지만 그렇다고 그들이 말한 대로 하기도 싫어하지. 너는 게임이 친구들과의 연결 고리기 때문에 이를 포기하고 싶지 않지만 또 정말 중독될까봐 걱정하고 있어. 이런 모순과 갈등이 한데 뒤엉켜서 널 혼란스럽게 하고 기분도 최악이고. 이렇게 너의 문제를 정리해봐도 될까?"

샤오퉁은 차분해져서 진지한 표정으로 내 이야기를 듣고는 정중하게 고개를 끄덕였다.

"샤오통, 누구나 성장하는 과정에서 모순이나 갈등을 겪게 돼. 어른이 되는 법을 배울 때는 아이의 방법을 사용할 수 없어. 우리 함께 문제의 맥락을 확실하게 분석하고 나서 다시 조정하는 방법을 이야기해보자."

이후 샤오통 자신의 분석을 결합해보니 그의 문제와 밀접한 관련이 있는 몇 가지 사고방식을 정리할 수 있었고 이에 대해 최대한 합리성을 찾을 수 있었다.

샤오통은 열다섯 살이 채 되지 않은 소년으로 심신이 모두 성장하고 발육하는 중이라 이런 정서 및 행동 문제가 나타나는 것은 매우 당연했다. 중학교 시절 그는 새로운 환경에 적응하지 못해서 지나치게 공부에 집중하느라 친구들과의 교제가 부족했다. 또한 별다른 흥미나 취미가 없었던 것이 고등학교에 들어가 컴퓨터 게임에 깊이 빠지는 중요한 원인이 되었다.

고등학교는 공부할 게 많고 어렵다. 아무리 똑똑한 아이도 많은 힘을 기울여야 이를 해낼 수 있다. 선생님과 부모님이 아이가 컴퓨터 게임 등을 하는 것에 대해 걱정하고 격렬하게 반대하는 것도 정상적인 현상이다. 샤오통은 줄곧 얌전한 아이였기에 가족들, 특히 엄마가 그의 반항심에 대해 적응하지 못하고 과격한 반응을 보이는 것도 매우 정상적이다.

이렇게 정리하고 나니 엄마와 선생님들의 요구에 대해 샤오통은 더이상 예전처럼 아무것도 생각하지 않고 그냥 부딪히기보다는 먼저 어떻게 조정해야 의미가 있을지 생각하게 되었다.

모든 생각은 질서 있게 점진적으로 이뤄져야 한다. 조정에 대한 자신감을 가지고 목표를 굳건히 하며 실천 과정은 한 단계씩 차분히 이뤄져야 한다. 샤오퉁의 임무는 제시간에 수업을 듣고, 반드시 모든 시험에 참여하며, 학습 태도를 개선하고, 시간을 합리적으로 분배하여 열심히 공부하는 것이었다.

　나의 임무는 담임선생님과 엄마와의 소통을 책임지는 것이었다. 샤오퉁에 대한 비난과 지적을 줄이되 제때 그를 환기시키고 단속하는 것이 필수였다. 이외에 샤오퉁은 심리상담센터 'VIP' 자격을 얻어 쉬는 시간에 와서 잡지나 책을 빌려갈 수 있었고, 아무 때나 나를 찾아와 이야기를 나눴다.

　담임선생님과 엄마의 소통은 모두 순조롭게 진행되었다. 그들은 아이의 나이가 아직 어린 점과 지식 발전 수준이 심리성장 과정의 문제를 대신할 수 없다는 점을 간과하고 있었다.

　샤오퉁은 적극적으로 조정하겠다고 대답했지만 아이들이 임무를 완성하는 과정에서 잘 못 할 수도 있고, 심지어는 반복되는 현상이 나타나는 것도 정상적이다. 그래서 인내심과 믿음이 있어야 하고 많은 격려와 인정이 필요하다. 특히 엄마는 과도한 관심과 제약을 반드시 줄여야 하고 아이의 생활을 잘 돌봐야 한다. 아이가 소통을 원할 때는 진지하게 들어주고, 판단하거나 이치를 따지거나 건의하는 것을 삼가야 한다. 또한 아이의 생활에 공부만 있어서는 안 된다.

　여러 방면의 협조와 지원으로 학기 말이 됐을 때 샤오퉁의 공부와 생활 태도는 거의 다 정상적으로 돌아왔고, 기말고사를 본 뒤 나를 찾아와 방학 동안 볼 책을 한 무더기 빌려갔다. 책 읽기도 게임처럼 재미있기 때문이라고 했다.

사춘기 심리 코칭

부모와 교사 모두 심리학 지식을 가져야 한다

변화가 가장 격렬하게 일어나는 사춘기를 겪으면서 빠르게 성장하는 과정에서는 감정에 기복이 생기기 쉽고, 생각도 극단적으로 변하며, 반항적인 행동이 나타난다. 모두 자주 볼 수 있는 현상이다. 샤오퉁은 월반을 해서 고등학교에 다니는 아이였고, 주위 친구들은 이미 중학교 때 이 시기를 지나왔기 때문에 더 이해하고 받아들이기 어려워 보였을 것이다.

샤오퉁과 비슷한 아이들은 학년마다 꼭 있고, 어떤 아이들은 나이가 적지도 않다. 심리적 발육 속도와 성숙도는 개인적인 차이가 선명하게 드러난다. 너무 이른 경우도, 너무 뒤처지는 경우도 있다. 지적 발달이 빠른 아이라고 해서 심리적 성숙도가 높을지는 알 수 없는 일이고 완전히 반대일 가능성도 있다.

성장과 발전 규칙은 절대 무시할 수 없는 것이기에 선생님이든 부모님이든 발전심리학과 교육심리학의 기본적인 지식을 공부해두는 것이 좋다. 물론, 규칙을 알았다고 해서 실제 상황을 고려하지 않고 그 틀에 아이를 맞춰서는 안 된다. 구체적인 상황에 대한 구체적인 분석이 필요하다.

아이의 문제에 너무 놀라 의심해서는 안 된다

어릴 적 비교적 양육하기 쉬운 유형에 속하던 아이가 사춘기에 심리나 행동의 변화를 보이면 그것이 정상적인 변화여도 예전의 얌전하던 모습과 격차가 너무 커서 받아들여지지 않기도 한다. 심지어 어른의 지나친 관심으로 인해 문제가 커져서 원래는 단계적인 발전상의 문제나 적응 문제가 해결하기 어려운 장애의 문제로 돌변하고 가정이나 학교에서 교육할 때 어려운 문제가 될 뿐 아니라 아이의 인생에 영향을 끼치는 경우도 있다.

아이의 심리건강에 관심을 가져야 하는 것은 맞지만 지나치게 민감하게 반응하고 심지어 확대해서는 안 된다. 예를 들어, 샤오퉁의 엄마처럼 아이가 말을 듣지 않고 이상한 행동을 한다고 해서 정신과에 데려가 진찰을 받게 하는 것은 위험도가 작지 않은 일이다. 자신에게 심리적 질병이 있다는 사실을 받아들이는 동시에 이런 이유로 자신이 원하는 대로 하려고 하기 때문이다. 공부하지 않고 심지어 학교에 가지 않는 것도 합리적인 행동이 될 수 있는 것이다. 이런 능동적인 '심리적 이상이 있다고 여겨지는 것'은 아이의 정상적인 발전에 심각한 방해가 된다.

공부만 있는 생활이 오히려 공부를 망친다

학교 성적은 종종 학부모나 선생님에게 아이들이 건강하고 즐겁게 지내는지 판단하는 중요한 지표가 된다. 열심히 공부하고 성적이 좋으면 즐겁고 충실하고 건강한 것이고, 성적이 떨어지고 공부하는 것을 그리 좋아하지 않거나 심지어 싫증을 내면 문제가 생긴 것이다. 사실 학교 성적과 아이의 건강한 상태에는 긍정적인 관련은 없다. 열심히 공부하고 성적이 우수한 아이라고 해서 문제가 없다고 말할 수 없고, 공부에 대한 적극성이 떨어지고 심지어 공부에 싫증을 내는 아이들은 오히려 그저 발전 변화 혹은 외부세계 변화에 적응하는 과정일 뿐일 수 있다.

문제가 나타난 많은 아이들의 경우, 부모는 그저 아이가 학교에 가고 계속 수업을 들을 수만 있다면 안심하고 그렇지 않으면 걱정하고 놀라고 당황한다. 겉모습에만 집중하고 내면은 눈 가리고 아웅 하듯 고려하지 않는 것이다. 구체적인 문제에 대해 구체적으로 분석하고 행동 뒤에 숨겨진 이유에 관심을 가지고 이성적으로 분석한 뒤 다시 개입하거나 관여해보는 것이 어른이 아이를 양육하고 교육하는 과정에서 끊임없이 훈련해야 하는 능력이다.

일상 속 가정교육에서 부모는 반드시 아이의 좋은 성격적 요소를 발전시키고 약점은 극복하고 불리한 상황에는 분명하게 맞서도록 도와야 한다. 아이가 공부와 생활에서 환경과 조건 변화에 부딪히기 전에 어른은 아이에게 이를 일깨워주고 지도해줘야 하고 최대한 문제가 생기지 않도록 해야 한다. 만약 아이의 정서나 행동 문제가 이미 발생했다면 허둥지둥하거나 덮어놓고 나무라기만 해서는 안 된다. 그러면 오히려 역효과가 날 것이다.

4장

불순종과 과소평가,
순종과 과대평가

인류가 이토록 발전한 것은 아랫세대 사람들이 윗세대 사람들 말을 잘 듣지 않았기 때문이라는 말이 있다. 지나친 순종은 오히려 주관과 창의력을 키우는 데 방해가 된다고 말이다. 강함에는 여러 종류가 있는데 각각의 강함의 마지막 목적지는 모두 내면의 안녕이다. 충분하게 그리고 평등하게 각각의 좋음과 나쁨에 대처할 수 있고, 점차 스트레스에서 벗어나고, 초조하고 우울한 마음을 쉽게 바꿀 수 있고, 더이상 사소한 일에 좌지우지되지 않고, 다른 사람의 구원을 욕심내지 않으면 언젠가는 무너뜨릴 수 없을 만큼 견고해질 것이다.

13

치마공포증

치마를 입지 않는 소녀

매년 5월에 열리는 합창축제는 학교의 전통으로 그 열기가 대단하다. 온종일 책만 보고 학교 규율에 답답해하던 아이들은 이날만큼은 큰 소리로 노래를 불러도 되고 예쁘게 차려입고 학교에 와도 된다. 아이들은 곡을 고르고 틈틈이 연습하고 복장이나 공연할 때의 '비밀 무기' 등에 대해 이야기한다. 그래서 매년 이 기간에는 아이들의 열정과 웃는 얼굴로 학교에 생기가 가득하다.

합창대회의 결선 무대는 다채롭고 웃을 거리도 많아서 많은 선생님들이 함께 즐긴다. 아이들은 더 많은 시선을 끌기 위해 상상력을 발휘하여 다양한 방식으로 공연한다. 높은 점수를 받으면 기뻐서 펄쩍펄쩍 뛰며

환호하고, 예상한 효과나 성적이 나오지 않으면 투덜거린다. 자유롭고 거침없는 표현을 사용하는 아이들 사이에 있다 보면 나도 마치 그 시절로 돌아간 것 같아 신나고 즐거워진다.

즐거운 활동이지만 가끔 조화롭지 못한 일들도 생기곤 한다. 대회에서 져서만이 아니라 예상밖의 이유가 있을 때도 있다. 그해 합창대회에서 나는 고1의 어떤 반 뒤에서 대회를 관람했는데 우연히 한 여자아이가 아이들에게 비웃음을 당하고 선생님에게 꾸중을 듣는 전 과정을 목격하게 되었다. 소녀는 혼란스러운 눈빛으로 눈물을 흘리면서 주위의 분위기와 전혀 어우러지지 못하고 있었다.

나는 그 아이를 알고 있었다. 이름은 민칭이고 수업할 때 교탁과 가장 가까운 자리에 앉았었다. 조용한 웃음, 반달 같은 눈, 예쁜 활 모양으로 올라간 입꼬리, 두 개의 작은 덧니가 친근하고 귀여워 내게 깊은 인상을 남겼다.

그날 합창대회 결선에서 민칭이 속한 반의 '비밀 무기'는 바로 시크한 공연복이었다. 남학생들은 금색 넥타이와 연미복, 여학생들은 금색 짧은 원피스로 무대 효과가 매우 좋았다. 아이들은 무대에서 돌아와 흥분을 감추지 못했다. 색조 화장을 한 얼굴에 기뻐 날뛰는 표정이었고, 노래는 어땠는지 동작은 틀리지 않았는지 작은 목소리로 이야기하고 있었다.

나는 대열 뒤쪽에서 미소를 지으며 그들을 바라보며 외쳤다.

"성공적인 공연이었어. 정말 멋있었어!"

주변에 한 여자아이가 말했다.

"민칭만 아니었으면 더 좋았을 거예요!"

나는 조금 놀라 물었다.

"왜? 노래나 동작이 틀렸니?"

"민칭이 무대 직전에 도망갔거든요."

"치마 안에 꼭 바지를 입어야 한다고 고집을 부려서요. 무슨 힙합 공연도 아니고."

"무대에 올라가기 직전에도 안 벗으려고 하더니 조급한 마음에 도망가버렸어요. 진짜 미친 것 같아요."

아이들이 떠들썩하게 한마디씩 했다.

말소리가 줄어들고 얼마 지나지 않아 나는 멀리서 반장이 민칭을 밖에서 데리고 들어와 곧장 반 대열 앞에 있는 담임선생님에게 데려가는 걸 봤다. 민칭은 정말 드레스 안에 교복 바지를 입고 있었고, 치마는 작고 짧은데 바지는 통이 커서 같이 입으니 이상해 보였다. 그녀는 고개를 숙인 채 두 손은 앞으로 맞잡고 담임선생님이 뭔가 이야기하는 것을 듣고 있었다. 나는 민칭과 주위 학생들의 표정에서 담임선생님이 그녀를 혼내고 있음을 알 수 있었다.

반 아이들도 뭔가 일이 생겼다는 것을 알고 바라보기 시작했다. 나는 그들이 뭐라고 하는지 들을 수는 없었고 그저 민칭의 고개가 갈수록 아래로 쳐지는 것을 볼 수 있었다. 잠시 후, 아마도 선생님이 그녀에게 대열로 돌아가라고 말한 듯 민칭은 여전히 고개를 숙인 채 내가 앉은 자리 방향으로 걸어왔다. 나는 주위 아이들에게 더이상 말을 하지 말고 그녀에게 자리를 내주라는 눈짓을 했다. 이 아이는 울 때조차도 조용했다.

다행히 주머니에 휴지가 있어 나는 민칭에게 건넸다. 화장이 번져 고양이 얼굴이 되어가고 있었다. 그녀는 휴지를 건네받고는 흐느끼며 말했다. "고마워."

그녀는 고개를 들고 내 쪽을 쳐다보고는 그게 나라는 걸 알고 크게 놀랐다. 나는 그녀의 어깨를 두드리며 작은 목소리로 말했다. "괜찮아."

그리고 그녀에게 우선 얼굴을 닦으라고 손짓했다. 아이의 눈물은 갑자기 줄줄 흐르기 시작했지만 그녀가 애써 참으니 어깨가 계속 들썩였다. 나는 가볍게 그녀를 안아주고 천천히 등을 두드렸다. 이 아이가 치마를 입기 싫어하고 이렇게 힘들어하는 건 대체 무슨 이유 때문일까? 이후 몇 반의 공연은 열심히 보지 않았다. 대회가 끝났고, 민칭의 반은 2등을 했다. 아이들은 조금 흥미를 잃은 듯 일어나 줄을 맞춰 반으로 돌아갔다.

나는 민칭에게 물었다.

"나랑 같이 올라가서 세수 좀 하지 않을래?"

그녀는 먼저 멀리 있는 담임선생님을 바라봤고, 담임선생님도 마침 이쪽을 쳐다봤다. 내가 그녀를 데려가겠다고 눈짓하자 담임선생님은 고개를 끄덕였다. 그래서 나는 아이의 차가운 손을 이끌고 대회장 뒤로 나가 곧장 상담센터로 돌아갔다.

치마 때문에 생긴 가정의 불화

상담실로 돌아와 나는 먼저 민칭에게 세면도구를 챙겨주고 깨끗한 운동복도 주면서 딱 붙는 공연복부터 갈아입도록 했다. 아이도 울음을 거의 멈추고 빨개진 눈으로 화장실로 향했다. 정리하고 돌아온 아이를 소파에 앉히고 따뜻한 물을 좀 마시게 했다. 모두가 기뻐 날뛰는 오후가 이 아이에게는 너무나도 견디기 힘들어 보였다.

잠시 휴식을 취한 뒤 나는 상담실로 들어가 민칭 곁에 앉았다. 그리고 약간 부어오른 그녀의 눈과 뺨을 바라보면서 흩어진 머리카락을 쓰다듬으며 물었다.

"나에게 무슨 일이 있었는지 말해줄 수 있겠니?"

민칭이 코를 훌쩍이자 눈물방울이 반짝였다. 민칭이 목을 가다듬고 말했다.

"선생님, 저 오늘 너무 창피했어요."

그녀는 흐느끼며 말을 이어가지 못했다. 나는 민칭의 어깨를 가볍게 두드리며 말했다.

"너무 조급해하지 마. 천천히 말해. 창피한 일은 누구에게나 생기는 거야. 그리고 어떤 일이 생겼을 땐 꼭 이유가 있단다. 그러니 창피한 일이라고 할 수는 없어. 내가 현장에서 어느 정도 상황을 들었는데, 네가 제멋대로이거나 단체의 명예를 무시하는 아이도 아닌데 이런 상황이 생긴 건 분명 이유가 있을 거야."

이 말을 듣고 민칭은 나를 바라보며 힘껏 고개를 끄덕였다. 눈물이 천천히 얼굴을 타고 흘렀다. 아이는 흐느끼며 말했다.

"전 정말 대회에 잘 참가하고 싶었어요. 하지만 도저히 방법이 없었어요. 제가 치마 입는 걸 정말 무서워해서 한 번도 치마를 입은 적이 없거든요. 친구들은 모두 제가 억지를 부리는 거라고 하고 예전에 어떤 사람은 제게 병이 있다고 말했어요. 제게 '치마공포증'이 있다고요. 선생님,

이런 병이 있어요?"

나는 재빨리 휴지를 민칭에게 건네 눈물을 닦게 했고, 다시 흥분한 감정을 가라앉히도록 했다. 그녀의 마음이 조금 진정되고 나서 나는 설명했다.

"'공포증'은 흔한 심리적 장애야. 공포를 일으키는 대상은 종류가 아주 많아. 사람, 사건, 사물, 환경 모두 가능해. 공포 자체는 사람의 기본적인 감정 중 하나야. 적응하고 보호하는 기능이 있지. 공포증이냐 아니냐는 수많은 증상 기준을 평가해야 해. 그렇게 금방 결론을 내릴 수 있는 게 아니란다."

민칭은 진지하게 들으면서 감정이 더욱 차분해졌다. 내 말을 들은 뒤 그녀는 고개를 끄덕이며 물었다.

"선생님, 한 번도 치마공포증이라는 걸 들어본 적이 없으시죠? 저 미친 거죠?"

나는 웃으며 말했다.

"치마를 무서워하면 미친 거라는 생각은 대체 어디서 나온 거니?"

"저희 엄마가 그렇게 말했어요. 여자애가 치마를 무서워하는 건 정신병 중에서도 정신병이라고요."

나는 나도 모르게 눈썹을 찌푸렸다. 엄마는 왜 자신의 아이에게 이렇게 말해야 했을까? 나는 잠시 망설이다 물었다.

"너는 언제부터 치마를 무서워하게 되었니?"

민칭은 잠시 생각하다가 말했다.

"어렸을 때는 치마 입는 걸 정말 좋아했어요. 엄마 말을 들어보면 유치원에 다닐 때는 야외수업을 나갈 때도 치마 벗는 걸 싫어했대요. 그러다 나중에 서서히 무서워졌어요. 구체적인 시간은 기억이 안 나요. 아마 초등학교 2학년 이후인 것 같아요."

"그 당시에 무슨 일이 있었는지 기억하니?"

"네, 기억해요. 제게 인상 깊은 일이 하나 있는데 때로는 꿈에서도 나와요."

민칭은 나에게 자신의 이야기를 하기 시작했다. 이야기라기보단 사고라는 표현이 더 정확할 것이다.

사건은 민칭이 초등학교 2학년 때 발생했다. 어느 날 오후 마지막 교시인 야외자유활동시간에 민칭은 친구들과 함께 운동장에서 놀고 있었다. 당시 민칭은 고무줄로 된 작은 치마를 입었는데, 반에서 몇몇 짓궂은 남자아이들이 달려와 그녀를 괴롭혔고 결국 양쪽에 충돌이 일어났다. 서로를 잡아당기다가 한 남자아이가 민칭의 치마를 움켜잡았고 옆에 있던 다른 남자아이가 다시 힘껏 밀치자 민칭의 치마가 당겨져 내려가고 말았던 것이다. 순간 난리가 나버렸고 주위 아이들은 소리를 질렀다. 민칭은 갑작스러운 상황에 놀라 마치 목각인형처럼 멍하니 서 있었다. 다행히 근처에 있던 선생님이 소리를 듣고 달려와 그녀의 옷을 다시 제대로 입히고 큰 소리로 누가 한 건지 물었다. 이때서야 민칭은 반응을 할 수 있었고, 엉엉 울기 시작했다. 비록 당시 민칭이 나이는 어렸지만 이것이 창피한 일이라는 것은 알고 있었다.

아이들은 '치마 사건'에 대해서 끝없이 이야기했고, 민칭의 눈물은 마를 겨를이 없었다. 금방 하교 종소리가 울렸고, 선생님은 아이들을 밖으로 데리고 나갔다. 입이 가벼운 아이들이 벌써 민칭의 할머니에게 달려가 어떤 남학생들이 민칭의 치마를 벗겼다고 말했고, 아이들을 데리러 온 많은 부모들이 그 이야기를 듣고는 모여들어 무슨 일이 있었는지 물었다.

담임선생님이 사고를 친 남자아이들을 데리고 와 민칭의 할머니에게 좀 전에 일어난 일에 대해 설명하고 민칭에게는 사과하게 시켰다. 남자아이들의 부모도 할머니에게 사과했다.

하지만 할머니는 줄곧 사투리를 사용하신 분이라 표준어를 알아듣는 것을 비교적 어려워하셨다. 이렇게 많은 사람들이 그녀를 둘러싸니 매우 긴장이 되었고 무슨 일이 일어난 건지 알지도 못했다. 담임선생님은 다시 천천히 할머니에게 설명했고 그제야 그녀는 무슨 일인지 알 수 있었다. 긴장되고 혼란스러웠던 그녀의 표정은 점점 걱정스럽고 화난 표정으로 바뀌었다.

뒤이어 아무도 생각지 못한 상황이 발생했다. 점점 낯빛이 어두워지던 할머니가 갑자기 손바닥으로 민칭의 머리를 후려치고는 잔인하게 말했다. 대략적인 내용은 겉멋이 들었고, 망신스럽다는 것이었다. 할머니가 계속 때리려 하자 주변 사람들이 할머니를 말리며 아이가 철이 없어서 그런 것일 뿐이고, 게다가 아이의 잘못이 아니라고 말했다. 할머니는 끝없이 험한 욕을 해댔고 아이를 때리려 발버둥쳤다. 할머니가 한 말은 사투리였지만 민칭은 모두 알아들었다.

민칭은 할머니가 자신을 밀고 다른 사람들이 이를 말리고 있을 때 고개를 들어 어른들의 엉망진창인 얼굴과 입, 휘날리는 팔을 봤는데 매우 공포스러웠고 눈물이 줄줄 흘렀지만 우는 소리는 낼 수 없었다고 했다. 그러면서 정말 설명하기가 어려운 감정이었다고 말했다. 이후 수년이 흘렀지만 여전히 자주 그 꿈을 꾸고 꿈에서 깨보면 베갯잇이 눈물로 다 젖어 있다고 했다.

담임선생님은 할머니가 집에 가는 길에 다시 화가 나서 아이를 때릴까 봐 걱정돼 민칭의 엄마에게 연락했다. 집에 돌아온 뒤 엄마와 할머니가 크게 싸웠고 할머니는 화가 나 집을 나가버렸다. 아빠는 집에 돌아오자마자 엄마에게 고함을 치며 할머니가 글씨도 모르고 학교와 시장밖에 모르는데 길이라도 잃으면 어떻게 하냐며 할머니를 찾으러 뛰쳐나갔다. 다행히 얼마 지나지 않아 할머니를 다시 모셔올 수 있었다. 하지만 할머니는 아직 화가 안 풀렸는지 아빠에게 엄마가 민칭을 제대로 가르치지 않아 애가 미쳐서 남자아이들한테 치마도 내리게 한다며 체면이 말이 아니라는 둥 고자질을 했다.

아빠는 어두운 얼굴로 엄마에게 무슨 일인지 물었지만 엄마는 화가 머리끝까지 난 상태라 아빠를 상대해주지 않았다. 그래서 아빠는 민칭을 잡아끌고 직접 말하게 했다. 민칭은 아빠가 그렇게 험악했던 적이 없었다고, 눈도 빨갛고 매우 무서웠다고 말했다. 세게 움켜쥔 팔이 죽을 만큼 아팠지만 민칭은 놀라 아무 말도 하지 못했다. 아빠는 화가 나 소릴 지르며 민칭을 끌어당겼고, 엄마는 아빠를 밀쳐내며 애를 놀래 죽일 셈이냐고 소릴 질렀다. 할머니는 또 한쪽에서 불난 집에 부채질하며 이야기했고, 아빠는 자초지종을 알고는 소파에서 숨을 거칠게 내쉬며 앉아 있다가 결국 침울한 표정으로 민칭에게 다시는 치마를 입지 말라고 말했다.

민칭이 이야기를 하는 과정에서 나도 모르게 머릿속으로 당시의 상황이 그려졌다. 사건 전체가 '앵글감'이 너무 강렬해서 마치 수년 전 그 혼란 속으로 돌아가 이 여자아이의 혼란스럽고 절망적인 표정을 보고 있는 것 같았다. 그녀가 말을 마친 뒤 나는 잠시 침묵에 빠졌다.

"시간이 이렇게 오래 지났는데도 네가 자세하게 기억하고 있는 걸 보니 이 일이 네가 얼마나 큰 영향을 끼쳤는지 알 것 같아."

나는 살며시 떨고 있는 민칭의 손을 쥐며 말했다.

"사실 당시 일은 아이들 사이에서 우연히 일어난 작은 일이었는데, 할머니께서 나이가 많으시고 배움이 부족하셔서 이를 집안 망신이라고 생각하신 것 같아. 아빠는 모르시는 것까진 아니겠지만 아마도 오랜 시간 쌓인 가정의 불화가 너무 짜증나서 너의 감정을 고려해주시기 어려운 상황에 이른 것 같아. 이 일은 정말 엎친 데 덮친 격이네."

"네, 선생님. 저도 크고 나서 이해했어요. 하지만 그 공포감은 없앨 수 없었어요. 잊고 싶다고 생각하면 할수록 더 선명하게 기억났어요."

"상황은 대체로 이미 이해했어. 너의 치마공포증은 고칠 수 있어. 하지만 고치는 목적이 단순히 네가 치마를 무서워하지 않게 하는 게 아니라 여덟 살 때 네 마음에 난 그 상처를 치료하는 거야. 내가 널 도와줘도 되겠니?"

'치마 사건'은 가정 파괴의 상징일 뿐

민칭은 반으로 가방을 챙기러 갔고, 나는 민칭이 현재의 문제를 대처하는 데 도움을 주도록 그녀의 담임선생님에게 전화를 걸어 그날의 구체적인 상황에 대해 이야기하며 아이의 문제에 대해 설명했다.

담임선생님은 이번 일이 너무 갑자기 발생한 일이고 자신도 생각지 못한 일이라고 말했다. 대회 준비를 맡은 아이가 혹시 정보가 새어나갈까 봐 합창대회 직전까지도 아이들에게 어떤 옷을 입게 되는지 말해주지 않았다고 한다. 그러다 대회 전날 밤에서야 공연복을 공개했다. 당시에도 몇몇 여학생들이 치마가 너무 짧아서 뚱뚱한 자신이 입으면 너무 보기 싫을 거라고 원망했다. 하지만 대열을 조금 수정하고 나서는 아이들도 더이상 말을 꺼내지 않았다. 당시 담임선생님은 민칭에게 이상한 점을 발견하지 못했고, 그녀가 대열 중간에 세워달라고 했지만 그녀가 작고 귀엽게 생긴데다 몸매도 좋아서 오락부 임원들이 그녀를 앞줄에 세우겠다고 고집한 것만 기억했다.

다음 날, 대회 전 옷을 갈아입는데 민칭이 치마 안에 교복 바지를 입고 있었다. 아이들이 무슨 말을 해도 바지를 벗으려 하지 않았으며 바짓단을 말아 올리는 것엔 동의했지만 치마가 도저히 바지를 덮을 수 없어서 너무 보기가 안 좋았다. 그러자 아이들과 선생님은 모두 다급해져서 말이 세게 나갔고, 결국 그녀는 도망가버렸다. 아이들은 모두 놀랐고 또 화가 났다. 급히 대열을 수정하고 임시로 동작들을 이어 맞춘 뒤 황급히 무대에 올랐고, 무대연출의 효과도 이로 인해 조금 영향을 받았다. 공연이 끝나고 담임선생님은 다급히 반장에게 민칭을 찾아오게 했고 불려온 그녀를 나무라게 된 것이다.

"민칭에게 무슨 심리적인 문제라도 있는 건가요?"

담임선생님은 조금 걱정되는 듯 내게 물었다.

"아이가 제멋대로여서도 아니고 단체의 명예에 대한 감각이 부족한 것은 더욱 아니에요. 마음속 깊은 곳에 쌓여 있는 성장 과정의 문제가 있었어요. 평소에는 보이지 않다가 기폭제를 만나 터져 나오게 된 거죠."

담임선생님은 매우 놀라 말했다.

"제가 담임 생활을 한 지 오래되었는데 치마를 입기 싫어하는 여자아이들은 자주 만났지만 이렇게까지 무서워하는 아이는 없었어요."

"치마를 입기 싫어하는 것은 일종의 현상일 뿐일 수도 있어요. 이 사건을 빌려 아이를 지도할 수 있을지 지켜봐요."

담임선생님은 내 말을 듣고 즉각 민칭이 합창대회에서 일으킨 문제를 해결할 수 있도록 돕겠다고 말했다. 이후에도 최선을 다해 내 일에 협조해주었다.

합창대회가 금요일이어서 이틀의 휴일이 지나고 민칭은 약속한 대로 날 찾아왔다. 나는 물었다.

"반에서 아이들이 아직도 합창대회 날 이야기를 하니?"

그녀는 고개를 저으며 말했다.

"대놓고 말하진 않아요."

"담임선생님이 무슨 얘기 하셨니?"

"저한테 무슨 얘기를 하시진 않았어요. 담임선생님이 심사위원에게 물어봤는데 점수는 주로 음의 정확도나 박자에서 감점된 거고 다른 부분에 대한 평가는 매우 높았다고 반 아이들에게 이야기해주셨어요."

나는 마음속으로 담임선생님에게 엄지를 치켜올렸다. 스치듯 흔적이 남지 않게 민칭을 곤경에서 꺼내주는 그녀의 지혜에 감탄했다.

272

"우리를 걱정시키고 불쾌하게 하는 많은 일들은 합리적인 이유만 알면 쉽게 받아들일 수 있어. 심리적인 문제도 마찬가지야. 원인을 찾는 게 매우 중요해."

우리는 그녀가 치마를 두려워하는 이유에 대해 토론하기 시작했다. 이유는 성격적인 특징이나 성장 환경 그리고 우연히 발생한 사건밖에 없다. 민칭은 자신의 성격이 아빠를 닮아서 매우 민감하고, 생각이 많고, 쉽게 자책하며, 겁이 많고, 양보하는 버릇이 있고, 먼저 나서서 자신의 의견을 표현하지 못한다고 말했다. 이것들은 '민감성'이라는 심리적 문제의 특징이다.

민칭은 자신의 가족을 자세하게 소개했다. 부모님은 모두 시골에서 올라와 대학을 다닌 사람들이라 도시에서 홀로 기반을 잡고 가정을 꾸리고 사업을 일으켰다. 그뿐만 아니라, 고향 친척들에게도 많은 도움을 주었다. 민칭이 태어난 뒤에는 집안 환경이 더 좋아져서 집이 생겼으며, 엄마는 민칭을 꾸며주고 각양각색의 치마를 입히는 것을 특히나 좋아했다. 그럴 때면 엄마는 정말 신나 보였다.

이후 아빠, 엄마의 일에 모두 변화가 생겨 매우 바빠졌고, 민칭도 곧 학교 갈 나이가 되자 고향에서 할머니를 모셔와 민칭을 돌보게 했다. 할머니는 교육을 받아본 적이 없으시고 엄한 편이었다. 민칭은 나이는 어리지만 할머니가 자신을 좋아하지 않는다는 것을 느낄 수 있었다. 민칭은 소심하고 할머니를 무서워해서 평소에는 활발하다가도 할머니 앞에 가면 쭈뼛거렸다.

민칭은 엄마와 할머니의 관계도 별로 좋지 않았다고 했다. 할머니는 늘 엄마가 돈을 함부로 쓴다고 말했고, 고향에서는 여자아이 옷을 1년에 한두 벌밖에 사지 않는다면서 여자아이가 꾸미길 좋아하는 것이 좋은 게 아니라는 말도 했다. 어쨌든 두 사람 사이에 갈등이 있었고, 엄마는 화가 나면 할머니에게 대들었고 아빠와도 싸웠다. 그러면 집안 분위기가 정말 최악이어서 자신은 말 한마디도 할 수 없었다고 말했다.

어릴 적엔 할머니가 매우 엄하고 엄마를 싫어하고 자신을 더 싫어한다고만 알았다. '치마 사건' 이후에는 할머니가 더 엄해졌고, 심지어 민칭의 모든 치마를 거둬서 고향의 친척집 아이들에게 줘버렸다. 이 일 때문에 엄마는 할머니와 또 크게 싸웠지만 방법이 없어서 다시 민칭에게 새로운 치마를 사주는 것으로 반항할 뿐이었다. 고부지간의 전쟁이 끊이지 않으니 아빠도 항상 싸움에 말려들 수밖에 없었고 결국은 어른들이 다 같이 싸웠다. 엄마는 아빠와 상의해 할머니를 고향집으로 돌려보내려 했지만 아빠가 동의하지 않았다. 민칭이 초등학교 4학년 때 할아버지가 갑자기 돌아가셨기 때문에 더욱이 할머니를 고향집으로 내려보내려 하지 않았다.

민칭은 어릴 때는 집에 치마를 둘러싼 전쟁이 너무 많이 일어났다고 했다. 할머니는 치마를 입지 못 하게 하고, 엄마는 굳이 입히려 하고, 자신은 늘 중간에서 난감해졌다고 했다. 하지만 여덟 살 때의 '치마 사건' 이후 민칭은 학교에 갈 때 확실히 다시는 치마를 입지 않게 되었다고 말했다. 학교에서 가끔 활동이 있을 때 꼭 치마를 입어야 하면, 할머니는 그녀에게 치마 속에 바지를 입혔다.

휴일이 되면 엄마는 예쁜 치마를 꺼내 민칭에게 입으라고 했다. 그리고 입지 않으면 그녀를 데리고 나가 놀아주지 않았다. 민칭은 엄마를 거역할 수 없어 치마를 입을 수밖에 없었지만 이미 어릴 적부터 새로운 치마를 봐도 기뻐하지 않았고 치마를 입고서 신나는 기분을 느낄 수도 없었다. 오히려 갈수록 긴장되고 불편했다.

나이가 들면서 민칭은 갈수록 어른들 사이의 복잡한 관계에 대해 알게 되었다. 엄마, 아빠는 원래 그렇게 많이 부딪히는 편이 아니었지만, 고부관계를 풀기가 매우 어려웠다. 아빠가 외동이었기 때문에 할머니는 엄마가 아들을 낳아주지 않은 것을 늘 원망했다. 엄마 역시 농촌 출신이긴 했지만 개성이 매우 강하고 경제적으로도 독립했기 때문에 억울한 일을 그냥 당하고 있지 않았다. 그래서 그들 사이에서 아빠는 쟁취해야 하는 대상이었고, 민칭은 화풀이 대상이었다.

민칭이 초등학교를 졸업한 뒤 엄마는 이혼을 원하면서 민칭을 데리고 떠나려 했지만 할머니가 죽어라 반대했다. 소심한 그녀는 아무 말도 못하고 그저 어른들의 지시를 따랐다. 민칭은 부모님이 이혼한 뒤 분쟁이 사라지고 조용해지자 마음이 한결 편해졌지만 빈자리는 빠르게 외로움이 점령했다.

민칭은 아빠와 할머니와 함께 생활했고, 아빠는 매우 바빠서 만날 기회가 거의 없었다. 할머니는 나이도 드셨고 엄마와 싸우지 않으시니 성격이 조금 부드러워지셨지만 민칭에게 바라는 것은 하나도 줄지 않았다. 사소한 일에도 수없이 잔소리를 늘어놓았다. 중학교에 올라가고 나서 할머니는 더욱 경계심이 높아져 마치 간수처럼 계속 그녀의 등하교를 함께했다.

엄마가 떠나고 민칭은 치마와 영원히 결별했다. 어차피 중학교는 공부할 것도 많고 활동도 적어서 교복을 제일 많이 입는다. 그래서 아예 두 벌을 더 맞췄고 1년 내내 같은 모습이었다. 하지만 엄마를 만날 때는 매번 잔소리를 들을 수밖에 없었다. 엄마는 민칭이 못나게 하고 다니는 것이 싫었고, 여자아이가 짧은 머리에 운동복만 입고 자세히 보지 않으면 남잔지 여잔지도 구분할 수 없는 건 비정상적이라고 생각했다. 엄마는 자주 여자아이들이 입는 드레스를 사다 주었지만 민칭은 라벨도 떼지 않았다. 할머니는 더이상 민칭의 치마를 거둬가 다른 사람에게 주지 않았고, 때로는 마음에 드는 옷을 골라 민칭에게 입게 하기도 했다. 하지만 입어보는 건 둘째치고 치마를 보기만 해도 그녀는 깜짝깜짝 놀랐고 벌벌 떨렸다.

민칭이 중2 때 엄마는 재혼하여 다음 해에 딸을 낳았다. 이후 새로운 가정과 아이 때문에 바빠진 엄마는 그녀와 거의 만나지 못했다. 민칭의 소녀 시절이 적막하고 단순한 생활 패턴 속에 천천히 흘러가고 있었다.

무서워하는 건 치마가 아니야

나는 한 달 동안 매주 월요일 점심에 민칭을 만나 한 시간씩 이야기를 나눴다. 그녀에게 충분한 시간을 주고 최대한 자세하게 과거를 돌아보고 자신에게 크게 영향을 끼친 과거에 대해 다 털어놓도록 했다. 한 번도 과거에 있었던 일과 자신의 진실한 감정에 대해 이야기해본 적이 없었던 민칭은 모든 걸 말하고 나니 마음이 한결 편해지는 것을 느꼈다.

민칭은 드디어 치마가 그렇게 겁낼 만한 것이 아니라는 것을 깨달았다. 그것은 단지 수년간 예민하고 연약했던 자신이 가정의 상처를 마주할 때 사용하는 가장 직관적인 표현일 뿐이었다. 가족이 준 상처는 오랜 시간 민칭의 마음속에 쌓여 이미 거의 한덩어리가 되었다. 이는 유해물질로 반드시 부드럽게 만들어 녹여 없애야 하는 것이다. 마음에서 공간을 비워내고 아름다움과 빛이 피어나게 해야 비소로 자신감과 용기, 힘이 자라나고 문제를 마주보고 해결할 수 있게 된다.

하지만, 치마공포증은 원인을 명확히 분석하는 것만으로 저절로 해결되는 것은 아니다. 민칭은 치마에 대한 공포가 어린 시절의 상처로 인해 생겼다는 것을 알게 되었다. 그리고 최악의 가족 관계가 지속적인 부정적인 영향을 끼쳐서 치마를 무서워하는 것이 외로움과 억압, 초조한 감정을 표현하는 방식이 된 것을 인식했다. 하지만 문제가 오랜 동안 지속되었기 때문에 단순히 인식과 개념을 바꾸는 것으로는 효과적으로 조절하고 통제할 수 없었다. 그래서 나는 '체계적 둔감' 방식으로 그녀를 돕기로 했다.

체계적 둔감은 행위치료 중 매우 고전적인 기술로 비록 내가 민칭에게 제공하는 것은 심리지도이지 치료는 아니지만 기본적인 방법은 여기에서 차용했다. 먼저 민칭에게 '조절호흡 이완법'을 알려주었다. 그리고 토론을 통해 치마에 대한 민칭의 걱정을 3단계로 간소화했다. 첫 번째는 치마를 방에서 가장 잘 보이는 곳에 걸어둬 자신이 입었을 때의 모습을 상상하는 것이고, 두 번째는 방에서 치마를 입어보고 최대한 입고 있는 시간을 늘려보는 것이고, 마지막으로는 치마를 상담실로 가져와서 입은 모습을 내게 보여주는 것이었다. 우리는 난도가 낮은 것부터 순서대로 훈련을 시작했다.

　여름방학이 오기 전에 나는 상담실에서 긴 치마를 입은 민칭을 볼 수 있었다. 갑자기 눈앞에서 너무나도 아름다운 소녀로 변신한 그녀의 모습에 감탄했다. 나는 그녀의 손을 잡고 상담실 한쪽 벽에 달린 거울 앞으로 끌고가 그녀가 고개를 들어 자신을 보도록 격려했다. 거울 속에는 나와 거의 비슷한 키에 긴장해 복숭아꽃처럼 얼굴이 달아오른 소녀가 서 있었다. 조금씩 길러 길어진 머리카락이 아름다운 얼굴선을 그려내고 있었다. 혼란스럽지만 맑은 눈빛이었다.

"민칭, 벌써 예쁜 아가씨가 됐네!"

　그녀는 조금 민망해했지만, 눈빛엔 흥분이 가득했다.

"네가 여덟 살일 때를 떠올려봐. 그리고 다시 지금의 너를 봐봐. 넌 진작 이미 어찌할 바를 몰랐던 그 어린 소녀의 모습이 아니야!"

　그녀는 잠시 주저했지만 찬란한 미소를 지어 보였고, 진지하게 고개를 끄덕였다.

"선생님, 저 용감해지고 강해질 거예요. 아름다움과 행복을 포기할 수 없어요."

　나는 그녀에게 여름방학 숙제를 냈다. 치마를 입고 집 밖으로, 바깥세상으로 나가보는 것이다. 그리고 가장 안전한 긴 치마에서부터 조금 더 짧은 치마를 입는 식으로 천천히 연습하고 적응해보는 것이다.

　여름방학이 끝나고 민칭은 나를 찾아와 웃으며 자신이 숙제를 다 했다고 말했고, 엄마와 함께 백화점에 가서 새 치마도 두 개나 샀다고 말했다. 비록 아직은 바지를 입는 게 더 익숙하지만 치마를 무서워하지 않게 되었고, 할머니의 잔소리도 두려워하지 않게 되었다. 우리는 말하면서 웃었고, 그녀는 할머니 이야기를 하면서 익살스러운 표정을 지을 수 있었다. 자신은 사실 거의 할머니가 해주신 밥을 먹고 자랐고, 할머니 역시 고향에서 멀리 떨어진 도시로 와 분명 힘들었을 것이라고 말했다. 짧은 몇 개월 사이에 민칭은 많이 성장했다.

사춘기 심리 코칭
심신의 건강와 가정 분위기는 밀접한 관련이 있다

부부 사이의 존중과 가족의 화목은 모두 아이에게 은연중에 긍정적인 영향을 끼친다. 좋은 집안 분위기 속에서 아이는 안전감과 즐거움을 느끼고 부모님을 존중하고 신뢰한다. 소통의 통로가 막힘없이 잘 뚫려 있으면 설사 갈등이 생기더라도 제때 해결할 수 있다. 그렇지 않고 부모 간에 자주 생각이 충돌하고 관계가 긴장되면 문제 있는 아이로 자랄 가능성이 높다. 특히 민칭처럼 얌전하고 연약한 아이에게는 심리적 장애가 생길 수 있다.

고부, 부부 등 관계에서 심각한 갈등이나 오랜 충돌이 생기면 집안의 분위기를 긴장시키고 원래의 화목함과 안정감을 잃는다. 이는 어린아이뿐만 아니라 성장하는 중학생도 적응하기 힘들다. 어떤 돌발 사건이나 특수한 이유로 인해 자녀에 대한 태도가 바뀌는 등의 변화가 생기면 아이들은 극도의 공포를 느낄 것이고 이런 부정적인 영향은 수년간 지속될 것이다.

조부모에 아이를 맡길 때는 부모가 반드시 관계를 잘 처리해야 한다

부모가 자식을 도와 손주들을 돌보는 일은 매우 흔한 사회 현상이다. 많은 부모가 육아 경험이 부족하거나 일이 너무 바빠 육아와 병행할 수 없을 때 이미 은퇴하신 조부모가 집으로 들어와 집안일을 도와주는 경우가 있다. 하지만 조부모나 외조부모와 함께 생활하거나 다른 가족 구성원이 추가될 때는 원래 가정의 생활 법칙과 분위기를 어지럽힐 수 있고, 이런 변화는 복잡한 새로운 문제를 일으킬 수 있다. 부모의 이혼이나 기타 이유로 가족 구성원의 공백이 생겨도 아이는 잘 적응하지 못해 생기는 장애성 문제가 생긴다.

진정한 사랑은 이해하려고 노력하는 것이다

부모는 아이의 성장에 필요한 심리적 지지와 정신적 영양분을 공급해야 한다. 부모라면 아무리 자신의 생활이 자기 뜻대로 되지 않는다고 해도 최대한 아이에게 따뜻함과 보호를 느낄 수 있는 항구가 되어줘야 한다. 고부 관계에 갈등이 있든 부부가 헤어지든 부모와 자식 간의 관계만큼은 조건 없이 완전하고 조화로워야 한다는 점을 기억해야 한다.

14

무슨 일에든 울어버리는 아이

아무 때나 눈물비를 뿌리는 아이

내가 처음 즈홍을 본 건 운동장 관중석에서였다. 9월의 어느 날 이른 아침 나는 일찍 학교에 나와 발길이 이끄는 대로 운동장으로 향했다. 그렇게 그곳에서 아침운동을 하는 동료를 만나 함께 걸으면서 이야기를 나누고 있었는데, 무심코 주위를 둘러보다가 한 여자아이가 관중석에 웅크리고 앉아 오랫동안 움직이지 않는 것을 발견했다. 보아하니 책을 읽는 것은 아닌 것 같았고 조금 이상했다.

동료도 이 이상한 모습을 발견하고는 조용한 목소리로 말했다.

"무슨 일이지? 이 아침에 혼자 웅크리고 앉아서 뭐 하는 거지?"

우리는 천천히 다가가 살펴보았다. 아이는 머리를 묶은 채 고개를 무릎에 박고 있었다. 교복 모양을 보니 고1 학생이었다.

아이는 우리 때문에 놀라 갑자기 고개를 들었고, 나는 그녀의 놀란 표정과 눈물로 얼룩진 얼굴이 너무 갑작스러워 조금 놀랐다.

"얘야, 무슨 일이니? 왜 울어? 몸이 안 좋니? 아니면 무슨 일이 있니?"

그녀는 대답하지 않고 다시 고개를 파묻고는 흐느끼기 시작했다. 내가 계단을 다 오르기 전에 그녀는 일어나 다른 쪽으로 도망가버렸다. 나는 빨리 그녀를 쫓아갔다. 그녀는 강의실 건물로 도망갔는데 속도가 매우 빨라 나는 멀리서 그녀가 복도에서 사라지는 모습만 볼 수 있었다.

비록 짧은 만남이었지만 눈물범벅이 된 그녀의 얼굴은 매우 인상이 깊었다. 나는 복도를 따라 한 반씩 살펴보았고 금방 그녀를 찾을 수 있었다. 그녀는 책을 정리하고 있었다. 이상한 점은, 그녀가 통곡하던 조금전과 지금은 불과 몇 분밖에 차이가 나지 않음에도 그녀는 이미 매우 평온한 상태였고 방금까지 울던 흔적이 전혀 없다는 점이다. 내가 방금 뭔가를 잘못 본 게 아닌지 의심스러울 정도였다.

이 아이에 대해서 좀 더 알아볼 필요가 있다고 생각해 나는 몇 반인지 기억해두었다가 이후 수업에서 그녀를 만나게 되었다. 그리고 그녀의 이름이 즈홍이라는 것도 알게 되었다. 수업시간에 나는 몰래 그녀를 관찰했다. 조별활동에서도 그녀는 매우 정상적인 모습이었고 늘 웃는 얼굴이었으며 가끔 발표를 하기도 했다. 즈홍은 자주 나를 쳐다봤지만 재빨리 눈을 돌렸다. 보아하니 이전에 운동장에서 우연히 만났던 것을 그녀도 기억하는 듯했다. 수업이 끝난 뒤 내가 부르기도 전에 그녀는 도망가버렸다. 확실히 나와 이야기하고 싶지 않아 하는 것 같았다.

나는 담임선생님에게 전화를 걸어 물었다.

"즈훙의 최근 감정 상태는 어때요? 제가 며칠 전 아침에 그녀가 운동장에서 울고 있는 것을 보았어요. 오늘 그녀에게 그 일에 대해 물어보고 싶었지만, 왠지 그녀가 원하지 않는 거 같아요."

담임선생님은 말했다.

"제가 마침 선생님께 그녀의 상황에 대해 이야기하고 싶었어요. 아이가 너무 잘 울어요! 울지 않을 때는 매우 정상이고 내향적인 편이고 말도 잘 듣는데 일단 울기 시작하면 정말 무서워져요."

개학하고 3주가 넘었는데 즈훙은 이미 여러 번 대성통곡했다. 모두 수업시간에 질문을 받았을 때였다. 선생님이 질문을 했는데 그녀가 한마디도 하지 않자 선생님이 그녀에게 대답을 못 하겠더라도 못 하겠다고 말은 해야지 아무 말도 하지 않는 건 안 된다고 말했다. 결국 그녀는 통곡했고, 이런 일이 반복되자 모두가 즈훙의 이런 특징을 알게 되었다. 선생님들도 수업시간에 그녀에게 질문을 하려 하지 않았다.

반에는 마침 즈훙의 중학교 동창들이 있었는데 그들은 그녀가 중학교 때 성적도 매우 좋고 공부 천재였지만 '잘 우는 것'으로 학교에서 유명했고 이 외에는 다른 문제가 없었다고 말했다. 담임선생님은 즈훙의 적응력과 스트레스 저항 능력이 비교적 낮다고 생각했고 반 임원을 통해 아이들에게 그녀에게 특별히 관심을 가져주고 최대한 우호적으로 너그럽게 대하라고 말했다. 시간이 지나면 그녀가 새로운 환경에 적응할 수 있을 것이라고 생각했기 때문이다. 학급 업무 관리 분담에는 즈훙의 의견을 구해 그녀에게 학습조 조장과 재무 관리를 맡겼다. 최대한 많은 아이들과 접촉하도록 하기 위해서다.

내가 운동장에서 즈홍을 본 그날 점심, 그녀는 반에서 또 울었다. 이유는 그녀의 학습조가 반 신문을 낼 차례인데 제때 소재를 준비해오지 못해서 광고부 임원이 이에 대해 즈홍에게 묻자 또 통곡하기 시작한 것이었다. 아침에 운동장에서 운 것도 아마 이 일 때문이었을 것이다. 반 임원은 그저 물어봤을 뿐인데 그녀는 대단히 억울한 일이라도 겪은 듯 반응하니 아이들이 망연자실하고 불만을 가질 수밖에 없었다.

"심리적 문제가 있는 건가요? 심리상담을 예약해야 할까요?"

담임선생님은 걱정스럽다는 듯 말했다.

"네. 아이에게 심리센터로 가보는 걸 제안해주세요. 그리고 그녀의 부모님과도 약속을 잡아주세요. 이 아이에게 대체 무슨 일이 있는지 더 자세한 정보를 알아야 할 것 같아요."

눈물은 그녀의 무기

즈홍은 나와의 첫 만남에서 거의 말하지 않았다. 내가 수년간 지도했던 아이들 중 가장 말을 아낀 아이였다. 상담센터에 들어설 때만 해도 그녀는 기분이 괜찮아 보였고 얼굴에 호기심이 가득했다.

"즈홍, 여기에 처음 오는 거니?"

내가 묻자 그녀는 말하지 않고 그저 웃으며 고개를 끄덕였다.

"그럼 내가 구경 한번 시켜줄까?"

그녀는 병아리가 쌀을 쪼아먹듯 계속 고개를 끄덕였다. 어린애 티가 가득한 얼굴이었다. 나는 그녀를 데리고 여기저기를 구경시켜주었다.

센터를 둘러보면서 간단한 소개도 해주었다. 그녀는 포니테일을 흔들며 나를 줄곧 따라다녔다. 비록 말을 하진 않았지만 그녀의 얼굴엔 흥분이 가득했다. 내 말에 그녀는 매번 고개를 끄덕이는 것으로 답했다. 그녀의 눈은 검게 빛나고 큰 흥미를 느끼는 것 같았지만 나와 눈이 마주칠 때는 약간 긴장하고 불안해 보였다.

상담센터의 모래놀이 구역에는 미니어처들이 많이 있었고, 즈훙은 그것들을 매우 좋아했다. 재밌는 사물 모형, 사람 모형이 있으면 다 한 번씩 집어 자세히 관찰했다. 반짝반짝 빛나는 큰 눈과 웃을 때 보이는 두 보조개가 매우 귀여웠다.

한 바퀴 돌고 나서 우리는 상담실로 들어갔다. 그녀의 편하고 자유로운 표정이 금세 엄숙하고 경계하는 표정으로 바뀌었다.

"즈훙, 담임선생님이 네게 나한테 가보라고 하셨지?"

그녀는 나를 뚫어지게 쳐다보며 고개를 끄덕였다.

"그럼 너도 오고 싶었니?"

그녀는 계속 고개를 끄덕였다.

"저번 주에 우리가 두 번 만났는데, 한 번은 운동장에서 또 한 번은 수업에서 만났어. 그렇지?"

그녀는 계속 고개를 끄덕였고 눈에는 물기가 차오르기 시작했다. 이렇게 보니 직접적으로 문제를 토론하는 단계로 들어가는 것은 그다지 적절하지 않아 보였다. 나는 화제를 바꿨다.

"즈훙, 고등학교에 올라온 지 거의 한 달 되었지? 느낌이 어때?"

그녀는 여전히 아무 말도 하지 않고 날 바라보기만 했다. 눈 속 안개는 빠르게 물방울이 되어 얼굴을 타고 흘렀다. 나는 재빨리 휴지를 건넸고, 그녀의 눈물은 닦을수록 많아졌다.

"이렇게 슬퍼하다니 무슨 어려운 일이라도 생겼니?"

그녀는 눈물을 닦으며 힘껏 고개를 저었다. 나는 휴지와 쓰레기통을 모두 그녀 앞에 놓아주었다. 잠시 후 나는 물었다.

"네가 고개를 저은 건 아직 괜찮다는 의미니?"

그녀는 고개를 끄덕였다.

"그렇다면 왜 그렇게 슬프게 울었던 거니?"

이 질문을 듣고 즈훙의 눈물은 또 줄줄 흘렀다. 그녀의 감정이 가라앉고 나서 나는 다시 물었다.

"즈훙, 네가 우는 건 꼭 속상해서만은 아니야, 그렇지?"

그녀는 고개를 끄덕였다.

"너는 어릴 적부터 이렇게 잘 울었니?"

"네."

이게 그녀가 처음으로 한 말이었다.

"선생님이 네게 나를 찾아가보라고 한 건 네가 잘 울기 때문이니?"

그녀는 잠시 눈물을 멈췄다가 다시 흐느끼며 말했다.

"그런 것 같아요."

얼굴에 보조개가 패었고, 이 눈물 속 웃음의 느낌은 말로 설명하기 어려웠다. 이렇게 눈물이 많다니 마치 물로 만든 사람 같았다.

"즈훙, 드디어 목소리를 들었네. 정말 듣기 좋다. 그렇게 잘 우는데도 눈도 안 붓고…… 어떻게 한 거야?"

나는 그녀에게 휴지를 건네면서 조금 떠들었다. 코를 닦는 그녀의 얼굴에 놀라움이 비쳤고 한줄기 미소가 보였다. 그녀는 많이 편해져서 내 질문에 고개를 끄덕이거나 고개를 젓거나 한 글자로 대답했다. 그녀의 대답 방식에 맞춰 나는 온갖 지혜를 짜내 질문을 만들었다. 그리고 그녀가 어릴 적부터 잘 울었고, 중학교 때는 더 심각해졌으며, 고등학교에 올라온 뒤론 적응을 못 하겠다고 느껴진 않았지만 수업시간에 질문에 대답해야 하거나 사람들 앞에서 뭔가를 해야 하는 등 스트레스를 받을 때 참지 못하고 눈물이 터졌다. 그녀는 마음속으로는 그렇게 슬프다는 느낌이 없어도 마치 조건반사처럼 눈물을 멈출 수가 없었다.

이번 대화를 통해 나는 즈훙이 누군가와 교류할 때 언어를 매우 적게 사용하고, 태도로 쉽게 표현할 수 있는 닫힌 질문에는 빠르게 대답할 수 있으며 정서도 비교적 평온하지만 열린 질문에 대해서는 대답을 하지 못하고 눈물로 대처한다는 것을 알 수 있었다. 고등학생에게 정서적, 사교적 문제가 있는 것은 흔한 일이지만 이런 상황은 분명 드물고 조정하기도 쉽지는 않다. 심각한 문제 뒤에는 반드시 복잡한 원인이 있다. 그래서 나는 부모님과 이야기를 나눠봐야 했다.

눈물보가 큰 아이

다음 날, 나는 즈훙의 아빠를 만났다. 그는 담임선생님의 전화를 받고는 작업복도 갈아입지 않고 곧장 휴가를 내어 학교에 찾아왔다. 보통 체격에 흰 머리가 섞인, 선명한 얼굴 주름에서 그의 파란만장한 삶과 노고가 느껴졌다.

"선생님 번거롭게 해드려 죄송합니다. 제가 회사에서 바로 오느라 옷도 못 갈아입었네요."

그는 예의 바르게 말했지만 불안해서 안절부절못하는 표정이었다.

"이렇게 빨리 오실 줄은 몰랐어요. 왜 뵙자고 했는지 알고 계시나요?"

"네. 담임선생님이 이전에 이미 몇 번 전화를 주셨습니다. 잘 우는 건 제 딸의 오랜 고질병인데 이렇게 좋은 학교에 들어오면 괜찮아질 줄 알았는데 문제가 더 심각해질 줄은 몰랐습니다."

아빠는 속상해서 쓸쓸한 표정을 지으며 시선은 아래로 떨군 채 거친 피부의 두 손을 맞잡아 비비며 바스락거리는 소리를 냈다. 그는 자리에 앉고 나서부터 지금까지 등허리를 곧게 펴고 있었다. 나는 그가 개성이 매우 강한 사람이라는 것을 느낄 수 있었다.

문제의 원인을 찾기 위해서는 많은 정보에 대해 이해해야 한다. 나는 즈훙의 성장 과정에 대해 물었고 아빠는 매우 자세하게 대답해주었다.

즈훙의 부모는 두 사람 모두 다른 지역 출신으로 고등학교 졸업 후 회사에 입사하면서 이곳으로 와 정착하게 되었다. 아빠는 기계 검수와 관련된 일을 하고 있고, 엄마는 즈훙을 낳고 나서 계속 몸이 좋지 않아 회사를 그만두고 작은 잡화점을 열었다. 집안일과 아이들의 공부에 대한 일은 줄곧 아빠가 책임졌다.

아빠는 어릴 적 늘 성적이 좋았는데도 가정환경 때문에 대학과 연이 없었다. 그래서 아들을 낳아 자신의 소망을 이루고 싶어 했다. 그래서 아이가 태어나기도 전에 이름도 미리 지어놨다. 하지만 태어난 건 딸이었고, 비록 아쉬웠지만 아빠는 딸아이도 매우 좋아했다. 그러나 이름은 바꾸지 않았다. 그는 시대가 변했으니 딸도 출세할 수 있다고 생각했다. 즈홍은 매우 똑똑해서 일찍이 아빠를 따라 글을 익혔고, 수학이나 다른 지식들을 공부했다. 그녀는 매우 말을 잘 들었지만 한 가지 고약한 약점이 있었는데 그게 바로 잘 우는 것이었다.

즈홍에게는 별다른 단점이 없었고, 어릴 적 혼난 것은 늘 너무 잘 울었기 때문이었다. 아빠는 줄곧 앞으로 크게 되려면 아이가 연약해서는 안 된다고 생각했다. 딸아이가 어릴 적부터 약하고 작고 말랐기 때문에 때리지 않아야 하지만 아이가 울음을 그치지 않고 아무리 달래도 소용이 없을 땐 마음이 급해 손을 댔다.

초등학교에 들어가서도 너무 잘 우는 것 때문에 선생님이 자주 부모님을 학교로 불렀다. 한번은 학교로 불려갔다가 아이가 울음을 그치지 않는 것을 보고 속이 답답해서 감정을 주체하지 못하고 그 자리에서 즈홍의 뺨을 때렸고 선생님에게 크게 혼났다. 그날 이후 아이를 때린 적이 없지만 매번 아이가 우는 것을 볼 때마다 너무 화가 났고 인내심을 가지고 이치를 따지다가 참지 못하고 욕을 퍼붓기도 했다. 아빠도 자신이 잘못하고 있다는 것을 알지만 더 좋은 방법을 찾지 못했다.

"아이가 그렇게 잘 우는데 보통 무슨 이유 때문인가요?"

나는 아빠가 더 자세하게 이야기해주길 바랐다.

"별일은 없고 공부 문제죠."

"아이 성적에 불만이 있으신가요?"

"그건 아니에요. 아이의 성적은 늘 좋았어요. 제가 공부를 다 가르쳤는데 제가 바라는 수준이 너무 과했나봐요. 하지만 보통 제가 별말 안 해도 우니까 정말 힘들었어요."

조금 풀어졌던 눈썹이 다시 찌푸려졌다.

"아이가 울면 화를 내시나요? 벌을 주기도 하시나요?"

"꼭 그렇진 않아요. 때로는 화를 내기도 하죠. 벌을 준다면…… 정해진 건 없어요."

그는 기억을 더듬으며 말했다. 그리고 이어서 말했다.

"공부에 관해서라면 엄격했어요. 시험을 잘 못 보면 아무리 울어도 소용없고 반드시 벌을 받아야 했죠. 욕을 하거나 때리진 않아요."

"중학교 때 무슨 문제가 있었나요?"

"아이가 친구들과 교제하는 걸 좋아하지 않는데 중3에 올라가니까 선생님 질문에 대답하는 걸 싫어하게 됐어요. 담임선생님이 저를 부른 적도 있지만 말해도 소용이 없었죠. 아이 성적이 매우 좋아서 선생님들이 배려해주시는 편이라 그래도 지나갈 수 있었죠."

"또래 아이들과 교제하지 못하고 수업시간에 질문에 대답하지 못하는 이런 아이의 상황에 대해 걱정하신 적 없으신가요?"

아빠는 잠시 망설이다가 말했다.

"담임선생님이 아이가 고등학교에 올라가면 스트레스를 더 많이 받을까 걱정이고 성격상 적응하기가 어려울 것이라고 했지만 저는 비교적 낙관적으로 생각했습니다. 중점 고등학교 아이들은 수준이 높으니 분명 중학교 아이들보다 우호적일 것이고, 고등학교는 주로 성적만 신경 쓰니 점수만 높으면 다른 것들은 괜찮을 거라고 생각했습니다."

"예상하신 것과 현실이 일치하던가요?"

"휴, 막 개학했을 때는 괜찮았어요. 어느 날 작은 시험을 봤는데 입학할 때보다 성적이 확연히 떨어졌길래 아이한테 무슨 일이냐고 물었더니 또 끝없이 울기 시작했어요. 학부모회의가 끝나고 담임선생님을 찾아갔더니 아이가 아직 적응하지 못하고 스트레스를 너무 많이 받아서 그럴 수 있으니 격려가 필요하다고 하셨습니다. 이번에 또 저를 부르셔서 심리지도 선생님을 만나라고 하시니 문제가 정말 심각한 것 같았습니다. 선생님 꼭 좀 도와주세요. 꼭 아이가 성적을 올릴 수 있게 도와주세요!"

"아버님과의 대화에서 아버님이 아이의 공부에 매우 관심이 많으시다는 게 느껴지네요."

아빠는 한숨을 쉬며 말했다.

"맞아요. 우리 같은 가정에서는 아이가 공부를 잘해야만 더 좋은 미래를 기대할 수 있어요. 경제 조건은 안 좋지만 저는 한 번도 아이의 공부를 소홀히 한 적이 없어요. 저희 사업에 관련된 일이든 집안일이든 아이에게 아무것도 시키지 않아요. 그저 열심히 공부만 하면 돼요."

"어머님은 아이들을 별로 신경 쓰지 않으시나요?"

"아내는 뭘 잘 모르고 몸도 안 좋아서 아이가 먹고 입는 거나 챙기면 됩니다. 나머지는 다 제가 관리하고, 아이도 엄마랑 거의 얘기를 하지 않고요."

즈훙이 왜 '물로 만든 아이'가 되었는지 이유를 분석하기는 어렵지 않았다. 민감하고 연약하고 순종적이고 소심하고 잘 울고 위축되는 성격적 특징에 낮은 안전감까지 더해져 있었다. 이런 아이에겐 쉽게 감정적 문제와 소통의 문제가 발견된다. 안전감은 주로 아이가 생활하는 환경과 양육하는 사람에게서 오고 동시에 가정이 화목한지, 엄마 아빠의 사랑이 충분한지 아닌지에 따라 결정된다. 안전감은 제동기처럼 작용하는데, 안전감이 높으면 개인이 타고난 약점을 극복하게 해주고, 안전감이 낮으면 더 큰 심리적 문제가 나타난다.

즈훙의 경우 엄마의 사랑이 부족했고, 아빠의 사랑도 매우 메말랐다. 아빠는 학교 성적만 중시하고, 아이는 감정 전달 능력이 부족하고 감정 자체도 약한데다가 이해나 도움을 받지 못해서 자연스럽게 문제가 발생했다. 가장 최악은 즈훙이 원래부터 소심하고 잘 우는 아이였는데 아빠는 오히려 간단하고 난폭한 방법으로 아이를 대했다는 점이다. 이는 문제를 완화하기는커녕 오히려 문제를 조장하고 강화했다. 스트레스 환경 속에서 그녀는 점점 웃음으로 말과 행동을 대신했고, 눈물 속에 잠긴 아이가 되었던 것이다.

아빠는 지금 아이에게 언어와 정서 표현 장애가 있고 스트레스 환경 대처 능력도 매우 낮으며 이는 정상적인 사회생활에 영향을 끼칠 뿐 아니라 이 때문에 공부도 무엇도 순조롭게 해낼 수 없다는 점을 알아야 한다. 성적은 잠시 한쪽에 미뤄두고 문제를 조정하기 위해 최선을 다해 아이를 도와야 한다. 문제가 더 악화될 경우 정신과 의사에게 보내는 것도 고려해봐야 한다.

모래판 위엔 과거와 현재가 모두 들어 있다

이후 학기 내내 나는 즈훙과 종종 만났다. 그녀는 자신의 문제가 꽤 심각하다는 것을 알고 있었고 도움받길 원했다. 우리는 대화를 할 때 울고 싶으면 울어도 되지만 말을 할 수 있다면 이를 언어로 표현하기 위해 최선을 다할 것을 약속했다.

즈홍의 언어 표현 능력을 훈련하기 위해 나는 개인 모래판을 사용했다. 그녀는 내면이 매우 풍부한 아이지만 표현 능력에 가로막히고 있었다. 게다가 성장 환경이 너무 단조롭고 친구도 없고 장난감도 적어서 모래놀이에 특히 흥미를 느꼈다. 자신이 만든 각각의 모래 속 세상에서 그녀는 편안함을 느끼고 즐거워했다. 그녀는 매번 흥미진진하게 자신의 작품에 대해 설명했다. 언어는 간결하고 정확했고 상상력의 범위도 넓었으며 창의력이 풍부해 나는 그녀가 똑똑하고 지혜로운 아이이고 내면 세계가 단순하면서도 아름답다는 것을 느낄 수 있었다.

모래판을 만들 때 처음 몇 번은 자유롭게 창작하게 했다. 그리고 서서히 나는 그녀에게 과거에서 현재까지 시간의 축에 따라 생활과 감정을 나타내는 모래판을 만든 뒤에 문제에 대해 교류하고 토론하게 했다. 즈홍의 우는 빈도와 시간이 점점 줄어들었다. 드디어 어느 날 점심에는 한 방울의 눈물도 흘리지 않게 되었다. 나는 기쁘게 그녀의 어깨를 부축했고 아이는 웃느라 눈이 반달 모양이 됐다.

두 달 동안 즈홍은 띄엄띄엄 말하던 것에서 문단으로 말할 수 있게 되었다. 그녀의 언어 표현 능력이 강해질수록 정서는 더 평온해졌다. 십여 년의 생활에 대해 그녀는 매우 선명하게 기억하고 있었다. 해를 거듭하면서 그동안 쌓였던 괴로움과 막막함을 정리하는 것이 특히 힘들었다. 가장 인상 깊었던 것은 그녀는 모래판 속에서 자신을 아주 작고 외로운 작은 인형으로 표현했으며 주위에는 늘 아무도 없었다는 것이다.

즈훙은 어렸을 때는 무서워서 울었다고 말했다. 단지에서 놀 때나 학교에서 늘 다른 사람에게 괴롭힘을 당했다. 자신에게 수많은 듣기 싫은 별명들이 있었으며, 무섭거나 화나거나 어떻게 해야 할지 모를 때 울 수밖에 없었다. 집에 가서 말하면 엄마는 그녀를 나가서 놀지 못 하게 하고 아빠는 오히려 화를 냈다. 그래서 결국 더 심하게 울게 되었다. 아빠는 기분이 좋은 날이 거의 없었고, 문제를 틀리기라도 하면 곧장 화를 내서 그녀는 또 울 수밖에 없었다. 아빠는 늘 그녀가 나약하고 못났다고 말했고 때리기도 했다. 놀란 그녀는 울 엄두도 내지 못하고 죽어라 참았지만 참으려 하면 할수록 더 심하게 울게 되었다.

즈훙은 어렸을 때는 다른 사람이 자신에게 우호적으로 대하지 않아도 아무렇지 않았다고 했다. 그저 자신과 같이 놀아주기만 하면 된다고 생각했던 것이다. 크고 나서는 점점 다른 사람의 비웃음이나 비아냥이 거슬렸고, 그래서 반 아이들이나 친구들과 자주 충돌이 생겼다. 하지만 아빠는 신경 쓰지 않았고 오직 그녀의 공부만 신경 썼다. 그녀는 성적이 좋아 중학교에 올라가고 나서는 학습 위원이 되었다. 숙제를 걷거나 아침 독서 시간에 어떤 친구가 규칙을 위반하면 그녀는 곧바로 선생님에게 알렸고 결과적으로 친구들에게 복수를 당했다. 그들은 일부러 그녀를 귀찮게 만들었고 결국 그녀는 다시 자주 울기 시작했다. 그녀는 한 학기 동안만 임원을 맡았다가 모두 그만두게 되었다.

즈훙은 남학생들을 상대하는 것을 좋아하지 않았다. 왜냐하면 여학생들과 지내기도 어렵다고 생각했기 때문이다. 그래서 친구가 없었고, 아이들은 모두 그녀를 시험만 볼 줄 아는 바보라고 불렀다. 한번은 수업시간에 질문을 받았는데 그녀가 순간 말문이 막히자 선생님은 성적이 그렇게 좋은데 어떻게 모를 수가 있냐고 말했고 어떤 학생은 바보가 이제는 완전히 바보가 되었다고 말했다. 그러고 나서 반 아이들 모두가 크게 웃었고, 그녀는 화가 나서 대성통곡을 했다. 그날 이후 선생님에게 질문을 받으면 울음을 멈출 수 없었고 대답을 할 수도 없었다. 이후 선생님들은 다시는 그녀에게 질문을 하지 않았다. 선생님의 질문에 대답할 차례가 되면 아이들은 알아서 그녀를 건너뛰었다. 그녀는 이를 매우 불편하게 생각했지만 아빠는 중점 고등학교에 가면 다 괜찮아질 거라고 말했다. 그곳에 있는 선생님들과 아이들은 모두 우호적이라고 했다. 그래서 그녀는 다른 것을 신경 쓰지 않고 최선을 다해 공부만 했다.

매우 적은 숫자의 학생들만 그녀와 함께 중점 고등학교에 입학했다. 고등학교 반 환경은 이전보다 훨씬 더 좋았다. 즈훙은 매우 즐거웠다.

그녀는 선생님이 질문을 했을 때 우는 것은 오랜 고질병이며 틀린 답을 말할까봐 무서워할수록 더 말이 나오지 않았다고 했다. 더욱이 마음속으로 괴롭고 너무 창피했기 때문에 더 심하게 울게 되었다. 개학을 하고 몇몇 친구들을 알게 되었는데 나중에 자신이 자꾸만 울자 점점 관계가 소원해졌다. 비록 누가 자신의 험담을 하는 것을 들어본 적은 없지만 선생님과 아이들이 모두 일부러 자신과 거리를 두고 있다는 생각이 들었다. 점점 중학교 때 상황과 비슷해지고 있었다. 그녀는 자신이 정말 엉망이고 어떻게 해야 할지 몰랐다.

또다시 점령당하다

즈흥은 자신을 바꾸고 싶은 의지가 강했고 부모님과 선생님, 반 친구들도 모두 협조적이어서 효과가 서서히 나타났다. 고1 1학기가 끝날 무렵 즈흥의 상태는 확실히 좋아졌고 우는 횟수도 줄었다. 수업시간엔 가끔 먼저 질문에 답을 하기도 했다. 기말고사 성적도 눈에 띄게 올라 즈흥의 아빠는 매우 기뻐했고 학부모회의가 끝난 뒤 특별히 찾아와 감사인사를 전했다. 나는 아빠에게 겨울방학을 잘 활용해 현재의 조정 효과를 더 굳게 다지고 예전의 행동이 반복되지 않도록 도와주시길 부탁했다. 이외에 최대한 많이 아이와 함께 편안한 일을 하고 너무 공부에 집중하지 말라고 말했다. 아이가 심리적 문제가 없다고 쳐도 고등학교 공부 난도가 높아서 성적에 기복이 있는 것은 정상적인 현상이니 이때 핵심은 가족들이 지지해주고 격려해주는 것이라고 말했다.

방학에 들어가기 전 마지막으로 즈흥을 지도할 때 나는 그녀에게 방학 동안 책을 많이 읽고, 음악도 듣고, 친구들과 함께 나가 놀기도 하고, 엄마를 도와 집안일은 하는 것도 좋다고 말했다. 그리고 개학한 뒤 만약 필요하면 계속 상담을 이어가자고 말했다. 그때까지만 해도 부녀 두 사람은 모두 기뻐했고 모든 것이 다 괜찮아 보였다. 하지만 모든 것이 진짜 원하는 대로 되는 것은 정말 어려운 일이었다.

겨울방학이 끝나고 즈흥은 나와 만날 시간을 잡으러 오지 않았다. 수업시간에 그녀를 만났을 때 내가 그녀의 상황을 물어도 늘 몇 마디 하지 않고 다급히 가버렸다. 그래서 담임선생님에게도 물었지만 담임선생님이 그녀가 말을 잘 하지 않을 뿐 감정은 비교적 차분한 편이고 별다른 문제를 발견하지 못했다고 말했다. 순식간에 중간고사가 다가왔고 담임 선생님은 나를 찾아와 즈훙의 상태가 또 안 좋아졌다고 말했다. 두 번의 시험에서 연달아 성적이 떨어졌다고 했다. 그리고 월말고사 때는 성적이 눈에 띄게 떨어진 것은 아니어서 혼내지 않았지만 학습 태도가 분명히 나빠져 있었고 숙제도 제대로 해오지 않아서 그녀를 불러 이야기를 나눴다고 했다. 결국 그녀는 다시 끊임없이 울기 시작했다. 이 상황을 부모님께 알리니 아빠는 아이를 엄하게 교육하겠다고 말했고, 결국 중간고사 때는 성적이 더 심하게 떨어졌다. 점점 그녀는 학교에서 거의 말을 하지 않게 되었고, 수업시간엔 자주 잠을 잤다. 사소한 질문만 해도 그저 계속 울기만 할 뿐이라 유명한 '울보'가 되었다. 여기까지 들으니 나는 마음이 무거워졌다. 아마 그녀의 아빠가 약속을 지키지 않은 것 같았다. 나는 아이와 이야기를 해봐야 했다.

상담실에 찾아온 즈훙은 눈빛이 어둡고 말이 없었다. 그리고 몇 분 지나지 않아 눈물을 흘리기 시작했다. 뭔가를 물어도 그저 고개를 끄덕이거나 저을 뿐이었고, 40분 동안 휴지 한 통을 다 썼다. 공부에 관해 물었을 때 그녀는 더 심하게 울었고, 아빠가 기분이 안 좋으신지를 물었을 때는 거의 통곡하면서 울었다.

아빠를 다시 만났을 때 나의 모든 예측은 사실이었음이 밝혀졌다. 그는 나를 만났을 때 매우 초조한 모습이었고 마치 자신을 살릴 지푸라기를 발견한 것처럼 말했다.

"선생님, 빨리 저희 아이 좀 다시 도와주세요! 아이가 선생님 말을 가장 잘 듣잖아요. 요즘 성적이 너무 떨어졌어요. 이렇게 가다간 아마 대학에도 못 붙을 거예요!"

이렇게 보니 아빠가 가장 관심을 가지는 건 여전히 즈홍의 학교 성적이었다. 겨울방학 전 내가 그에게 부탁했던 모든 말을 까맣게 잊어버리고 아이에게 많은 공부를 시켰다.

"방학 동안의 스케줄은 모두 아이가 원하는 대로 정하겠다고 약속하지 않으셨나요?"

내가 물었다.

"네? 아, 맞아요."

그는 머리를 긁적이더니 근심스럽고 난처한 듯 말했다.

"하지만 고등학교 공부 난도가 높아서 제가 가르칠 수 없었어요. 제가 봤을 때 아이의 상태가 좋은 것 같고 성적도 괜찮은 편이라 좀 더 잘할 수 있을 것 같아서 서둘러 학원을 찾았어요. 그저 새로운 학기 내용을 예습한 거예요. 동료들의 아이들도 모두 이렇게 하고요. 학원에 돈을 많이 써서 설에는 집에도 가지 못했어요."

"하지만 아이의 성적도 좋아지지 않고 상태는 갈수록 안 좋아지고 있어요."

아빠는 눈썹을 찌푸리며 한숨을 쉬며 말했다.

"그렇게 공부를 많이 했는데 월말고사에서 오히려 성적이 떨어지고 조금 뭐라고 했다고 또 울기 시작했어요. 심지어 이제는 숙제도 열심히 하지 않아서 제가 너무 화가 나고 마음이 급해서 밤에 아무리 피곤해도 아이가 숙제하는 걸 지켜봤어요. 아무리 늦어도 모두 하게 했죠. 하지만 집에서 감시한들 학교에서 수업을 잘 듣지 않으면 무슨 소용이겠어요. 이번 시험에서 등수가 많이 떨어졌어요."

"아이의 감정 상태가 매우 안 좋아요. 살도 많이 빠진 것 같던데 몸은 어떤가요?"

"위장이 좀 안 좋아서 밥 먹는 양이 줄었고 살도 좀 빠졌어요. 잠도 아마 잘 못 잘 거예요. 그렇지 않으면 낮에 정신 상태가 그렇게 안 좋을 리가 없죠."

"즈홍은 줄곧 말을 잘 듣던 아이고 공부도 항상 열심히 했어요. 현재 상황은 심신 상태가 좋지 않아 생긴 거예요. 이 점에는 동의하시나요?"

그는 고개를 끄덕이곤 아무 말도 하지 않았다.

"요즘 즈홍의 상태는 낙관적이지 않아요. 1학기에 지도하기 전보다도 안 좋아요. 아이에게 다시 조정할 믿음과 힘이 있을지 모르겠어요. 시험에 연이어 실패한 것에 대해 아버님만 신경 쓰고 있는 게 아니라 본인도 매우 신경 쓰고 있어요. 만약 의지력까지 상실한다면 문제는 더욱 심각해질 거예요. 이로 인한 마지막 결론은 대학에 갈 수 있냐 없냐가 아니라 학업 자체를 지속할 수 있냐 없냐가 될 거예요."

아빠의 눈빛에서 근심과 혼란이 느껴졌다.

"선생님, 이번에는 제가 꼭 선생님 말씀대로 할게요. 제발 아이 좀 꼭 도와주세요."

"다시는 아이에게 공부를 강요해서는 안 돼요. 문제를 조정하는 게 먼저예요. 기분이나 몸이 좋지 않으면 휴가를 신청하고 쉬어도 좋고요. 절보러 올지 말지는 아이의 의견을 존중해야 해요. 만약 조정 효과가 없으면 병원에 가서 정신과 상담을 받아야 해요. 생각과 행동을 바꾸지 않으시면 아이는 건강을 회복할 수 없고 공부는 말할 것도 없을 거예요."

즈훙은 다시 나를 찾아오지 않았고, 자주 수업에 빠졌으며, 가끔 나를 만나도 고개를 숙이고 급히 도망갔다. 이후의 시험도 그녀는 보지 못했고, 부모님은 아이를 병원에 데려가 심리치료를 받게 했다. 그러나 즈훙은 계속 회복하지 못했다. 고2 때는 고향에 있는 학교로 전학을 갔다. 아빠는 그곳에서 할머니, 할아버지가 그녀를 돌보고 있고, 요양도 하고 공부도 하며 지내고 있다고 했다. 이후에 어떻게 됐는지는 알 수가 없었다.

즈훙의 여러 가지 모습이 줄곧 선명하게 내 머릿속에 박혀 있다. 끊임없이 흐르던 눈물, 작은 보조개, 빛나던 눈, 가볍게 흔들리는 머리꼬리, 소파 옆에 앉아 지었던 아름다운 미소, 만약 건강하게 성장할 수 있었다면 이 단순하고 지혜로운 아이에겐 아름다운 미래가 있었을 것이다.

아쉽게도, 삶에 만약이란 없다.

사춘기 심리 코칭

합리적인 동기만으로는 한참 모자라다

아이들을 지킬 수 있는 것은 선생님이 아니라 가족이다. 심리적 문제의 형성과 해결의 핵심은 모두 가정에 있다. 아이들을 대하는 태도가 방법이 잘못되었을 때 문제가 생기는 것을 피할 수 없고 반드시 생길 일은 언젠가는 생긴다.

부모의 삶의 경험은 필연적으로 다양한 방식으로 자녀에게 전달된다. 부모가 하는 모든 것은 자식들을 위해서 하는 것이다. 아이들을 잘 못 자라게 하려고 교육하고 관리하는 부모는 없다. 하지만 좋은 동기만으로는 한참 모자라다. 동기와 결과를 비교했을 때 결과가 더 중요하기 때문이다. 결과를 결정하는 것은 과정이다. 이는 양육하는 태도와 방식이다.

심신의 능력치가 낮은 아이는 가족의 특별한 보호가 필요하다

활발하고 활동적이고 공격성이 높은 아이는 다른 사람을 괴롭히기 좋아하는 경우가 많고, 민감하고 연약하고 소심하고 겁이 많은 아이들은 괴롭힘에 쉽게 당하는 경우가 많다. 부모의 보호에는 양육뿐만 아니라 교육도 있어야 한다.

능력이 강한 아이들은 그들이 어떻게 스스로를 통제해야 하는지 지도하고 교육해야 한다. 신체나 마음의 능력이 떨어지는 아이는 가족들의 보호가 필요하다. 부모님은 아이들이 문제를 해결하고 외부로부터 오는 상처를 줄이도록 돕고, 아이에게 어떻게 외부로부터 오는 나쁜 것들, 침해를 대처해야 하는지 가르쳐야 한다.

건강을 대가로 좋은 결과를 얻을 수 없다

부모가 지나치게 학교 성적을 신경 쓰다 건강한 성장과 균형 있는 발전을 간과하는 것은 어리석은 교육이념이고 아이 인생에 재난을 불러올 수 있다. 건강은 학교 성적뿐만 아니라 행복한 삶의 결정적인 조건이다. 게다가 핵심적인 시기에 어려운 일이 생길수록 그 영향력은 더욱 선명해진다.

좋은 성적을 위해 아이의 심리건강 상태를 고려하지 않고, 몸의 부담을 간과하면 아이가 설사 좋은 점수를 받더라도 이는 일시적인 현상이다. 끝없는 공부가 아이에게 가져오는 것은 대체 무엇일까? 이는 부모가 진지하게 생각해볼 가치가 있는 질문이다.

초등학교 심지어는 중학교 성적이 좋았던 많은 아이들이 고등학교, 대학교에 올라가면서 성적이 점차 떨어지고 심지어 위축되고 도망치고 자신과 타인에게 상처를 주는 행동을 하는 것은 근본적으로 모두 가정에서 지나치게 성적을 신경 쓰고 아이의 심적 성장을 간과했기 때문이다.

실수하지 않는 부모는 없다

부모도 일종의 직업이다. 훈련이나 실습을 해보지 않으면 당연히 편차가 생기고 심지어 잘못하기도 한다. 하지만 부적절함을 발견했을 때 제때 수정하고 조정할 수 있으면 된다. 그럼 큰 문제를 야기하지는 않는다.

아이에게 큰 기대를 거는 것 자체는 크게 비난할 것이 아니지만 어떤 목적으로 어떤 수준에 도달하고 어떻게 진정한 도움을 줄 것인지는 모두 부모가 끊임없고 고민하고 따져보고 시도해보고 조정해야 한다.

15

그렇게 밝던 아이가
몰래 유서를 쓰다니

소년의 실종

급박한 전화벨 소리가 점심시간의 고요함을 깨뜨렸다. 개별 상담 시간
에는 보통 전화를 받지 않지만 그날의 전화는 매우 집요해 급한 일이 있
는 것 같았다. 나는 상담받던 아이에게 양해를 구한 뒤 나가서 전화를 받
았다. 역시나 큰일이었다.

고2 남학생이 아침에 학교에 왔다가 다시 사라졌는데, 지금까지 연락
이 되지 않는다고 했다. 그리고 그 아이의 짝이 방금 책상에서 유서 같은
쪽지를 발견했다고 했다.

전화를 끊고 나니 내 머릿속은 윙윙거리는 소리로 가득 찼다. 온종일
고민이 있거나 심지어는 심리적 장애가 있는 아이들을 만나고 있었지만,

이런 소식에는 더욱 긴장할 수밖에 없었고, 숨이 잘 쉬어지지 않았다.

사라진 아이는 내가 아는 아이였다. 이름은 지카이. 밝은 아이였다. 축구를 아주 잘해서 학교 팀의 주장이자 체육부장이었다. 키는 별로 크지 않았지만 체격이 건장했다. 또한 크고 빛나는 눈과 웃음이 가득한 얼굴이 매력적이어서 보기만 해도 기분이 좋아지는 아이였다. 이런 아이였기에 주위에 친구들이 끊이지 않았다. 유서를 쓴 아이가 그 아이라니. 소식을 들은 가족을 포함한 모두가 의아하게 생각했다. 부모님은 전날 저녁에 그가 가족들과 말다툼을 하긴 했지만 매우 사소한 일이었고 이럴 정도의 일이 아니라고 했다.

반 아이들에게 들어보니 지카이가 매일 아침 일찍 학교에 와 운동을 했기 때문에 자리에 가방만 있고 사람은 없는 게 지극히 정상적인 일이라 처음에는 아무도 신경 쓰지 않았다고 했다. 곧 축구대회가 있었기 때문에 수업시간에 돌아오지 않아도 아이들은 그가 체육부장으로서 대회 준비를 하고 있는 것으로 생각해 역시 이상하게 생각하지 않았다. 연이어 두 수업이나 아이가 보이지 않자 사람들은 그제야 그를 찾기 시작했고 애초에 학교에는 없었다는 것을 알게 되었다. 담임선생님이 부모님께 연락을 해봤지만, 그는 집에도 없었고, 사람들은 초조해지기 시작했다.

지카이는 독립심과 책임감이 모두 매우 강해서 어디에 놔둬도 어른들이 걱정하지 않는 아이였다. 그렇다면 대체 무엇이 그를 이렇게 말 한마디 없이 떠나게 했을까? 의혹은 점점 쌓여만 갔다. 점심시간에 그의 짝이 지카이의 책상을 뒤져봤고 쪽지를 한 장 발견했는데, 거기엔 뜻밖에도 "나와 이별"이라는 말이 적혀 있었다. 그리고 다음과 같은 글이 몇 줄 더 쓰여 있었다.

"거짓된 빈 껍데기, 거짓된 얼굴, 진실한 세계, 진정한 절망, 17년이면 끝마칠 수 있을 것 같다. 다른 모든 것과 상관없이 그저 나와 이별한다."

이 쪽지 한 장에 반은 발칵 뒤집혔고, 상황을 알게 된 모두가 경악했다.

지카이의 전화기가 계속 꺼져 있어 통화가 되지 않자 사람들은 어쩔 수 없이 문자를 보냈다. 그가 잠시 전화기를 켜는 그 순간 얼마나 많은 사람들이 그를 걱정하고 있는지 알 수 있도록 말이다. 반 아이들은 온라인에서 그의 흔적을 찾기 시작했고, 그가 가입한 다양한 SNS 채널로 메시지를 남겼다.

그가 SNS에 가장 최근에 올린 글을 보면 평소와는 달리 그의 기분이 좋지 않다는 것은 느낄 수 있었다. 그가 올린 글 아래에 많은 댓글이 있었지만 대부분은 그를 놀리거나 농담하는 내용이었고, 극소수의 사람들만 진지하게 그에게 무슨 일인지, 기분이 안 좋은지 물었다. 이런 댓글에 지카이가 모두 답을 해주었다. 가장 최근에 답을 해준 것이 그날 이른 새벽이었다.

나는 재빨리 그의 SNS에 들어갈 수 있는 선생님이나 아이들에게 그 글 아래 댓글로 그가 다시 돌아오길 바란다는 내용을 남기게 했다. 이와 동시에 학교와 부모님은 모든 방법을 동원해 그를 찾아야 했다.

정반대인 내면세계

지카이의 마음속 깊은 곳에 이런 생각이 있었지만 담임선생님은 아무런 징조도 발견하지 못했다고 말했다. 지카이는 체육 특기생이었고, 성적은 별로 안 좋지만 다른 방면에선 모두 뛰어난 아이였다. 그에게선 특기생들에게서 자주 나타나는 강한 개성이나 낮은 자율성 등의 특징이 전혀 나타나지 않았고, 친구들과의 관계도 좋고 신망을 받는 아이였기 때문에 그가 목숨을 버릴 생각을 하고 있다고는 도저히 생각할 수 없었다.

담임선생님은 평소 지카이와 가장 가깝게 지내는 몇몇 아이들을 불러 물어봤지만 아무도 그 어떤 실마리를 찾지 못했다. 지카이는 친한 친구들과 있을 때는 많은 사람들 앞에서처럼 그렇게 활발하고 활동적이며 밝고 유쾌하기만 하지는 않았다. 매우 조용할 때도 있었고, 생각도 매우 깊었다. 하지만 그는 자신의 고민을 누군가에게 말한 적이 없었고, 오히려 늘 누군가 그를 찾아와 자기 얘기를 늘어놓았다

지카이의 마음을 가장 괴롭혔던 것은 역시 성적이었다. 체육 특기생이라 성적이 좋지 않은 것이 큰 문제는 아니었지만 그 자신은 그렇게 생각하지 않았다. 성적이 좋지 않으면 그의 기분도 좋지 않았다. 하지만 축구를 하고 나면 괜찮아지는 것 같았다. 지카이는 재구성된 가정에서 생활하고 있었다. 엄마는 같지만 다른 아빠에게서 태어난 여동생이 있었다. 그는 집안일에 대해 잘 이야기하지 않았지만 숨기지도 않았다. 그의 말에 따르면 아무 문제도 없어 보였다. 그처럼 강하고 낙관적인 사람이 왜 그런 생각을 떨쳐버리지 못할까? 아이들은 모두 당혹스러워했다.

지카이가 '유서' 같은 쪽지를 남기고 가족과 친구들을 떠나려 했다는 것은, 밝고 낙관적이고 강인한 특성들이 그저 그의 수많은 성격적 특성

중 일부였을 뿐이라는 것을 나타낸다. 그는 사람들에게 밝고 건강한 모습을 보여주려 애썼지만 사실 내면세계는 이와 완전히 정반대였다. 가장 도움이 필요하지만 가장 도움을 받지 못하는 아이들이 바로 이렇게 겉모습과 속이 다른 아이들이다.

웃음은 슬픔을 가리는 가면이었다

뜻밖에도 지카이는 그다음 날 아침에 이미 운동장에 나타나 있었다. 선명하게 드러나는 피로감과 보기 드문 그의 진지한 표정이 아니었다면 사람들은 어제 정말 그렇게 큰일이 일어났었는지 의심할 뻔했다.

그의 엄마가 학교로 전화를 걸어와 이야기한 바로는 전날 지카이가 집에 돌아왔을 때 너무나도 평온해 보였고 아무 말도 하지 않았다고 했다. 엄마는 금방이라도 미쳐버릴 것 같았고 두렵기도 하고 화가 나기도 했지만, 혹시나 아이를 자극할까봐 겁이 나 꾹 참고 많은 것을 묻지 않았다. 지카이는 원래도 집에서 말수가 적었기 때문에 죄송하다고, 다시는 이러지 않겠다고 말한 뒤 자신의 방으로 들어갔고, 오늘 아침엔 평소처럼 일어나 학교로 향했다.

지카이는 평소 순서대로 학교에 가고, 쉬는 시간에는 계속 축구대회 준비를 했으며, 체육선생님과 담임선생님을 찾아가 잘못을 시인하고 심리상담 선생님을 찾아가 이야기를 나눠보겠다고 말했다.

지카이가 나를 찾아왔을 때는 막 축구경기가 끝났을 때였고, 그의 얼굴은 땀범벅이 된 상태였다. 그는 웃으며 내게 인사를 건넸지만, 그 웃음은 억지스러웠고 이전의 밝기와 온도가 아니었다. 지카이는 소파에 앉아 땀을 닦으면서 주위를 둘러보더니 말했다.

"선생님, 여기 정말 편안하네요. 진작 알았으면 더 일찍 왔을 텐데."

나는 조용히 그를 자세히 살펴보면서 마음속으로 생각했다. 대체 어떤 스트레스 때문에 이렇게 생기가 넘치는 아이가 목숨을 버리려 했을까 하고 말이다. 내가 말이 없어서인지 내 표정에서 속마음이 드러나서인지 지카이는 금세 조용해졌고 웃음기도 사라졌다. 그는 입을 오므린 채로 눈빛은 점점 어두워졌으며 무의식적으로 손가락을 비비고 있었다. 그는 나를 바라보며 뭔가를 말하려다 멈추고는 고개를 돌려 창밖을 바라봤다. 정오를 넘긴 햇빛이 그의 눈으로 쏟아져 들어왔고, 실눈을 뜨던 그의 눈에서 눈물이 흘러내렸다.

지카이는 점점 더 눈물을 많이 흘렸고, 나중에는 눈물 때문에 말을 못하는 지경에 이르렀다. 마음이 지나치게 억압되어 있을 때 한바탕 울어내는 것은 아주 좋은 해소 방법이다. 아마 그도 이렇게 통쾌하게 울어본 적은 없었을 것이다. 그래서 나도 그가 울게 내버려두었고, 그저 옆에 조용히 앉아 지켜보며 계속 휴지를 건넸다.

10분 정도 지나자 지카이의 울음소리가 점차 잦아들었다. 그는 마치 자신의 마음속 무언가와 힘겨루기를 하고 있는 것 같았다.

"지카이, 가슴이 갑갑하지 않니?"

그는 고개를 끄덕였다.

"심호흡할 줄 알지?"

그는 운동을 하는 아이였기 때문에 호흡을 조절하는 데 능숙했다. 그는 정신을 가다듬고 호흡을 하며 아주 빠르게 격해진 감정을 가라앉힐 수 있었다. 나는 탐색하는 눈빛으로 그를 바라봤고, 지카이는 쑥스러운 웃음을 지으며 말했다.

"선생님, 제 우는 모습 흉하지 않나요?"

나는 고개를 저으며 말했다.

"그럴 리가. 한바탕 울어낼 수 있으면 못 넘을 고비도 없어."

그는 약간 의아한 듯 말했다.

"그래요? 하지만 어렸을 때부터 지금까지 저희 엄마는 제가 울지 못하게 했는데요. 저도 우는 건 창피한 일이라고 생각했고요."

"남자는 쉽게 눈물을 흘리지 않으니까?"

그는 고개를 끄덕였다.

"많은 사람들이 남자아이를 교육할 때 하는 말이야. 하지만 그건 과학적이지 않아. 울면 부정적인 감정도 분출할 수 있고, 독소도 배출할 수 있는걸? 지카이, 너는 진심을 숨기는 능력이 아주 강한 아이야. 대체 얼마나 많은 괴로움을 숨겼으면 그런 극단적인 생각을 할 수 있었는지 내게 이야기해줄 수 있니?"

그를 아프게 한 건 모두 가족이었다

지카이는 외강내유의 성격으로 겉으로는 밝고 낙관적으로 보이지만 사실은 예민하고 섬세한 아이였다. 하지만 모든 성장 과정에서 그는 연약한 면을 내보일 수 없었다.

지카이는 작은 도시에서 태어났는데, 그가 기억하기에 집안은 늘 평안하지 않았다. 아빠는 한때 군인이었다가 운수회사를 차린 사람으로 성격이 매우 거칠고 자주 화를 냈다. 특히 술을 마시면 더 거칠어져서 지카이를 부하처럼 훈련시켰다. 당시 지카이는 매우 어렸고, 아빠가 너무 무서웠다. 하지만 아빠는 그가 울지 못하게 했고 눈물을 흘리면 매를 맞았다.

엄마에게는 아빠를 막을 힘이 없었다. 지카이가 아빠에게 맞을 때면 엄마는 아들을 지켜주려고 했고, 그래서 모자는 자주 함께 아빠에게 맞았다. 공포심뿐만 아니라 엄마를 지키기 위해서 지카이는 최대한 아빠가 원하는 대로 해주었다. 그의 울지 않는 능력은 어릴 적부터 훈련된 것이었다.

초등학교 때 아빠와 엄마는 이혼했다. 주된 이유는 아빠의 외도였다. 당시 지카이는 속으로 기뻐했지만, 엄마는 매우 슬퍼하며 오랜 시간 눈물을 흘렸다. 지카이는 그때 자신은 얇고 마른 팔로 엄마는 안아주는 것밖에는 할 수 있는 것이 없었다고 했다. 그는 엄마에게 말했다.

"엄마 걱정하지 마. 내가 엄마를 보호해줄게."

한번은 엄마가 그의 작은 손을 움켜쥐고 말했다.

"네가 이렇게 마르고 힘도 없는데 어떻게 엄마를 지켜줄 수 있겠어?"

그날 이후, 지카이는 열심히 밥도 먹고 운동도 했다. 몸이 건장해야 엄마를 지킬 수 있기 때문이었다. 이는 그가 체육 특기생이 된 주된 이유이기도 했다. 지카이는 엄마와 함께 생활했고, 엄마는 그전까지는 일을 하지 않았지만 아빠가 제때 양육비를 주지 않아 일을 할 수밖에 없었다. 생활은 어려웠지만 그 시절이 지카이의 기억 속엔 가장 행복한 시간이었다. 일을 다니기 시작하면서 엄마는 기분이 점점 좋아졌고 옛날보다 더 사랑스럽고 예뻐졌다. 지카이가 막 3학년에 올라갈 때 엄마는 재혼을 했다. 새아빠는 엄마가 다니던 공장의 엔지니어였는데 지카이보다 한 살어린 아들이 있었다.

　지카이는 엄마와 함께 새아빠의 넓은 집으로 이사했다. 새아빠는 온화했고 남동생도 매우 착해 보여서 그는 마음이 많이 안정되었다. 하지만어쨌든 익숙한 집이 아니었기 때문에 그는 늘 매우 조심스럽게 행동했다. 혹시 무슨 잘못을 해서 엄마가 곤란해지고 집안에 분란을 일으킬까걱정했다.

　새아빠는 너무 바빠서 엄마가 일을 그만두고 집에서 두 아이를 돌봤다. 엄마는 늘 남동생에게 더 정성을 쏟았고, 먹는 것, 입는 것, 쓰는 것모두 남동생이 고르고 먼저 사용했다. 두 아이가 같이 놀다가 충돌이 생겨도 언제나 지카이를 나무랐고, 남동생에겐 아무 말도 하지 않았다. 가끔 새아빠가 집에 있다가 이런 모습을 목격하면 엄마가 아이들을 불공평하게 대한다며 이는 아이들의 성장에 좋지 않다고 나무랄 정도였다. 이런 측면에서 보면 새아빠는 꽤 괜찮은 사람이었다.

　한번은 엄마의 한결같은 편애 때문에 너무 억울했던 지카이가 눈물을보인 적이 있었다. 엄마는 크게 화를 내면서 남자아이가 왜 우냐며 그를힘껏 밀쳤다. 지카이는 늘 얌전해서 엄마가 그렇게 화가 난 모습을 본 적이 없었기 때문에 너무 무서웠고 화가 났다. 엄마가 자신을 사랑하지 않고 다른 사람의 아이만 사랑한다고 생각했다. 그래서 그는 즉시 울음을멈추었지만 이후 다시는 엄마를 상대해주지 않았다. 나중에 엄마는 자책하며 지카이에게 사과했고, 어쨌든 여기는 재구성된 집안이고 새아빠처럼 조건도 좋고 인성 좋은 사람은 만나기가 쉽지 않다고 말했다. 지카이가 안정적인 환경에서 생활하고 공부하려면 자신이 최대한 어렵게 얻은 가정을 잘 지켜야 한다는 말도 했다. 엄마가 자신을 위해 이렇게 행동하고 있다는 것을 알게 된 지카이는 마음이 편해졌고, 이후에도 최대한 남동생과 싸우지 않고 무슨 일이든 최대한 참으며 충돌하는 횟수를 줄였다.

　이렇게 2년이 지나고, 엄마는 여동생을 낳았다. 지카이가 중2가 되던 해, 온 가족이 이사하면서 이 지역으로 전학을 오게 되었고, 새로운 환경에 적응하는 데에 많은 우여곡절이 있었다. 새 학교 아이들은 다양한 방식으로 그를 배척했다. 그는 마음이 불편했지만 겉으로 티를 내지 않았고, 아무리 화가 나도 불쾌한 표정을 짓지 않았다. 이후 그의 운동 능력이 그에게 도움이 되었다. 그가 학교 축구부에 들어갔다는 소식은 당시 반에서 큰 뉴스거리였고, 축구부에 들어가 많은 친구를 사귀면서 반 아이 누구도 그를 괴롭히지 못했다. 오히려 그는 갈수록 인기가 많아져 중3에 올라갈 때는 체육부 임원을 맡기도 했다. 지카이는 자신은 시끌벅적한 것을 원하지 않았고 대부분의 시간을 혼자 보내고 싶었지만, 환경이 이를 허락하지 않았다고 말했다.

　지카이를 가장 창피하게 만들었던 것은 바로 성적이었다. 새아빠는 교재가 달라졌기 때문이라고 했지만, 엄마는 중요한 건 머리라고 말했다. 함께 전학 온 남동생과 여동생의 성적은 매우 좋았기 때문이다. 공부 얘기를 하니 기분이 언짢았지만, 체육 특기생으로나마 중점 고등학교에 들어올 수 있어서 마음이 조금 편해졌다. 하지만 고등학교 공부는 더 어려웠고 그가 아무리 열심히 수업을 듣고 고민해도 수많은 교과서 내용들은 그에게 그저 글씨일 뿐 도무지 이해하기가 힘들었다. 그는 노력했지만, 고1 성적은 "완전히 썩었다"고 표현할 수 있을 정도였다. 특히 이과 과목이 심각했다. 그래서 문과와 이과로 반을 분리할 때 그는 문과를 선택했다.

지카이가 고2로 올라가면서 동생도 이 학교에 들어왔는데, 무려 이과 중점반으로 들어오게 되었다. 동생을 축하하기 위해 부모님은 식당에서 손님들을 모시고 식사를 했는데, 손님들 대부분이 새아빠의 친구들과 회사 동료들이었다. 그들의 눈에는 남동생뿐이었고, 귀여운 여동생도 자주 웃겨주었다.

"저는 공기 같았어요. 얼굴은 웃고 있었지만, 속으론 울고 있었죠."

지카이는 내게 이렇게 말했다.

열등감에 빠진 소년의 상처

지카이는 문과반에 들어가고 나면 성적이 좀 나아질 거라고 생각했다. 하지만 뜻밖에도 성적은 계속 안 좋았다. 그는 새로운 반에서 한 여자아이를 알게 되었는데, 그녀는 아름다운 외모와 가냘픈 몸매, 조용하고 온화한 성격, 진실하고 자연스러운 태도, 딱 지카이가 좋아하는 스타일이었다. 게다가 성적도 매우 좋았다. 한번은 우연한 기회로 지카이가 그녀에게 수학 문제를 물어보았는데, 그녀는 아주 자세히 설명해주었다. 하지만 지카이의 이해 속도가 너무 느려서 분위기가 어색해졌다. 그녀는 웃으며 지카이에게 천천히 포기하지 말고 해보라고 격려해주었고 궁금한 것이 있으면 언제든지 물어봐도 좋다며 전화번호도 남겨주었다. 그때 지카이는 무척 감동을 받았고, 지금까지 느껴보지 못한 행복감을 느꼈다.

그 여자아이는 자주 지카이에게 문제 풀이를 해주었고, 반 아이들은 뒤에서 소문을 퍼뜨리기 시작했다. 하지만 지카이는 그녀에게 한 번도 공부 외적인 이야기를 한 적이 없었기 때문에 전혀 신경 쓰지 않았다. 학급회의를 하던 어느 날, 학생들은 자신이 생각하는 이상형에 관해 이야기했는데, 그 여자아이는 '책임감 있고' '건장하고' '똑똑하고' '매우 우수한' 남자를 꼽았다. 지카이는 자기도 모르게 자신과 비교해보았고 '책임감 있고' '건장한' 남자까지는 괜찮았지만, '똑똑하고' '매우 우수한' 남자는 분명 공부 쪽을 말한 것이라는 생각이 들었다. 게다가 자신은 체육밖에 잘하는 것이 없어서 우수한 사람일 리가 없다는 생각까지 들자 스스로가 매우 실망스러웠다.

지카이는 복잡한 마음을 감추고 계속 그 여자아이의 도움을 받으며 조금씩 성적이 오르길 기대했다. 하지만 뜻밖에도 두 번의 시험 성적이 모두 안 좋았고, 특히 그녀가 가장 많이 도와줬던 수학 성적이 매우 안 좋았다. 지카이는 다시 그녀에게 문제를 물어볼 면목이 없었고, 몇 차례 그녀의 궁금해하는 눈빛을 발견했을 때 다급히 고개를 숙이거나 다른 사람과 이야기하는 척을 했다. 그 짧은 순간에도 그녀의 서운한 눈빛을 느낄 수 있었지만, 그는 아무래도 그녀와 이야기할 용기가 나지 않았다.

지카이는 그 여자아이가 한 번도 자신에게 왜 갑자기 차갑게 구는지 묻지 않았지만, 그녀의 기분이 상했다는 것을 알 수 있었다. 지카이는 계속 용기가 나지 않았다. 그녀는 그에게 큐큐를 통해 격려인 듯 사실은 의문과 원망이 담긴 메시지도 보냈지만 지카이는 답장을 보내지 않았다. 그가 사라지기 전날, 쉬는 시간에 체조를 하고 있을 때 지카이는 그녀가 자신에게로 걸어오고 있는 것을 발견했다. 그는 재빨리 시선을 돌려 옆 반 친구에게 먼저 말을 걸었다. 마침 그 친구는 여학생이었다. 저녁에 집에 돌아간 지카이는 큐큐에서 그녀의 프로필 사진이 없어졌다는 것을 알게 되었다.

지카이는 멍하니 핸드폰을 들고 서 있었다. 마음이 죽을 만큼 답답했고, 차오르는 눈물이 떨어지지 않도록 꾹 참고 있었다. 방문 너머로 가족들이 웃으며 이야기하는 소리가 들려왔고, 그의 기분은 바닥을 쳤다. 그때 갑자기 방문이 열렸고 여동생의 머리가 문틈을 비집고 들어왔다. 지카이는 깜짝 놀랐다. 지카이는 집에서 늘 말이 없는 편이지만 여동생과는 사이가 좋았다. 지카이의 방에도 여동생만 자주 왔다갔다했다. 매번 방에 들어올 때마다 오빠와 한바탕 놀고 나서야 비로소 밖으로 나갔다.

지카이는 재빨리 눈가에 눈물을 훔치고 여동생에게 나가라고 퉁명스럽게 말했다. 여동생은 한 번도 오빠가 성질을 내는 모습을 본 적이 없어 그 자리에 얼어붙었고, 지카이는 큰 소리로 나가라고 재촉했다. 엄마는 이 소리를 듣고 그들에게로 왔고, 여동생이 섭섭해하는 모습을 보고는 곧장 화가 나서서 지카이가 신경질을 부린다고 말했다. 가장 상처가 됐던 말은, "숙제하는 게 뭐가 그렇게 대단하다고 그래! 네가 달리기하는 것만큼, 성질부리는 것만큼만 성적이 나오면 소원이 없겠다!"였다. 새아빠와 남동생이 모두 방으로 들어왔고, 새아빠는 너무 조급해하지 말라고 엄마를 타일렀다. 남동생은 여동생을 데리고 나갔다. 지카이는 갑자기 자신이 정말 쓸모가 없다는 생각이 들었다.

"그렇게 많은 일들이 한 번에 일어나면서 당시에 네가 느낀 건 절망 같은 거였니?"

"맞아요, 선생님. 저는 한숨도 자지 못하고 많은 생각을 했어요."

"오랫동안 네가 다른 사람들에게 너의 즐거운 모습만 보여줘서 내면의 외로움과 슬픔을 아무도 알아차리지 못한 것 같아."

지카이는 고개를 숙이고 낮은 목소리로 중얼거렸다.

"이렇게 사는 게 무슨 의미가 있을까요."

"그날 이른 새벽에 저는 집에서 나와 아무도 없는 길바닥을 어슬렁거리면서 시내를 누볐어요. 새벽을 선택한 이유는 제가 항상 일찍 집을 나서 학교에 갔기 때문이었어요. 남동생과 여동생은 학교 가는 시간이 저보다 늦어서 엄마가 챙겨서 보내기 때문에 아무도 알지 못한 거죠."

지카이는 가장 먼저 교실에 들어가 자신에게 유서를 한 통 썼고, 그 여자아이의 자리에 잠시 앉았다. 원래는 뭔가 적어 남기고 싶었지만 결국은 펜을 들기 어려웠다. 어차피 그게 무슨 의미가 있나 싶기도 했다. 그리고 그는 일어나 밖으로 걸어 나가 아이들이 도착하기 전에 학교를 떠났다.

성장하는 힘을 흡수하다

태양은 이미 저물어 있었다. 우리도 모르는 사이에 두 시간이 흘렀다.

"지카이, 네 마음속에 이런 감정들이 있다는 걸 엄마도 아시니?"

그는 고개를 저었다. 그러고는 어쩔 수 없다는 듯이 웃으며 말했다.

"사실 전 엄마를 이해해요. 엄마도 쉽지 않을 거예요. 재혼도 했고, 아이도 세 명이나 키워야 하잖아요. 너무 바빠서 제게 조금 소홀하신 것도 당연한 거라고 생각해요."

"네가 한 이야기들을 들어보니, 엄마가 너에 대해 그렇게 만족하고 계신 것 같지 않은 느낌이 들어. 정말 그렇니?"

그는 고개를 끄덕이며 말했다.

"엄마는 제 성적에 대해 아주 불만이 많으시고, 다른 부분에 대해서는 별로 관심이 없으세요. 엄마는 공부를 잘해야 커서 높은 사회적 지위를 얻을 수 있다고 생각하세요. 새아빠까지 예로 들면서 계속 같은 얘기를 반복해서 정말 피곤해요."

"남동생의 성적이 좋은 것도 너에게는 스트레스겠구나."

"엄마는 늘 저와 제 남동생의 성적을 비교하세요. 하지만 동생은 성적만 저보다 좋을 뿐 다른 부분에서는 다 저보다 못해요."

"새아빠는 그래도 네게 잘해주시는 것 같던데, 맞니?"

"새아빠는 사람도 좋고, 온화하고, 절 매우 정중하게 대해주세요. 하지만 저희 둘 사이엔 여전히 뭔가가 가로막고 있는 것 같아요. 새아빠는 영원히 남동생과 여동생을 대하는 것처럼 자연스럽게 절 대하지 못할 거예요."

"그래서 네가 학교에선 밝은데 집에서는 그렇게 과묵한 거구나."

그는 고개를 끄덕이며 말했다.

"학교에선 괜찮아요. 성적은 안 좋지만 다른 특기가 있으니까요. 저는 어떻게 해야 사람들에게 환영을 받을 수 있는지 잘 알고 있어요. 그래서 반드시 가지고 있어야 하는 모습으로 친구들, 선생님을 대하죠. 저는 아무도 죽상을 하는 얼굴을 좋아하지 않는다는 것을 알아요. 하지만 저는 제가 보여주는 모습만큼 정말 그렇게 신나지는 않아요."

"네 친한 친구들도 사실은 네게 걱정이 아주 많다는 걸 알아차리지 못했니?"

"제가 친구는 많은데 속마음을 터놓는 친구는 별로 없어요. 가끔 기분이 정말 안 좋으면 친구들 앞에서 그 안 좋은 감정이 튀어나올 때도 있어요. 하지만 친구들은 심각하게 생각하지 않는 것 같아요. 그래서 저는 어쩔 수 없이 계속 얼굴 위에 웃음을 쌓아놓을 수밖에 없었어요."

"내가 너의 큐큐를 본 적이 있는데 얼마 전 네가 올린 이야기에서 너의 진짜 정서 상태를 엿볼 수 있었어. 그리고 몇몇 친구들이 그 글을 농담이라고 생각하지 않고 네게 많은 관심을 가지고 있다는 것도 알 수 있었어."

"맞아요, 선생님. 어제 그 글은 계속 상단에 있었어요. 많은 사람들이 댓글을 달아주었고, 평소에 같이 노는 친구들이 제게 저의 슬픔과 괴로움을 알아주지 못해 미안하다고 말했어요. 그 여자아이도 계속 친구 신청을 보내왔고, 다른 친구의 아이디로도 저와 이야기를 나누려고 했어요. 그때 저는 강가에 앉아 있었는데, 핸드폰 화면을 보면서 마음 한구석이 서서히 움직이는 걸 느낄 수 있었어요."

나는 그에게 물을 한 잔 따라주고는 잠시 휴식을 취한 뒤 물었다.

"그 십몇 시간의 심리 변화 과정을 상세하게 설명할 수 없어도, 심지어

말로 표현하는 것 자체가 어렵다고 느껴도 다 괜찮아. 나는 네 지금 감정에 대해 알고 싶어. 아직도 세상을 떠나고 싶다는 생각을 하고 있니?"

그는 깊게 한숨을 쉬더니 말했다.

"선생님, 제 머릿속에 도대체 몇 가지 생각이 스쳐 지나갔는지는 정말 말하기 어려운 것 같아요. 하지만 지금 확실한 건 제가 더이상은 세상을 떠나고 싶다고 생각하지 않는다는 거예요. 그땐 그렇게 하는 것이 비장하다고 생각했지만, 지금은 그저 너무 경솔하고 나약한 생각이었다는 생각이 들어요."

나는 고개를 끄덕이며 물었다.

"겹겹이 쌓여 있는 너의 고민들을 어떻게 조정하고 대처할지 생각해봤니? 만약 문제가 제대로 해결되지 않으면 네게 지속적으로 영향을 끼칠 거야."

"선생님, 제 마음은 아직 혼란스러워요. 어떻게 조절해야 할지 모르겠어요. 그래서 선생님 의견을 들어보고 싶어요."

지카이는 학교 성적은 좋지 않았지만 문제를 이해하고 해결하는 능력은 매우 좋았다. 그는 스스로 문제가 생긴 원인을 찾고 삶에 대한 태도를 다시 조정해야 했다. 그래야만 부정적인 감정과 행동이 서서히 변화될 수 있었다. 그래서 나는 그에게 '합리정서행동치료법'을 알려주었다. 그 유명한 ABC 이론을 이용해 그를 일깨워주고 도움을 주기로 했다.

우리는 이야기를 통해 세 가지 측면을 발견했다. 그 세 가지는 엄마와의 감정적 연결, 공부와 자신을 어떻게 바라볼 것인지, 어떻게 친밀한 관계를 만들고 지킬 수 있는지였다. 그리고 그에게 이 세 가지 측면에 관한 과제를 내주었다. 각각의 과제는 아래 순서에 따라 완성해야 했다.

(1) 자신의 구체적인 고민 찾기.
(2) 고민에 등급 매기기. 가장 높은 등급은 큰 영향을 끼치지만 해결할 수 없는 고민, 다음은 큰 영향을 끼치지만 해결할 수 있는 고민, 그 다음은 작은 영향을 끼치지만 해결할 수 없는 고민, 가장 낮은 등급을 작은 영향을 끼치고 해결할 수 있는 고민이다.
(3) 고민의 원인 분석하기. 고민을 이해할 수 있는 것과 받아들일 수 있는 것, 이해할 수 없는 것과 받아들일 수 없는 것으로 구분한다.
(4) 고민의 등급 다시 매기기.
(5) 조정할 수 있는 고민 중 가장 등급이 낮은 것을 찾고, 이를 조정할 구체적인 방법 생각해보기.

지카이의 동의를 구한 뒤, 나는 그의 엄마와 새아빠를 만났다.

엄마는 자책하며 쉴 새 없이 울었다.

"저는 지금까지 아이가 매우 단단하다고 생각했고 아무것도 신경 쓰지 않는 줄 알았어요. 마음에 그렇게 서운한 게 많았는데 지금까지 몰랐어요. 그리고 이렇게 큰일이 일어날 줄도 몰랐어요. 일이 터지고 나서야 두려워졌어요."

새아빠도 말했다.

"제 책임이 큽니다. 아이와 함께 지낸 지 오랜데 친아들이 아니라고 해서 무시한 건 아니었지만 관심이 부족했던 것 같습니다. 저는 아이에게 생각이 많아졌음을 느끼고 아이가 체육활동에 참여하는 것을 지지했습니다. 하지만 저희 사이에 교류가 너무 적었습니다. 가장 큰 이유는 제가 너무 간섭을 많이 하면 반감이 생길까 걱정됐기 때문입니다. 하지만 지금 보니 제가 변해야 할 것 같습니다."

나는 부모에게 아이와 솔직한 대화를 나눠볼 것을 제안했다. 다만 다시 문제가 생길까 두려워 지나치게 조심스러워하거나 지나치게 관심을 갖지는 말라고 말했다. 가족들이 함께 지내고 상호작용을 하는 방식을 서서히 바꿔나가야 하고, 지카이가 자신이 늘 이 가족의 구성원이었음을 느끼게 해줘야 했다.

지카이는 과제를 아주 훌륭하게 수행했다. 그가 조정하고 바꿔야 한다고 생각한 첫 번째는 자신이 좋아하는 그 여자아이에게 이전에 왜 그녀를 멀리했는지 설명해주는 것이었다. 그들이 사랑에 대해 논하기엔 부적절한 나이라고 해도, 두 사람은 좋은 친구나 공부 파트너가 될 수 있었다. 두 번째는 엄마와 이야기를 나누는 것이었다. 엄마에게 자신이 수년간 어떤 감정을 느꼈는지 이야기하고 자신에 대한 엄마의 진심을 들어보는 것이었다. 이 두 가지 일을 해낸 뒤, 자카이의 마음은 이미 많이 회복되었다. 나머지 과제들 역시 일찍 하든 늦게 하든 나는 그가 모두 다 완성할 거라고 믿었다.

겨울이 다가오면서 긴장되는 기말고사, 이어지는 방학 덕에 유서 사건은 추운 겨울바람 속에 흩어졌다. 운동장에서는 자주 지카이의 날렵한 그림자를 볼 수 있었고 그는 이미 자신을 치유한 듯했다.

사춘기 심리 코칭

부모는 아이의 존재감에 주의를 기울여야 한다

'안전의 필요성'은 개인의 심리에 있어서 가장 근본적인 것이다. 물질적인 환경에서부터 정신적인 환경에 이르기까지, 신체의 안전에서 심리적 안정까지 어느 부분 하나라도 부족하면 아이의 성장은 위협을 받는다.

부모는 의식주나 신체의 안전 등 아이의 외부적 필요에만 관심을 가지기 쉽다. 이와 비교해 아이의 심리적 필요는 무시당하기가 쉽다. 가족에게 인정받지 못하거나, 심지어 가족들이 아이에게 불만을 표하고 소홀하게 대하면 아무리 내면의 힘이 강한 아이에게도 문제가 생길 수 있다.

특히 재구성된 다자녀 가정들에서 어떤 부모는 상대방의 자녀를 더 열심히 돌보는데, 그럼 자신의 아이는 지카이와 비슷한 성격적 특징을 가지기 쉽다. 관심과 사랑, 따뜻한 보살핌이 부족해 한 번 좌절을 겪으면 크고 작은 부정적 결과가 생겨난다.

아이의 심리적 필요가 충족되지 않으면, 이는 외부세계에 반항하고 충돌하는 힘이 되거나 자신을 부정하고 의심하는 부정적인 정서로 변해 마음속에 오래 억눌리고 스스로 해소되지 않는다. 끊임없이 쌓이는 고민과 억압이 제때 정리되고 해소되지 않으면 언젠가는 문제가 생긴다.

외강내유인 사람일수록 더 쉽게 심리적 문제가 생긴다

철든 아이에게 외강내유의 특징이 잘 생기는데, 이런 아이는 겉보기에는 다 건강한 상태이고 낙관적이며 적극적이고 강인해 보이지만, 아이의 내면세계는 이와 정반대다. 민감하고 연약하며 억울하고 외롭다. 혼자 있을 때는 자주 낙담하고 기가 죽는다. 이런 아이에게 내면의 부정적인 정서는 날이 갈수록 쌓여 해결하기가 어려워진다. 나아가 마음속에 쌓인 스트레스가 극한에 달하면 심각한 문제가 나타나기 쉽다.

겉과 속이 다른 아이는 특히 눈여겨봐야 한다. 특히 그런 아이의 부모들은 마음을 다해 관찰해야만 단서를 발견할 수 있다. 예를 들어, 바깥에 있을 때와 집에 있을 때를 비교해보는 것이 가장 효과적인 방법이다. 어떤 아이는 밖에서는 밝고 유쾌한데 집에만 오면 과묵하고 말이 없어지기도 하고, 이와 반대의 경우도 있다. 그 격차가 너무 크면 심리적 문제가 존재할 가능성이 매우 높기 때문에 부모와 선생님이 관심을 가질 필요가 있다.

가족 구성원 간의 감정 연결이 중요하다

가정의 구조가 온전한지, 간단한지 아니면 복잡한지는 아이의 건강 상태와 아무런 인과 관계가 없다. 아이 건강 상태에 영향을 끼치는 핵심적인 요소는 가정 내 심리적 환경과 가족들이 서로 사이가 좋고 평등한지 여부이다. 재혼 및 다자녀인 가정의 관계가 가장 어렵다. 하지만 만약 부모의 관계가 화목하고, 부모가 아이들을 차별 없이 평등하게 대한다면 가정의 분위기도 똑같이 기쁨이 넘칠 것이고, 아이들도 진정 행복한 생활을 누릴 수 있을 것이다.

16

지울 수 없는 상처

잃어버린 활력

아직 더위가 한창이던 9월의 어느 날, 나는 창문 앞에 서서 상담을 예약한 아이를 기다리고 있었다. 시간이 조금 지나고 가벼운 발걸음 소리가 들렸다. 나는 몸을 돌려 한 여자아이가 조용히 나를 바라보면서 천천히 걸어오는 모습을 보았다.

"네가 팅나니?"

아이는 발걸음을 멈추고 주위를 살피더니 빠르게 고개를 끄덕였다.

이 아이는 담임선생님을 통해 상담을 신청한 아이로, 막 고2가 되었으며, 원래 반에서 새로 만든 문과 반으로 반을 옮겼다. 이전 반 담임선생님은 아이가 지나치게 자기 자신을 가두는 등 상태가 좋지 않다고 말했고, 그 무엇에도 흥미를 느끼지 않으며 갈수록 사람을 상대하지 않으려 한다고도 말했다. 그리고 그녀가 새로운 그룹에 적응하기가 어려울 것을 걱정해 심리상담을 권했다.

나는 그녀를 상담실로 안내하면서 유심히 관찰했다. 단발머리에 얼굴은 창백하고 눈빛은 혼란스러워 보였다. 하지만 옷차림이 좀 이상했다. 땀을 흘리지는 않는 것 같지만 이렇게 더운 날씨에도 가을 운동복을 입고 있었다. 어쩌면 몸이 너무 말라서일지도 몰랐다.

막 앉자마자 팅나는 물었다.

"선생님, 다른 사람이 들어올 일이 있나요?"

알고 보니 그녀가 좀 전에 주위를 둘러본 것은 다른 사람이 있는지를 확인하기 위함이었다.

"점심시간은 개별 상담 시간이라 아무도 없어. 아무도 방해하지 않을 거야."

그녀는 조금 안심하는 듯했지만 앉은 자세는 여전히 긴장되어 보였다. 가벼운 이야기를 나누면서 긴장을 풀 필요가 있어 보였다.

"팅나, 오늘 날씨가 삼십몇 도라는데 긴 팔, 긴 바지가 덥지 않니?"

그녀는 고개를 저으며 말했다.

"편해요."

"그렇구나. 더위를 잘 견디는 편인가 보구나."

나는 몇 가지 농담을 건넸지만, 그녀의 표정에는 조금도 변화가 없었다.

"팅나, 나를 찾아온 것에 대해 담임선생님이 네게 어떻게 말씀하셨니?”

“담임선생님이 제가 문과반으로 가서 적응을 잘 못 할지도 모르니 심리상담 선생님을 만나보자고 말씀하셨어요.”

담임선생님은 적절한 이유를 잘 찾은 것 같았다. 개별 상담을 받을 때, 아이 스스로 찾아오는 것이 가장 좋고, 담임선생님이나 부모가 권한 경우에는 본인이 동의를 해야 한다. 속이거나 억지로 오게 되면 역효과를 낼 수 있기 때문이다.

“새로운 반에 들어가서 적응을 못 하는 경우는 매우 흔해. 그래서 사전에 이야기를 나누는 것도 나쁘지 않지. 너는 나와 이야기를 하고 싶니?”

그녀는 잠시 정신이 딴 데 팔린 것 같았고, 내가 자신을 바라보고 있자 조금 망설이더니 조용한 목소리로 말했다.

“이왕 왔으니까 이야기해볼게요.”

“개학한 지 일주일이 됐는데, 새로운 반이랑 새로운 담임선생님은 어떤 것 같아?”

그녀는 생각하더니 고개를 저으며 말했다.

“어디에 있으나 다 똑같아요.”

여전히 말은 간결했다. 톤은 평온했으며, 아무런 표정도 짓지 않았다.

“새로운 반에 아는 친구가 있니?”

그녀는 깊은 생각에 빠졌다. 이렇게 간단한 질문도 아주 애를 써야 확실한 답을 알 수 있는 것 같았다. 잠시 후 그녀는 느릿느릿 말했다.

“몇 명 있어요. 중학교 동창이랑 고1 때 같은 반 친구요.”

“새로운 반 친구들은 어떤 것 같아?”

"별 느낌 없어요. 어차피 서로 별로 교류하지 않을 텐데요 뭐. 예전이랑 다른 건 없어요."

"선생님도 다 바뀌지 않았니?"

그녀는 고개를 끄덕이며 말했다.

"다 바뀌었어요. 그래서 좋아요."

"그렇구나. 왜 다 바뀌어서 좋은지 말해줄 수 있니?"

그녀는 눈썹을 찌푸리며 말했다.

"남자 선생님이 없으니까요."

그녀가 남자 선생님을 싫어한다는 것은 매우 중요한 정보였다.

"팅나, 그럼 네가 문과와 이과 중 하나를 선택한 것도 선생님과 관련이 있니?"

"조금 관련이 있어요. 제가 이과 성적이 너무 안 좋아서 부모님과 선생님 모두 문과를 선택하라고 말했거든요."

그녀는 눈썹을 찌푸리고 몸은 소파 속을 파고들면서 눈은 창밖을 향한 채 낮은 목소리로 말했다.

"사실 다 상관없어요."

팅나는 계속 차분하게 질문에 대답했지만, 그녀에게선 매우 부정적인 기운이 느껴졌다. 특히 "사실 다 상관없어요"라고 말할 때 순간적으로 우울감과 참을 수 없음이 나타났다.

"팅나, 담임선생님께서 네게 나를 만나라고 하신 건 네가 새로운 반에 적응하지 못할까봐 걱정하는 마음도 있었지만, 네가 줄곧 기분이 좋지 않은 것 같았기 때문이야. 성적이 좋고 나쁘고는 일단 한쪽에 제쳐두고,

마음이 너무 무겁고 힘들어 보여서 걱정이 됐고 널 돕고 싶어 하셨어. 하지만 할 수 있는 게 없어서 날 찾아가보라고 하신 거야."

그녀는 여기까지 듣더니 약간의 표정이 생기더니 한숨을 쉬며 말했다.

"사실 절 걱정하실 필요가 없어요."

"팅나, 담임선생님은 네가 계속 기분이 안 좋은 것 같다고 생각하셨는데, 정말 그랬니?"

그녀의 몸은 계속 소파에 파고든 자세 그대로였고, 그저 고개만 가볍게 끄덕였다.

"언제부터 너 자신이 기분이 안 좋다는 걸 알았는지 이야기해줄 수 있겠니?"

나는 뒤이어 몇 가지를 더 질문했고, 팅나의 과거가 서서히 밝혀졌다.

이야기를 들어보니 대략 중학교 2학년 때부터 그녀의 정서 상태가 점점 안 좋아지기 시작한 듯했다. 다른 사람과 교류하는 것도 꺼렸고, 특정한 친구 몇 명하고만 가끔 이야기를 나눴다. 그녀는 공부가 가장 중요하다고 생각했고, 그래서 혼자 있을 때는 늘 공부를 했고 성적도 나쁘지 않았다.

중점 고등학교에 들어오고 나서는 서서히 공부도 중요하지 않다고 생각했다. 좋은 대학에 들어가는 것과 좋은 고등학교에 들어가는 것이 별로 다르지 않고 재미도 없다고 생각했기 때문이다. 고등학교 이과 수업은 너무 어려워서 열심히 공부하지 않으니 성적이 당연히 떨어졌다. 하지만 문과적인 기초는 좋은 편이라 문과 성적은 그렇게까지 엉망은 아니었다. 사실 팅나는 이과에 안 맞는다기보단 그냥 아무것도 배우고 싶지 않은 상태였다.

예전에는 남는 시간에 동영상도 보고 소설책도 봤지만, 지금은 아무것도 보지 않고 핸드폰도 사용하지 않았다. 그녀도 자신이 이상하다고 생각했다. 분명 아무것도 하지 않는데 매일이 너무 힘들었기 때문이다. 또한 사는 게 별 의미가 없는 것 같다는 생각도 자주 들었다. 하지만 그렇다고 죽고 싶다고 생각하진 않았다. 그녀는 저녁에 잠을 잘 자지 못했다. 침대에 오래 누워 있어도 잠이 오지 않았다. 그래서 낮에 항상 피곤했다. 게다가 입맛도 많이 사라져서 먹는 양도 매주 적어졌고, 갈수록 살이 빠졌다.

"개학하기 전에 교문 앞에서 예전에 알고 지내던 중학교 친구를 만났는데, 절 거의 못 알아보더라고요. 저한테 다이어트를 하느냐고 물어보기도 했어요."

여기까지 말하고는 그녀의 입꼬리가 실룩였고 자조의 표정이 스쳐 지나갔다.

"좀 전에 네가 문과를 선택한 이유에 선생님들도 조금 관련이 있다고 했는데, 넌 왜 남자 선생님을 싫어하는 거니?"

그녀는 잠시 망설이다가 말했다.

"남자 선생님뿐만 아니라 남자 어른들이 다 싫어요."

"그래? 왜?"

"다른 사람들을 겁나게 하잖아요. 그래서 피할 수 있으면 꼭 피하는 거예요."

"그럼 가족은? 예를 들어, 아빠를 보면 어때?"

그녀는 대답하지 않았지만, 얼굴빛이 갑자기 변했다. 그녀의 얼굴에 증오와 분노도 엿보였다. 짧은 순간이었지만 매우 강렬했고, 한눈에 그녀의 답을 알 수 있었다.

"너와 아빠의 관계가 그렇게 좋진 않은 것 같은데, 정말 그렇니?"

그녀는 고개를 떨궜고, 얇은 손가락으로 옷자락을 한참 만지작거리더니 말했다.

"별거 없어요. 저는 아빠뿐만 아니라 모든 사람을 별로 상대하고 싶지 않아요. 보기만 해도 귀찮고 더 이야기하고 싶지 않아요."

팅나의 말투에서 처음엔 증오와 견딜 수 없음이 느껴졌고, 나중에는 두 어깨가 무너지면서 매우 피곤해 보였다.

"팅나, 이렇게 오래 이야기하느라 힘들지 않니?"

그녀는 고개를 끄덕였다.

"이렇게 말을 많이 한 게 너무 오랜만이라 엄청 피곤하네요."

"네 몸과 마음 상태가 다 안 좋은 것 같은데, 부모님도 아시니?"

"저도 제가 비정상이라는 걸 알아서 너무 괴로워요. 엄마한테 말하면 엄마는 절 데리고 내과에 가세요. 위장을 치료해야 한다면서요. 제가 정신과에 가야 한다고 말했지만, 엄마는 그럴 필요가 없다고 했어요. 그냥 제가 몸이 너무 약해서 그런 거라고요."

"그럼 내가 엄마와 만나서 이야기를 나눠볼까? 널 데리고 정신과 상담을 받으러 가보시라고 제안해볼까 하는데 어때?"

그녀는 고개를 끄덕였고, 몸을 일으켜 인사를 했다. 떠나는 뒷모습이 너무 말라 나뭇잎 같았다. 청춘의 기운이 전혀 느껴지지 않았다.

남자 어른을 싫어하는 이유

학생들의 심리상담을 할 때는 진단을 하지 않고, 더욱이 심리치료 단계까지 들어가지 않는다. 심각한 문제가 발견된 아이들은 정신과 의사에게 보내 치료를 받게 한다. 팅나에게는 전형적인 우울증 증상이 있었고, 성인 남성에 대한 공포와 회피에 대해서도 더 자세한 원인 분석이 필요했다. 부모님이 아이를 정신과에 데려가고 싶어 하지 않는다면 나와 시간을 정해 상담을 진행해야 했다.

다음 날 오후, 팅나의 엄마가 심리센터에 찾아왔고, 나는 단도직입적으로 엄마를 부른 이유를 설명했다. 엄마의 눈가가 붉어지기 시작했다.

"선생님, 아이의 병이 많이 심각한가요?"

"그건 정신과 의사를 만나 진단을 받아봐야 알 수 있어요. 어머님이 아이를 정신과에 데려가는 걸 싫어하신다고 들었어요."

엄마는 고개를 숙이고 눈가의 눈물을 훔치더니 말했다.

"아 네, 아이가 말한 적이 있어요. 하지만 전 아이가 몸이 너무 안 좋아서 그런 거라고 생각했어요."

"아이의 신체적인 문제가 심리적인 문제와 관련이 있을 수도 있다고 생각해보신 적 없나요?"

"친척이나 친구들이 아이의 심리가 정상적이지 않은 것 같다고 말했지만 저는 인정하고 싶지 않았어요."

엄마의 목소리가 나지막하게 깔렸고 흐느꼈다. 팅나 엄마와의 오랜 이야기 끝에 나는 팅나의 성장 과정 속 수많은 세부적인 이야기들을 알게 되었다.

팅나는 내향적인 아이로 어려서부터 말이 별로 없었다. 뭘 물어도, 뭘 가르쳐도 입을 잘 열지 않았다. 이로 인해 성격 급한 아빠에게 자주 혼이 났다. 하지만 뭐라고 하면 할수록 벌을 서는 한이 있더라도 그녀는 더욱 입을 꾹 닫았다. 울 때조차도 소리를 내지 않았다. 게다가 아이는 꽁한 성격이 있어 무슨 일이든 마음에 담아두었다. 아빠가 뭐라고 한번 하면 이를 오래 마음에 담아두었고, 다른 사람을 잘 상대해주지 않아 자주 아빠를 화나게 했다. 아이의 이런 고집은 아빠와 매우 비슷했고, 두 부녀는 자주 부딪혔다. 사실 아빠는 딸을 너무나 사랑했고 그저 조금 엄하게 가르쳤을 뿐인데 딸이 그렇게 단호하게 관계를 끊어버리는 것을 보고 이러지도 저러지도 못했다.

팅나는 성격은 조금 있어도 제법 어른스러운 아이라서 말을 하진 않지만 속으로는 다 계획이 있었고, 이런 특징은 갈수록 선명해졌다. 그녀는 뭐든 매우 빨리 배웠고, 특히 눈치가 매우 빨라서 대부분의 일은 어른들이 시키기 전에 이미 다 해버렸다. 이에 대해 선생님과 친척들에게 자주 칭찬을 받았다. 초등학교 5학년까지는 모든 것이 꽤 순조로웠다. 하지만 5학년 2학기 때, 팅나가 특히나 좋아했던 여자 담임선생님이 병이 나시는 바람에 다른 남자 선생님이 담임선생님이 되었다. 그녀는 새로운 담임선생님을 싫어했고, 그렇게나 말이 없는 아이가 그 기간에는 자주 선생님에 대한 불만을 털어놓았다.

남자 담임선생님은 비교적 엄한 편이었다. 하루는 팅나가 이끄는 청소조가 검사조에게 점수를 깎이자, 담임선생님은 그녀를 콕 집어 나무랐고 벌로 일주일 동안 청소를 시켰다. 팅나는 자존심이 매우 강한 아이라 반 아이들이 모두 보는 앞에서 혼나는 일은 정말 상상도 할 수 없는 일이었다. 그날 이후 그녀는 담임선생님을 상대해주지 않았고, 심지어 수업시간에 질문을 해도 대답하지 않았다. 선생님은 부모님을 학교로 불렀고, 집에 돌아온 부모님은 다시 아이와 이야기를 나눴다. 그녀는 수업을 잘 듣겠다고만 말했다. 아빠는 화가 나서 선생님을 무시하는 것은 가정교육도 못 받은 행동라는 둥 선생님을 존경하지 않는 행동이라는 둥 공부만 잘하면 무슨 소용이냐고 말했다. 결국 팅나는 한 달 넘게 아빠를 상대해주지 않았다. 엄마는 아이가 고집이 너무 세서 말이 통하지 않으니 어찌할 바를 몰랐다.

6학년에 올라가고 나서 아이는 더 말이 없어졌고, 단체 활동에 참여하는 것도 별로 좋아하지 않았다. 선생님은 부모님에게 서둘러 지도해달라고 요청했다. 이런 성격으로는 중학교 생활에 적응하기가 어려울 것이기 때문이었다. 하지만 그녀는 말을 잘 하지 않을 뿐만 아니라 성격도 세서 조금만 뭐라고 하면 짜증을 내고 언제나 아빠를 피해 다녔다. 엄마는 아이의 신체적 발육이 매우 빠르다며 사춘기에 들어선 여자아이가 까탈스럽게 구는 건 당연하다고 생각했다. 다행히 학교 성적은 줄곧 매우 좋았기 때문에 그녀에게 맞춰주면서 좀 더 크면 나아지길 바랄 수밖에 없었다.

중학교에 들어간 뒤, 역시나 너무 내향적인 성격 탓에 팅나는 반에 거의 친구가 없었고, 담임선생님도 이로 인해 부모님을 부른 적이 있었다. 하지만 공부는 계속 잘하고 있었다.

중학교 2학년 때 큰일이 발생했다. 부모님이 계속 갈등을 빚었던 것이 발단이 되었다. 매번 두 사람이 싸울 때마다 팅나는 너무 짜증이 났다. 밥상에서 싸움이 일어나면 그녀는 아예 밥을 먹지 않고 방에 들어가 나오지 않았다. 한번은 두 사람이 꽤 크게 싸우다가 아빠가 화가 나서 욕설을 내뱉었다. 엄마는 너무 화가 나 눈물을 흘렸다. 이때 팅나가 갑자기 튀어나와 식탁 위에 있던 물컵들을 다 쓸어버리더니 큰 소리로 엄마가 우는 게 너무 짜증난다고 말했고, 아빠에게는 다른 사람한테 가정교육을 받았네 못 받았네 하지만 욕을 하는 것이야말로 가정교육을 못 받은 짓이라 질타했다.

아빠는 머리끝까지 화가 나 있었던 터라 딸의 한바탕 비난에 이성을 잃고 곧장 그녀의 뺨을 날렸다. 팅나는 제대로 서 있지 못하고 바닥으로 엎어졌다. 이는 아이의 인생을 통틀어 처음 맞은 것이었다. 세 사람이 모두 멍해진 상태로 집 안은 적막만이 가득했다. 가장 먼저 정신을 차린 건 그래도 팅나였다. 그녀는 몸을 일으키더니 아무 말도 하지 않았고 울지도 않았다. 입가에는 피가 새어나왔다. 엄마는 재빨리 그녀에게 달려가 다친 곳을 살피려 했지만 팅나는 엄마는 밀쳐냈다. 그녀의 얼굴엔 아무런 표정도 없었고, 앞만 꼿꼿이 쳐다보다가 몸을 돌려 방으로 들어갔고, 문을 잠갔다.

정신이 돌아온 아빠는 후회했지만 어떻게 해야 할지 몰랐다. 엄마는 울면서 아빠를 책망하면서 아이에게 무슨 문제가 생기면 이혼을 하겠다고 했다. 부부는 딸의 방문 앞에서 발을 동동 굴렀다. 엄마는 그녀에게 이제 그만 나와서 상처를 치료하자고 했지만 그녀는 아무런 대꾸도 하지 않았다. 문을 두드려도 열지 않았다. 나중에 아빠가 울다 깨서 사과했지만 그녀는 아무런 반응도 하지 않았다. 부모님이 마음이 급해져서 문을 열지 않으면 강제로 열겠다고 말하자 그제야 딸의 냉랭한 목소리를 들을 수 있었다. 아이는 부모에게 한마디만 더 하면 창문 밖으로 뛰어내리겠다고 말했다. 부모는 그 순간 아무런 소리도 낼 수 없었다. 딸의 말투가 결연해서 말한 대로 반드시 실행할 것 같았기 때문이다.

그날 밤 엄마는 줄곧 딸의 방문 앞에서, 아빠는 건물 밖 딸의 방 창문 아래서 뜬눈으로 밤을 지새우며 지켰다. 다음 날 팅나는 아침은 먹지 않았지만 평소처럼 책가방을 메고 학교에 갔다. 엄마가 그녀에게 데려다주겠다고 말해도 그녀는 들은 체도 하지 않았다. 아이가 학교에 가는 길에 무슨 일이 생길까 두려워 아빠는 살며시 그녀의 뒤를 따랐고, 학교에 들어갈 때까지 지켜봤다. 그날 이후 지금까지 거의 3년의 세월이 흘렀고, 아빠와 딸은 단 한마디도 나눈 적이 없었다.

그동안 아빠는 딸에게 먼저 말을 걸기도 하고 선물을 사다 주기도 했다. 하지만 그녀는 아무런 반응도 하지 않았고, 선물도 쓰레기통에 버려버렸다. 어느 날, 계속 거절당하는 아빠의 모습이 안쓰러웠던 엄마가 딸을 나무라자 그때부터는 엄마도 상대해주지 않았다. 꼭 필요한 말을 제외하면 그녀는 집에 돌아와 거의 항상 혼자 있었다. 중간에 친척들이 찾아와 그녀를 설득하기도 했다. 대부분은 그녀가 부모님을 용서하길 바란다는, 매 한 번 맞지 않고 자란 아이가 어딨냐는 내용이었다. 결과적으로, 그녀를 설득하려 했던 모든 사람은 아무 소득 없이 돌아갔고, 팅나는 어떤 가족모임에도 참여하지 않겠다고 말했다. 예전에 만나면 최소한 고개를 끄덕이거나 인사를 했던 어른들도 모두 피하고 만나지 않았다.

친척들이 아이에게 문제가 있다고 말했지만, 엄마는 늘 아이가 매를 맞은 뒤 마음이 상해서 그런 것이고 이해만 해주면 괜찮을 거라고 말했다.

이렇게 1년이 넘게 흘렀고, 팅나는 중학교 졸업시험 후 중점 고등학교에 가게 되었다. 이는 부모에게는 약간의 위로가 되었다. 그러나 고등학교에 올라가고 나서 딸은 점점 말라갔고, 밥의 양도 갈수록 줄었으며, 공부할 힘도 없어 성적이 계속 떨어졌다. 고1 1학기 기말고사에서 아이의 성적은 이미 중간에서 가장 밑으로 떨어졌다. 담임선생님은 아이의 심신의 건강은 아주 중요한 것이기 때문에 부모님이 꼭 신경을 써야 한다고 말했다. 방학 동안 엄마는 팅나를 데리고 한의원에 갔으나, 의사는 그녀를 정신과에 데려가보라고 말했다. 엄마는 기분이 상했고, 문제가 있을지언정 정신병은 아니리라 생각했다.

여기까지 들으니, 아이가 성인 남성을 싫어하는 감정과 회피하는 행동이 너무 잘 이해가 되었다.

가장 좋은 치료시기를 놓친 대가

엄마가 자세히 설명하면 할수록 딸에 대한 특별한 사랑과 관심이 느껴졌다. 아쉬운 점은 수년 동안 엄마가 딸을 사랑하는 방식과 관심을 가진 포인트에 모두 문제가 있었고, 내면의 상처를 치료할 중요한 시기를 여러 차례 지나쳤다는 점이다.

나는 엄마에게 말했다.

"아이의 현재 상태는 낙관할 수 있는 상태는 아니에요. 학교에서는 진단을 내리지 않지만, 담임선생님께 들은 내용과 아이와 나눴던 대화, 어머님이 말씀해주신 내용을 정리해보면 팅나가 장애성 심리 문제를 가지고 있다는 것을 거의 확신할 수 있어요. 이른 시일 안에 정신과 의사를 찾아가시는 게 좋아요."

성인 남성에 대한 공포도 반드시 관심을 가져야 할 문제였다. 사춘기 시절의 여자아이가 이성을 심리적으로 불편해하고 성인 남성을 싫어하고 두려워하는 것은 흔한 현상이다. 그러나 정상적인 상황이라면 시간이 조금 지나면 자연스럽게 괜찮아진다. 팅나의 경우, 사춘기 심리 발육이 조금 빨랐고, 5학년 때 남자 담임선생님을 싫어한 것은 그 선생님이 팅나를 혼냈기 때문이 아니라 이성에 대한 배척 심리 때문이었다. 당시 부모님은 아이에게 자신의 마음을 충분히 표현할 기회를 주지 않았고, 아빠에게서 가정교육을 못 받았다는 등의 비난을 받은 것이 이런 공포감이 계속 커지게 만들고 말았다.

아빠 역시 성인 남성인데다가 원래 팅나와 아빠는 그리 친밀한 사이가 아니었기 때문에 사춘기 시절 배척 반응이 더 강렬해졌고, 중2 때 아빠에게 뺨을 맞으면서 증오와 공포가 함께 완전히 굳어져버렸다. 현재 아이가 이성에 대해 과연 도대체 어떤 생각을 하고 있는지, 내면에 숨겨진 또 다른 문제가 있진 않은지 더 자세히 알아볼 필요가 있었다.

"아이의 건강을 생각한다면, 최대한 빨리 병원에 데려가시라고 말하고 싶어요. 사춘기 시절의 심리적 장애는 제때 직접적으로 개입하고 관여해야 회복할 가능성이 있어요. 그렇지 않으면 대입시험은 둘째고 아이의 일생에 대해 누구도 보장할 수 없어요. 행복하게 사는 건 꿈꿀 수도 없고요. 현재 아이는 이미 오랜 시간을 지체했어요. 반드시 서둘러야 해요.”

대화를 마치며 나는 이렇게 말했다.

엄마는 어쩔 줄 몰라 눈물을 뚝뚝 흘렸다. 나는 그녀에게 휴지를 건네며 마지막 질문을 했다.

“아버님은 왜 같이 안 오셨나요? 아이 상태에 대해 어떻게 생각하고 계시나요?”

엄마는 감정을 추스르더니 말했다.

“아이가 아빠를 상대해주지 않으면서 아빠가 매우 괴로워했어요. 늘 자책하고 있고요. 어차피 아이가 아빠를 상대해주지 않으니 모든 걸 아예 제게 다 맡겼어요. 반년 전에 해외근무를 신청해서 지금 외국에 있어요. 한 달에 한 번 와요.”

“아이 문제를 아버님께 이야기하시고 심리치료를 받든 그에 상응하는 치료를 받든 아빠가 모두 함께하시는 게 가장 좋아요. 어쩌면 이번에 부녀 관계를 풀 수 있는 마지막 기회일지도 몰라요.”

입 밖으로 말하지는 않았지만 팅나는 늘 괴롭고 외로웠을 것이다. 비록 부모와 소원한 상태지만 부모는 여전히 그녀가 의지할 수 있는 유일한 대상이기 때문이다. 자신을 가두는 것은 정서장애의 증상으로 부모와 자식 간의 안 좋은 관계가 중요한 원인이 되었으므로, 팅나의 문제를 해결하기 위해선 가정 치료를 지원하는 것이 가장 좋은 방법이고, 그녀의 회복에도 큰 도움이 될 것이다. 만약 아빠가 이런 과정에서 자리를 비우면 부녀 관계는 다시는 회복할 가능성이 없을지도 모른다.

얼마 후 팅나가 휴학했다는 소식이 들려왔다. 엄마는 이를 처리하기 위해 학교에 들렀을 때 내게 감사인사를 전했다. 정신과 의사는 팅나에게 비교적 심각한 우울증과 약간의 망상이 있다는 진단을 내렸다. 치료와 요양이 꼭 필요하고, 거기에 가정 치료를 하면 회복할 가능성이 크다고 말했다.

1년간의 치료와 요양을 거쳐 팅나는 학교로 돌아왔다. 조금 살이 쪘고, 혈색도 좋아 보였다. 물론 계속해서 약을 먹어야 했고, 주기적으로 주치의도 만나러 가야 했다. 그즈음 팅나는 자주 심리센터에 놀러와 나와 대화를 나눴다. 그녀는 주위 사람들과의 관계가 풀어지고 사이도 많이 좋아졌지만 아빠와는 아직 친해지지 못했다고, 그래도 이야기는 할 수 있다고 말했다.

팅나를 보살피기 위해서 아빠는 다시 국내로 근무지를 옮겼다. 이렇게 고등학교를 졸업할 때까지 잘 버틴 팅나는 대학에 입학했다. 꽤 괜찮은 결말이었다.

사춘기 심리 코칭
아이들은 모두 다르다

아이들은 각각의 가정에서 천차만별의 모습으로 자라난다. 다만 가정교육에도 건강한 것과 그렇지 않은 것, 아이들의 성장에 유익한 것과 해로운 것, 아이에게 도움을 주는 것과 방해하는 것, 현명한 것도 어리석은 것이 있다.

아이들을 지도할 때는 사람에 따라 다르게 해야 하고, 구체적인 상황을 구체적으로 분석해야 하며, 시기와 추세를 잘 살피고, 있는 그대로의 사실에 근거해야 한다. 이는 말은 쉽지만 실천하기는 매우 어려운 것으로 부모에게 어느 정도의 지혜가 필요하다.

팅나와 같은 아이들은 타고난 불균형적인 특성이 있다. 예를 들면, 온순한 겉모습에 비해 고집 센 성격, 내성적이고 과묵한 것 같은데 내면의 움직임이 많고 강렬한 것과 같다. 팅나의 가장 큰 약점은 바로 자존심이 너무 강하고, 성격이 집요하며, 부정적인 것을 기억하는 능력이 너무 강하다는 점이다. 어린 시절에 이런 특징이 이미 매우 선명하게 드러났다. 이런 아이들은 제한하지 말고 소통하며 개입해야 한다.

부모가 보여준 양육 태도의 불일치 또한 팅나에게 장애성 문제가 나타난 또 하나의 중요한 원인이다. 엄마는 줄곧 사랑과 양보의 방식을 사용했고, 아빠는 초기에는 독단적이고 엄격한 방식을 취하다가 아이에게 문제가 생기고 나서는 방임하고 발을 뺐다. 어떤 식의 조합이든 불일치한 양육 태도는 아이의 성장에 상처가 된다.

'감염되기 쉬운 특성'을 가진 아이에게 관심을 가져야 한다

심리 문제에 있어 '감염되기 쉬운 사람들'이란 성격 구조가 불균형하게 발전한 사람으로, 신경 체계의 민감도나 흥분도는 높으나 에너지는 떨어지는 사람, 혹은 지나치게 내향적이거나 지나치게 외향적인 사람, 자신감이 너무 낮거나 너무 높은 사람 등을 말한다.

외부 환경 역시 개인의 건강한 성장에 중요한 역할을 한다. 특히 가정환경은 아이와 청소년에게 가장 큰 영향을 준다. 가정환경에는 물리적, 심리적 환경을 포함하는데 후자가 전자보다 훨씬 더 중요하다.

아이의 성장 규칙과 연령적 특성에 대한 이해가 부족한 것도 부모님이나 선생님에게 보편적으로 존재하는 문제이다. 예를 들어, 사춘기 성 심리발전에는 단계적 특징이 있는데, 각각의 단계에서 아이들에게 나타나는 심리적 필요, 문제, 제공해야 하는 지식, 개념, 방법 등에 대해서 많은 어른들이 아무것도 알지 못한다.

폭력으로 낳은 결과는 지금의 고통에 비할 바가 아니다

아이에게 장애성 심리 문제가 생기는 또 하나의 중요한 이유는 바로 돌발적인 상해성 사건이다. 이를 촉발 요소라고 부른다. 팅나 아빠가 아이의 뺨을 때린 일이 결국 아이를 우울과 망상에 빠지게 한 도화선 역할을 한 것이다.

폭력이라는 방식으로 자녀를 교육하는 것은 그 자체가 잘못된 것이고, 아이의 정신적 성장에 상처만 줄줄이 남길 뿐이다. 이런 심리적 장애가 나타나지 않는다고 해도 이는 인격 형성의 완성도와 균형에 영향을 끼친다.

사춘기 아이들은 자존의식이 매우 높기 때문에 모욕적인 언어나 체벌은 매우 쉽게 상반된 교육 효과를 불러올 수 있다. 특히 부모의 작은 거친 행동이 어린 시절에 보여준 인내심이나 보호와 격차가 너무 크다면 아이가 받는 부정적인 효과는 더 커진다.

부녀지간의 성격 차이와 아빠의 엄격한 양육 방식 때문에 팅나와 아빠의 관계는 늘 좋지 않았지만, 욕설이나 뺨을 때린 것과 같은 충돌은 아무래도 지나친 것이었다. 팅나의 성격상 이 사건은 그녀가 아빠에 대한 마음의 문을 완전히 닫게 하기에 충분한 사건이었다. 게다가 이런 갈등이 생기고 나서 엄마가 다른 가족들이 이 일에 개입할 때, 모두 팅나의 입장에서 문제를 고려하지 않고 그저 계속 아이에게 도리를 따지고 요구만 했다. 이런 방식으로는 갈등을 해소할 수 없을 뿐만 아니라 오히려 가족과 교류할 수 있는 범위를 갈수록 축소할 뿐이다.

문제의 핵심을 찾아야 한다

팅나는 운이 나빴다. 가족들과 선생님들이 매번 중요한 구간에서 팅나에게 적절한 지도와 도움, 지지를 해주었다면 그녀에게 심리적 장애는 생기지 않았을 것이다. 그녀의 총명함이라면 더 좋은 대학교 갈 수 있었을 것이고, 더 풍부하고 아름다운 인생을 살 수 있었을 것이다.

팅나는 또한 운이 좋았다. 사춘기에 장애성 심리 문제는 치료하기가 어렵기 때문에 조정이 되는 것도 하나의 행운이다. 완치되진 않더라도 그녀와 가족들의 상황이 더 망가지진 않을 것이다.

사춘기 시절이 인생의 황금기라는 것은 의심할 여지가 없는 사실이다. 어린 시절에 허비한 시간을 어른이 되고 나서 채우려면 열 배의 노력이 필요하다. 부모나 교사로서 하나하나의 새로운 어린 생명들을 대할 때는 책임감을 갖고 조심스럽게 생각하고 선택해야 하며 아이와 함께해줘야 한다는 점을 명심해야 한다.

　다른 사람의 비위를 맞추려는 마음에는 자신을 지나치게 억압하는 어린아이가 들어 있다. 성인이 된 후의 반항적인 성격이나 망연자실한 태도는 대개 미성년 시절의 과도한 순종에서 비롯된다.

　열등감을 느끼는 것, 부정적인 생각을 하는 것, 관심을 갈망하는 것, 누군가 자기 말을 들어주길 바라는 것, 질투하는 것, 의존하는 것, 반발하는 것 등 이런 부정적인 정서와 성격은 모두 정상적인 반응이다. 핵심은 우리에게 이런 부정적인 정서가 생길 때 이를 분출할 수 있는 출구와 합리적인 지도를 얻을 수 있느냐는 것이다.

　정확한 지도를 받지 못하고 성장하면, 청소년기에 억압된 정서들로 인해 자신에 대한 부정과 다른 사람의 비위를 맞추려는 마음 사이에서 끊임없이 끌려다니다가 결국에는 자신을 잃어버리고 말 것이다. 남의 비위를 맞추고, 순종하고, 표현에 소극적이고, 거절을 못 하는 등의 습관이 이미 생겼다면 이에 대해 명확하게 인지해야 할 뿐만 아니라 조금씩 이런 습관을 고칠 필요가 있다. 부정당하는 것을 두려워하지 말고, 자신의 생각 때문에 다른 사람에게 미움을 사는 용기, 다른 사람이 만든 틀을 깨는 용기, 자신을 고통스럽게 하는 규칙을 어기는 용기를 내야 한다. 타인의 마음에 들려고 하면 행복해질 수 없지만, 자신의 마음에 들려고 하면 행복해질 수 있다는 점을 알아야 한다.

사춘기는 부모도 처음이라

1판 1쇄 찍음   2022년 1월 12일
1판 1쇄 펴냄   2022년 1월 19일

지은이   쑨징
옮긴이   이에스더
펴낸이   조윤규
편집   민기범
디자인   홍민지

펴낸곳   (주)프롬북스
등록   제313-2007-000021호
주소   (07788) 서울특별시 강서구 마곡중앙로 161-17 보타닉파크타워1 612호
전화   영업부 02-3661-7283 / 기획편집부 02-3661-7284 | 팩스 02-3661-7285
이메일   frombooks7@naver.com

ISBN   979-11-88167-57-9 (03590)